例題で身につける

構造力学

Mao Kurumatani   *Kazuo Kashiyama*

車谷麻緒　樫山和男　著

丸善出版

まえがき

　構造力学（structural mechanics）とは，力学の一般原理を外力の作用を受ける構造物に適用して，構造物の支点に生じる反力，構造物の内部に生じる内力や構造物の変形を解析するために構築された学問である.

　近年のコンピュータの進歩により，実務においてはコンピュータによる 3 次元構造解析が一般に用いられているが，土木・建築分野における構造物は部材で構成された骨組構造が多く存在するとともに，特に土木構造物では橋梁のように長手方向に長い構造物が多い. このような場合には，本来 3 次元の立体構造物を理想化して，1 次元または 2 次元の構造と仮定して理論的に取り扱うことが可能となる. 構造力学はこのような立場に立っての学問である.

　構造力学の最大の特徴は，コンピュータはおろか電卓すら身近にない時代に，複雑な現象の理想化と単純化により，紙とペンだけで構造解析が行える基礎を体系化したことである. コンピュータが身近に存在する現代であっても，研究や実務において複雑な問題を理想化し，単純化して考えるという構造力学の基本的な考え方に変わりはなく，その習得により "力学的センス" を身につけることができる. そして，この力学的センスを身につけることこそが構造力学を学ぶ最大の目的であり，実務におけるコンピュータによる計算結果の妥当性を判断できることにつながる. 誰しもがコンピュータを手にし，複雑な構造解析が可能となった今こそ，先人たちが構築した構造力学の基礎およびその考え方を改めて理解するときが訪れている.

　かくいう著者らは構造力学の専門家ではなく，計算力学を専門とする研究者である. 計算力学はコンピュータを使った数値計算により，力学現象を理解・解明するための学問分野であり，構造力学とは対極ともいえる立場にある. 著者らは計算力学の研究者として，コンピュータによる数値計算の有用性を研究する一方で，大学の専門教育において樫山は約 30 年，車谷は約 10 年にわたり，構造力学の教育に携わってきた. 構造力学は歴史のある学問であり，数多くの良書が既に教科書として国内外で出版されているにもかかわらず，あえて教科書を執筆した理由は，力学教育に対する著者らの共通の悩みに端を発している. それは，近年カリキュラムの改定の度ごとに構造力学を教える時間

数が減っており，学生が限られた講義時間の中で必要とする内容を網羅して理解するには，構造力学の本質を学ぶための内容を選別したうえで，従来の教科書の一般的な構成である理論を学んでから例題を解くのではなく，例題を通じて理論を学ぶのが効果的であるとの結論に達したことによる．

コンピュータによる構造解析が当たり前になった現代において，複雑で難解な問題までを手計算で解く必要は今はない．基本的な例題を通して問題の意味を理解し，適切な手法を用いて正しく解答することが，本質の理解と基礎の定着，そしてその後の応用力につながると考え，本書の構成と内容を組み立てた．本書の特長をまとめると以下のようになる．

- 各章には，構造力学の理論・定理・解法についての説明に加えて，内容を理解するための基本的な例題を数多く掲載している．
- 自習によって構造力学の基礎が身につくように，すべての例題について図を多用し，詳しく解説している．
- 例題の種類を厳選し，同じ例題をさまざまな手法で解くことにより，構造力学の基礎が自然と身につくように心掛けている．
- 巻末には，各章の例題に比べてやや応用的な演習問題を数多く掲載しており，例題と同様に詳しい解答と解説を記載している．
- 構造力学の基礎から，フレームのマトリックス構造解析に至るまでを，1冊のテキストにまとめている．

本書は，これから構造力学を学ぶ大学および高専の学生を対象とした教科書を念頭に置いているが，既に構造力学を学んだ学生の "就職試験対策" や，実務に従事している社会人の "構造力学のおさらい" にも有用な書となることを目指して執筆した．このねらいが達成されることを願ってやまない．

最後に，本書を執筆するにあたり，丸善出版株式会社の渡邊康治氏と萩田小百合氏の本書に対するご理解とご厚意に対して心から感謝いたします．

2017年8月

車谷 麻緒
樫山 和男

目　　次

第1章　構造力学の準備　　　　　　　　　　　　　　　　　　　　　1

1.1　構造力学とは …………………………………………………………… 1

1.2　力とモーメント ………………………………………………………… 2

1.3　外力と内力 ……………………………………………………………… 3

1.4　つり合い ………………………………………………………………… 4

　　1.4.1　力とモーメントのつり合い ……………………………………… 4

　　1.4.2　力のつり合いと作用反作用の法則 ……………………………… 4

1.5　応力 ……………………………………………………………………… 8

　　1.5.1　垂直応力 …………………………………………………………… 8

　　1.5.2　せん断応力 ………………………………………………………… 9

1.6　ひずみ …………………………………………………………………… 10

　　1.6.1　垂直ひずみ ………………………………………………………… 10

　　1.6.2　ポアソン効果 ……………………………………………………… 11

　　1.6.3　せん断ひずみ ……………………………………………………… 11

1.7　材料の変形特性 ………………………………………………………… 12

　　1.7.1　応力とひずみの関係 ……………………………………………… 12

　　1.7.2　フックの法則 ……………………………………………………… 13

　　1.7.3　鋼材の応力—ひずみ曲線 ………………………………………… 14

1.8　重ね合わせの原理 ……………………………………………………… 15

1.9　棒材の引張 ……………………………………………………………… 16

第2章　はりの支点反力と断面力図　　　　　　　　　　　　　　　　19

2.1　内力の計算と可視化 …………………………………………………… 19

2.2　はりに作用する力とつり合い ………………………………………… 19

2.3　支点の種類と支点反力 ………………………………………………… 20

vi 目 次

2.4 荷重の種類 ……………………………………………………… 21

2.5 はりの種類とたわみの様子 …………………………………… 22

2.6 支点反力の計算 ………………………………………………… 23

2.7 はりの内力（断面力）………………………………………… 33

2.8 はりの断面力図 ………………………………………………… 34

第3章 はりの応力とたわみ 49

3.1 はりにおける曲げモーメント ………………………………… 49

3.2 はりの変形 ……………………………………………………… 49

3.3 はりの中立面と中立軸 ………………………………………… 51

3.4 はり内部の応力分布 …………………………………………… 51

3.5 はりのたわみ曲線 ……………………………………………… 58

第4章 断面の諸量 73

4.1 断面の諸量 ……………………………………………………… 73

4.2 図心と断面一次モーメント …………………………………… 73

    4.2.1 図心 ……………………………………………………… 73

    4.2.2 断面一次モーメント ………………………………… 74

4.3 断面二次モーメント …………………………………………… 77

    4.3.1 図心軸に関する断面二次モーメント ……………… 78

    4.3.2 図心を通らない軸に関する断面二次モーメント ……………… 79

第5章 骨組構造 87

5.1 骨組構造の力学的特徴 ………………………………………… 87

    5.1.1 トラスとラーメン …………………………………… 87

    5.1.2 トラスの種類 ………………………………………… 87

    5.1.3 骨組構造の安定性 …………………………………… 88

5.2 トラスの軸力解析法 …………………………………………… 88

    5.2.1 節点法によるトラスの軸力解析 …………………… 89

    5.2.2 断面法によるトラスの軸力解析 …………………… 92

5.3 ラーメンの断面力図 …………………………………………… 96

目　　次　vii

第6章　エネルギー原理とエネルギー法　　　101

6.1　外力による仕事とエネルギー　………………………………… 101

6.2　ひずみエネルギー　……………………………………………… 101

　6.2.1　ひずみエネルギーの定義式　………………………………… 101

　6.2.2　軸力に関するひずみエネルギー　…………………………… 102

　6.2.3　曲げモーメントに関するひずみエネルギー　……………… 103

　6.2.4　せん断力に関するひずみエネルギー　……………………… 104

　6.2.5　部材のひずみエネルギー　…………………………………… 104

6.3　カステリアノの定理　…………………………………………… 110

　6.3.1　定理の説明　…………………………………………………… 110

　6.3.2　カステリアノの定理を用いた解法（解法1）　……………… 112

　6.3.3　カステリアノの定理を用いた解法（解法2）　……………… 112

　6.3.4　カステリアノの定理を適用する際の注意点　……………… 113

6.4　仮想仕事の原理と単位荷重法　………………………………… 123

　6.4.1　仮想仕事の原理　……………………………………………… 123

　6.4.2　単位荷重法　…………………………………………………… 125

6.5　相反定理　………………………………………………………… 138

第7章　不静定構造の解法　　　143

7.1　静定問題と不静定問題　………………………………………… 143

7.2　不静定問題とは　………………………………………………… 143

　7.2.1　外的不静定問題　……………………………………………… 143

　7.2.2　内的不静定問題　……………………………………………… 144

　7.2.3　不静定次数　…………………………………………………… 145

7.3　外的不静定問題の解法　………………………………………… 146

　7.3.1　重ね合わせの原理に基づく解法　…………………………… 147

　7.3.2　エネルギー原理に基づく解法　……………………………… 156

　7.3.3　高次の外的不静定問題　……………………………………… 164

7.4　内的不静定問題の解法　………………………………………… 173

　7.4.1　バネによるモデル化　………………………………………… 173

　7.4.2　はりとバネの内的不静定問題　……………………………… 174

　7.4.3　トラスの内的不静定問題　…………………………………… 175

　7.4.4　解析の手順（最小仕事の原理）　…………………………… 176

viii 目　　　次

第 8 章　マトリックス構造解析 　187

8.1　変位法 ……………………………………………………………………… 187

8.2　バネのマトリックス構造解析 …………………………………………… 187

　8.2.1　要素，節点，自由度 ……………………………………………… 188

　8.2.2　断面力と材端力 …………………………………………………… 188

　8.2.3　要素剛性方程式 …………………………………………………… 189

　8.2.4　全体剛性方程式 …………………………………………………… 189

　8.2.5　全体剛性方程式の縮約 …………………………………………… 191

8.3　棒材のマトリックス構造解析 …………………………………………… 195

　8.3.1　棒材の剛性とバネ定数の関係 …………………………………… 195

　8.3.2　要素剛性行列 ……………………………………………………… 196

　8.3.3　アセンブリングの例 ……………………………………………… 196

　8.3.4　軸力の計算 ………………………………………………………… 197

8.4　はりのマトリックス構造解析 …………………………………………… 199

　8.4.1　力と変位の正の向き ……………………………………………… 199

　8.4.2　要素剛性方程式の導出（材端力のみ）…………………………… 199

　8.4.3　要素剛性方程式の導出（等分布荷重）…………………………… 205

　8.4.4　アセンブリングの例 ……………………………………………… 209

8.5　トラスのマトリックス構造解析 ………………………………………… 216

　8.5.1　部材座標系と全体座標系 ………………………………………… 216

　8.5.2　部材座標系における要素剛性方程式 …………………………… 217

　8.5.3　全体座標系における要素剛性方程式 …………………………… 218

　8.5.4　軸力の計算 ………………………………………………………… 219

8.6　フレームのマトリックス構造解析 ……………………………………… 223

　8.6.1　力と変位の正の向き ……………………………………………… 223

　8.6.2　部材座標系における要素剛性方程式 …………………………… 224

　8.6.3　全体座標系における要素剛性方程式 …………………………… 225

8.7　マトリックス構造解析と有限要素法 …………………………………… 228

付録 A　はりの影響線 　229

A.1　影響線の描き方と利用方法 ……………………………………………… 229

付録 B 弾性荷重法   237

  B.1 微分方程式に基づく解法   237

  B.2 はりの 4 階の微分方程式   237

  B.3 弾性荷重法（モールの定理）   240

付録 C 演習問題   247

索　引   285

第1章
構造力学の準備

1.1 構造力学とは

構造力学（structural mechanics）とは，外力に対して構造物が安全であるか否かを検討するための学問である．構造物の支点に作用する反力，構造物の内部に生じる内力および構造物の変形について求めることが主な目的である．

構造物は本来 3 次元構造であるが，土木・建築で取り扱う構造物は橋梁やビルなどのように，細長い棒状の部材で構成される骨組構造が多い．また，骨組構造でない場合でも図 1.1 に示す橋梁のように，構造物が長手方向に長い構造物が多い．このような場合，構造力学では床版からの荷重を支える I 型の桁[1]を断面の図心軸の線 1 本で表現した 1 次元構造と仮定して解析を行う[2]．

また，構造力学では以下の仮定が用いられる．

(1) 構造材料は等質性（homogeneity）かつ等方性（isotropy）で，弾性体（elas-

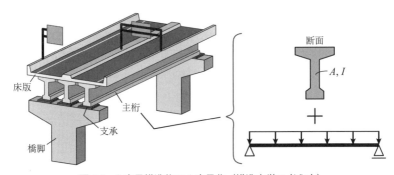

図 1.1　3 次元構造物の 1 次元化（構造力学の考え方）

---

[1] 床版からの荷重を受けもつ部材であり主桁（main-garder）という．また橋梁では，橋脚，橋台上の支承以上の構造を上部構造（upper structure），橋脚，橋台以下の基礎まで含む構造を下部構造（substructure または infrastructure）という．
[2] 断面の形状情報（断面の諸量）として，構造力学では断面積 A と断面二次モーメント I を用いる．断面の諸量は 4 章で学ぶ．

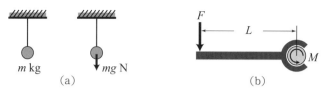

図 1.2 力とモーメントの例

tic body)を仮定する．
(2) 外力と変形とは比例関係がある．
(3) 変形は構造物全体の寸法に比較して微小である．
(4) 外力は静的に作用する．

上記の仮定は次のような意味をもつ．(1)の仮定は，構造材料としては主として鋼またはコンクリートを対象とする．また，弾性体とは外力が作用すれば変形するが，外力の作用がなくなれば（除荷されれば）元の寸法に戻る性質をもつ物体をいう．(2)の仮定は，高校の物理で学習したフック（Hooke）の法則が成り立つことを意味する．また，数学的には線形といい，重ね合わせの原理が成り立つことを意味する．(3)の仮定は，外力の作用により構造物は変形するが，力のつり合いは変形前の構造物の寸法で考えることができることを意味する．そして(4)の仮定は，外力の作用により構造物には慣性力や振動が生じないことを意味する．

1.2 力とモーメント

はりや柱など，構造物を構成する部分のことを**部材**（member）という．構造力学の主な目的は，構造物に荷重が作用した際に，構造物を支える点に作用する反力，および各部材に生じる内力と変形を求めることである．

構造物に作用する**荷重**（load）は，**力**（force）と**モーメント**（moment）[3]の2つに分類される．力は，大きさと方向をもつベクトル量として，物体のある点に作用する．力における大きさ・方向・作用点を力の3要素という．力の単位には N（ニュートン）を使用する[4]．1 N とは，質量 1 kg の物体に 1 m/s^2 の加速度を生じさせる力である．地球上において，物体は重力加速度 $g = 9.8$ m/s^2 で自由落下するので，図 1.2 (a) のように，質量 m kg の物体を糸に吊るした際に糸に生じる張力は mg N となる[5]．

モーメントは，図 1.2 (b) に示すように，物体を回転させようとする力である．たと

---

[3] 正確には，**力のモーメント**（moment of force）であり，自明な場合は単にモーメントと表記する．
[4] 値の大きさに応じて，10^3 N = 1 kN, 10^6 N = 1 MN を用いる．
[5] 理工系分野では一般に，変数にはイタリック体（斜体），単位や記号にはローマン体（立体）を用いて表記する．たとえば，3m は質量 m の3倍を意味し，3 m は3メートルを意味する．

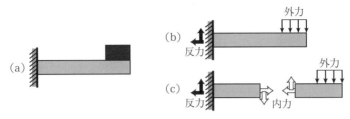

図 1.3 外力と内力の違い

えば，スパナ，ドライバ，てこなどはモーメントを生じさせる道具である．スパナはハンドルが長い方が，またドライバはハンドルが太い方が力学的に有利であることからわかるように，モーメントは力と長さの掛け算で表される．具体的には，**図 1.2** (b) を参照して，モーメントは次式で表される．

$$モーメント M = 力 F \times 力に垂直な腕の長さ L \tag{1.1}$$

上の式からわかるように，モーメントの単位は Nm（ニュートンメートル）である[6]．

1.3 外力と内力

物体に外部から作用する力を**外力**（external force）という．主な外力としては，構造物の積載荷重や自重がある．たとえば**図 1.3** (a) のように，はり部材の先端に積載荷重が作用する場合，**図 1.3** (b) のように外力は矢印ベクトルで描くことができ，視覚的に捉えることができる．

外力が作用すると，**図 1.3** (b) のように，物体を支えている点（支点）には**反力**（reaction force）が生じる．物体の変位を拘束している場所には必ず反力が生じる．反力の発生場所は自明であるが，反力の大きさや向きは構造解析（力学的な計算）を行って求めることになる．構造力学では多くの場合，**力とモーメントのつり合いを考える**ことにより，物体に生じる反力を求めることができる．

一方，外力の作用によって物体の内部に生じる力を**内力**（internal force）という．**図 1.3** (c) に示すように，内力は構造物（部材）を仮想的に切断した際に，**仮想切断面に生じる力**である．内力は，仮想的に切断された左右の断面において**作用反作用**（action-reaction）の関係にあり，大きさが同じで向きが逆になる．外力とは異なり，内力は仮想的に構造物を切断しない限り視覚的に捉えることができない．一般に，内力は目に見えないので，構造解析により内力を求める必要がある．構造力学では，部材軸

---

[6] 力の大きさや構造物の寸法に応じて，kNm や Nmm などが用いられる．

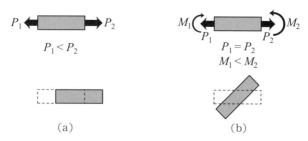

図 1.4 物体における力とモーメントのつり合い

と直交する方向に**部材を仮想的に切断**し，力とモーメントのつり合いを考えることにより，仮想切断面に生じる内力を求めることができる[7]．

1.4 つり合い

1.4.1 力とモーメントのつり合い

静止または等速運動している物体は**つり合い**（equilibrium）の状態にある．構造力学では物体の運動を考えないので，つり合い状態にある物体は静止状態にあり，並進移動も回転もしない．図 1.4 (a) のように仮に，力がつり合っていない，力の総和がゼロではない場合，物体は静止できずに並進移動する．また，図 1.4 (b) のように力の総和がゼロであっても，モーメントがつり合っていない場合には物体は静止できずに回転する．

したがって，**つり合い状態**とは力とモーメントの両方がつり合った状態であり，物体に作用する力の総和とモーメントの総和がともにゼロの状態をいう．構造力学では**力とモーメントのつり合い**を利用して，物体に生じる**反力**や**内力**を求めることができる．

1.4.2 力のつり合いと作用反作用の法則

図 1.5 (a) のような天井から糸でおもりを吊るした問題を例に，力のつり合いと作用反作用の法則との相違について示す．おもりの質量を m kg，重力加速度を g m/s^2 とし，糸の質量は無視できるものとする．

力のつり合いを考える際は，ひとつの物体に着目する．まず，糸とおもりをひとつの物体としてみると，そこには図 1.5 (b) のように重力 mg と反力 R が作用する．構造全体はつり合い状態にあるので，重力 mg と反力 R との間には次の関係が成り立つ．

---

[7] 構造力学では，仮想切断面に生じる内力を**断面力**という．図 1.3 (c) や図 1.5 (c) に示すように，本書では白抜きの矢印で内力を表現する．

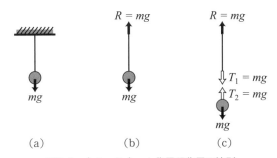

図 1.5　力のつり合いと作用反作用の法則

$$R - mg = 0 \tag{1.2}$$

力のつり合いとは，ひとつの物体に作用する力の総和がゼロの状態である．したがって，力のつり合いの式をたてる際は上式のように，向きの違いのみを考慮して力の総和がゼロとなる式をたてればよく，力の方向に対して正負の定義を行う必要はない．上式は上向きを正としているが，下向きを正としても構わない．

次に，糸とおもりを別々の物体として見ても，各々はつり合い状態にある．図 1.5 (c) のように糸とおもりを仮想的に切断すると，糸に作用する力は反力 R とおもりによって生じる張力 T_1 となる．糸はつり合い状態にあるので，反力 R と張力 T_1 の関係は次式となる．

$$R - T_1 = 0 \tag{1.3}$$

一方，おもりのみに着目すると，おもりに作用する力は重力 mg と糸から受ける張力 T_2 となる．おもりもつり合い状態にあるので，重力 mg と張力 T_2 の関係は次式となる．

$$T_2 - mg = 0 \tag{1.4}$$

これらの 3 式より，$R = T_1 = T_2 = mg$ となる．ここで，T_1 と T_2 は糸とおもりを仮想的に切断して求めた内力である．さらに，T_1 と T_2 は力の大きさが同じで向きが逆の関係にある．これは，力のつり合いのように見えるがそうではなく，**作用反作用の法則**（law of action and reaction）である．力のつり合いはひとつの物体に着目するのに対して，作用反作用の法則は糸とおもりの接合点のように，力の作用点で成り立つ法則である．また，作用反作用の法則は対となる 2 つの力の関係であるのに対して，力のつり合いは物体に作用する力の数が 2 つとは限らない．

ここでは扱わなかったが，反力 R についても作用反作用の法則が成り立っており，

糸は天井から上向きの力 R を受ける一方で，天井は糸から下向きの力 R を受けることになる．構造力学では物体のつり合いを考えて物体に生じる力や変形を求めるので，壁に生じる反力ではなく，物体に生じる反力を求めるのが一般的である．

例題 1.1 引張荷重を受ける棒材の反力と内力

左端 A を固定して，右端 B に引張荷重 P を作用させた棒材を考える．位置 C と D で棒材を仮想的に切断したとき，仮想切断面に生じる内力 N_1, N_2, N_3, N_4 と左端 A での反力 R を求めよ．

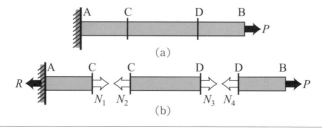

解答・解説

左端が固定されているので，当然ながら棒全体は静止していてつり合い状態にある．左端には反力 R が生じ，棒全体の力のつり合いから R と P の関係は次式で表される．

$$-R + P = 0 \tag{1.5}$$

つり合い状態にある物体では，物体のどの部分を取り出してもつり合い状態にある．例題図 (b) のように棒材を仮想的に切断すると，各々の仮想切断面には内力 N_1, N_2, N_3, N_4 が生じる．仮想的に切断した部材片 AC，CD，DB における力のつり合いは次式となる．

$$-R + N_1 = 0, \quad -N_2 + N_3 = 0, \quad -N_4 + P = 0 \tag{1.6}$$

また，切断面 C と D では作用反作用の法則により，次式が成り立つ．

$$N_1 = N_2, \quad N_3 = N_4 \tag{1.7}$$

以上より，この棒材に生じる反力と内力は次のようになる[8]．

$$R = N_1 = N_2 = N_3 = N_4 = P \tag{1.8}$$

---

[8] 1.5.1 項で後述するが，部材軸方向の内力は断面に対して外向きを正と定義する．

例題 1.2 棒における力とモーメントのつり合い

重さの無視できる剛体棒 AB を糸で吊るし，棒の両端におもりを取り付けた．棒 AB が水平を保って静止状態にあるとき，点 B のおもりの質量 m と点 C の糸の張力 T を求めよ．重力加速度を $g = 9.8 \text{ m/s}^2$ とする．

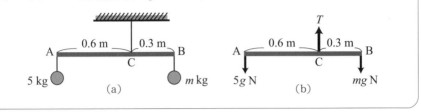

解答・解説

つり合いを考える際は，ひとつの物体に着目する．棒 AB はつり合い状態にあり，棒 AB に作用している力を描くと，例題図 (b) のようになる[9]．上向きを正とすると，棒における力のつり合いは次式となる．

$$T - 5g - mg = 0 \tag{1.9}$$

時計まわりを正とすると，点 B まわりのモーメントのつり合いは次式となる．

$$mg \cdot 0 + T \cdot 0.3 - 5g \cdot 0.9 = 0 \tag{1.10}$$

これらの 2 式より，張力 T と質量 m は次のようになる．

$$T = 15g = 147 \text{ N}, \quad m = 10 \text{ kg} \tag{1.11}$$

上では，点 B まわりのモーメントのつり合いを考えたが，モーメントのつり合いはどの点であっても成り立つので，点 A や点 C でモーメントのつり合いを考えても構わない．たとえば，時計まわりを正とすると，点 A まわりのモーメントのつり合いは次式となる．

$$5g \cdot 0 - T \cdot 0.6 + mg \cdot 0.9 = 0 \tag{1.12}$$

点 C まわりのモーメントのつり合いは次式となる．

$$T \cdot 0 - 5g \cdot 0.6 + mg \cdot 0.3 = 0 \tag{1.13}$$

これらのモーメントのつり合い式は，どちらも上で求めた $T = 15g$, $m = 10$ を満た

---

[9] 例題 1.2 の図 (b) のように，外力を受けてつり合い状態にある物体の一部分を仮想的に抜き出し，内力・反力・外力の作用を図示したものを**自由体図**（free body diagram）という．

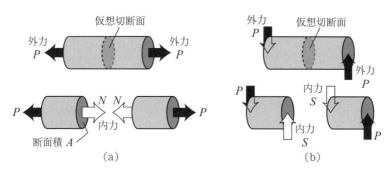

図 1.6 仮想切断面に垂直な内力と平行な内力

すことがわかる.このように,モーメントのつり合いはどの点で考えてもよいが,点 B や点 C のように未知の力が作用している点を選んだ方が,未知数が消えて計算が簡単になる[10].

1.5 応力

応力(stress)の定義は,**仮想切断面に生じる単位面積あたりの内力**であり,物体内部の力の状態を表す尺度として用いられる.応力には,断面に垂直な向きに生じる垂直応力と,断面に平行な向きに生じるせん断応力がある.

1.5.1 垂直応力

図 1.6 (a) に示すように部材の軸方向に外力を作用させると,仮想切断面に垂直な内力 N が生じる.この内力 N を**軸力**(axial force, normal force)という.軸力 N を仮想切断面積 A で除した値を(平均)**垂直応力**(normal stress)という.垂直応力は σ(シグマ)で表すことが多く,次式で表される.

$$\sigma = \frac{N}{A} \tag{1.14}$$

軸力,垂直応力ともに図 1.6 (a) のように仮想的に切断された部材の断面に対して,**外向きが正**の向きの定義である.断面に対して外向きの力が生じると,部材は引張られることになるので,軸力,垂直応力ともに**引張が正,圧縮が負**となる[11].

応力は内力であるので,応力を求める際は部材を仮想的に切断して考えなければいけ

---

[10] モーメントのつり合い計算を任意の点で行えることは,2 章以降のはりの構造解析においても同様である.はりの支点反力や断面力を求める際も,多くの力が作用する点や未知の力が作用する点で,モーメントのつり合いを考えるのが基本である.この例題はそのための準備でもある.
[11] コンクリートや土質材料のように,主に圧縮に抵抗する材料では,圧縮を正,引張を負とする場合がある.

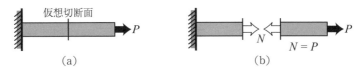

図 1.7　垂直応力の正しい評価方法

ない．たとえば図 1.7 (a) のように，断面積 A の部材の左端を固定して，右端に引張荷重 P を与える場合を考える．荷重 P を断面積 A で除すと単位面積あたりの力となるが，これは単位面積あたりの荷重（分布荷重）を計算したことになり，応力の計算としては正しい方法ではない．応力は内力であるので図 1.7 (b) に示すように，仮想切断面に生じる内力を求めて，その内力を断面積で除したものが応力になる．具体的には次式のように，力のつり合いから内力 N を求め，N を断面積で除すのが応力の正しい計算方法である．

$$-N + P = 0 \quad \rightarrow \quad N = P \quad \rightarrow \quad \sigma = \frac{N}{A} = \frac{P}{A} \tag{1.15}$$

応力は単位面積あたりの内力であるので，応力の単位は「力／面積」となる．主に SI 単位の Pa（パスカル）を用い，そのなかでも特に MPa（メガパスカル）を用いる[12]．Pa は N/m^2，M は 10^6 であり，MPa を書き換えると次のような関係がある．

$$1 \text{ MPa} = 10^6 \text{ Pa} = 10^6 \text{ N/m}^2 = 10^6 \cdot 10^{-6} \text{ N/mm}^2 = 1 \text{ N/mm}^2 \tag{1.16}$$

つまり，$MPa = N/mm^2$ である．応力の単位が MPa になるように，構造力学では力の単位を N，長さや変位の単位を mm で表して，計算を行うのが一般的である[13]．

1.5.2　せん断応力

図 1.6 (b) に示すように，部材の軸方向に垂直な外力を作用させると，仮想切断面に平行な内力 S が生じる．この内力 S を**せん断力**（shear force）という[14]．せん断力 S を仮想切断面積 A で除した値を（平均）**せん断応力**（shear stress）という．せん断応力は τ（タウ）で表すことが多く，次式で表される．

$$\tau = \frac{S}{A} \tag{1.17}$$

断面が微小であればせん断応力は一定とみなせるが，一般に部材の断面に生じるせん断

---

[12] 応力の値の具体例として，普通コンクリートの圧縮強度は約 30 MPa，鋼材の降伏応力（弾性限界）は約 300 MPa である．鋼材の降伏応力については 1.7.3 項を参照．
[13] 慣性力が働かない静的なつり合い問題に限る．構造力学では，主に静止した物体の力学を対象とする．
[14] 引張や圧縮のように，正負で現象が異なる伸縮に比べて，せん断の正負はあまり重要ではない．ただし，2 章で述べるはりの断面力としてのせん断力には正負の定義がある．

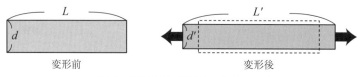

図 1.8　引張荷重が作用する部材の変形

応力は断面形状によって分布形状が異なる．部材断面のせん断応力は，断面内でのせん断応力の分布を平均化する係数 k を式 (1.17) に乗じて表される．

1.6　ひずみ

ひずみ（strain）とは物体がどれだけ変形したかを表す尺度であり[15]，変形前の長さに対する変形量の比で表される．ひずみには，伸縮を表す垂直ひずみと，ずれを表すせん断ひずみがある．

1.6.1　垂直ひずみ

図 1.8 に示すように，変形前の寸法が L, d の部材に引張荷重を作用させ，変形後にそれぞれの長さが L', d' となった状態を考える．荷重の方向と同じ方向に生じるひずみを**軸方向ひずみ**または**縦ひずみ**（longitudinal strain）という．図 1.8 の例では，長さ L の方向の伸縮が縦ひずみである．縦ひずみは ε（イプシロン）で表すことが多く，次式で表される．

$$\varepsilon = \frac{変形後の長さ - 変形前の長さ}{変形前の長さ} = \frac{\Delta L}{L} = \frac{L' - L}{L} \tag{1.18}$$

一方，荷重方向に対して垂直な方向に生じるひずみを**横ひずみ**（lateral strain）という．図 1.8 の例では，長さ d の方向の伸縮が横ひずみである．横ひずみは ε' で表すことが多く，次式で表される．

$$\varepsilon' = \frac{変形後の長さ - 変形前の長さ}{変形前の長さ} = \frac{\Delta d}{d} = \frac{d' - d}{d} \tag{1.19}$$

縦ひずみの「縦」とは荷重の方向であり，横ひずみの「横」とは荷重に垂直な方向を意味する．したがって，図 1.9 (a) は x 軸方向が縦，図 1.9 (b) は y 軸方向が縦となる．また，縦ひずみと横ひずみを総称して，**垂直ひずみ**（normal strain）という[16]．ひずみは長さを長さで除して求められるので，無次元量となり単位はない．鋼材やコン

---

[15] 変形とは文字通り，形が変わることであり，変位と変形は意味が異なる．並進移動や回転は，変位しているが変形はしていない．
[16] 構造力学では，主に部材軸方向の応力やひずみについて考えるため，縦ひずみ（軸方向ひずみ）を単に「ひずみ」と呼ぶことが多い．

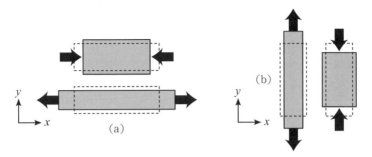

図 1.9 力学における縦と横の定義とポアソン効果

クリートのように変形が微小な場合，10^{-6} を表す μ（マイクロ）を単位の代わりに用いて，たとえば 0.003 のひずみを 3000 μ と表すことがある．垂直応力と同様に，垂直ひずみも引張を正，圧縮を負とする．

1.6.2 ポアソン効果

図 1.9 (a) のように部材を x 方向に引張ると，部材は x 方向に伸びて y 方向には縮む．また，部材を x 方向に圧縮させると，部材は x 方向に縮んで y 方向には伸びる．つまり，縦ひずみが正のときは横ひずみは負，縦ひずみが負のときは横ひずみは正となる．これを**ポアソン効果**（Poisson's effect）という．ポアソン効果において，縦ひずみに対する横ひずみの比にマイナスを付けた値を**ポアソン比**（Poisson's ratio）という．マイナスを付ける理由は，ポアソン比を正にするためである．ポアソン比は ν（ニュー）で表すことが多く，次式で表される．

$$\nu = -\frac{\varepsilon'}{\varepsilon} \tag{1.20}$$

ポアソン比は $0.0 \leq \nu \leq 0.5$ であり，鋼材のポアソン比は約 0.3 である．$\nu = 0.5$ は変形前後で体積変化がないことを意味するので，$\nu = 0.5$ となる性質を非圧縮性という．

1.6.3 せん断ひずみ

図 1.10 のように部材の内部において，長さ L の微小要素にせん断力が作用して，u だけずれたとする．このようなずれひずみを，**せん断ひずみ**（shear strain）といい，**角度の変化**として定義される．せん断ひずみは γ（ガンマ）で表すことが多く，変形が微小である場合，次式で表される．

$$\gamma = \frac{u}{L} \tag{1.21}$$

角度 θ が微小であれば，図 1.10 のように直角三角形を扇形とみなすことができる．角

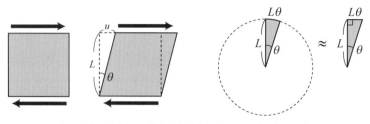

図 1.10　せん断ひずみの定義と微小変形における近似

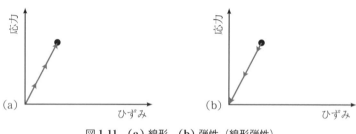

図 1.11　(a) 線形，(b) 弾性（線形弾性）

度 θ が微小であれば $\tan\theta$ は次式のように近似できることから，変形が微小である場合のせん断ひずみは，式 (1.21) で表されることがわかる．

$$\tan\theta \approx \frac{L\theta}{L} = \theta \quad \rightarrow \quad \gamma = \theta \approx \tan\theta = \frac{u}{L} \tag{1.22}$$

1.7　材料の変形特性

1.7.1　応力とひずみの関係

材料の力学特性を測定するための最も基本的な試験（実験）は**引張試験**（tension test）である．引張試験では，荷重と試験体の断面積から応力を求め，ひずみゲージまたは変位計を用いて，ひずみを測定する．縦軸に応力，横軸にひずみをとり，応力とひずみの関係をグラフにしたものを**応力—ひずみ曲線**（stress-strain curve）または**応力—ひずみ線図**（stress-strain diagram）という．

図 1.11 (a) に示すように荷重の載荷過程において，応力とひずみの関係が直線（比例）となる性質を**線形**（linear）という．たとえば，ひずみ 1 のときの応力が 3 であれば，ひずみ 5 のときの応力は 15 と比例計算ができる．

さらに，荷重を取り除くと元の状態にもどる性質を**弾性**（elasticity）という．図 1.11 (b) に示すように応力とひずみの関係が線形であれば，**線形弾性**（linear elastic-

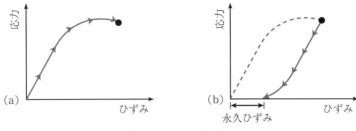

図 1.12 (a) 非線形，(b) 非弾性（塑性）

ity）という．ほぼすべての材料は，変形が微小な範囲において線形弾性の性質を有している．構造力学においては，材料の線形弾性（線形性）を利用することで内力や変形を解析することができる．

一方，図 1.12 (a) に示すように，荷重の載荷過程において応力とひずみの関係が直線（比例）とならない，つまり比例計算ができない性質を**非線形**（nonlinear）という．線形であれば比例計算ができるので設計をする際に便利であるが，非線形の場合はそうはいかない．

さらに，図 1.12 (b) に示すように，荷重を取り除いても元の状態に戻らず，永久ひずみ（残留ひずみ）が残る性質を**塑性**（plasticity）といい，永久ひずみのことを**塑性ひずみ**（plastic strain）という．鋼材は，弾性限界後に塑性変形を示す代表的な材料である．

1.7.2　フックの法則

応力とひずみの比例関係を**フックの法則**（Hooke's law）といい，次式で表される[17]．

$$\sigma = E\varepsilon \tag{1.23}$$

フックの法則における比例定数 E を**ヤング率**（Young's modulus）または**弾性係数**（elastic coefficient）という．ひずみが無次元量なので，ヤング率は応力と同じ単位となる．

横軸にひずみ，縦軸に応力をとって，フックの法則をグラフにすると図 1.13 のようになり，ヤング率はグラフの傾きに相当する．ヤング率は変形と力とを関係付ける比例定数であり，バネ定数と同じような定数である．ヤング率の大きい材料の方が剛性が高く，変形しにくい性質となる．図 1.13 では材料 1 と材料 2 のヤング率を比較している．

---

[17] せん断応力とせん断ひずみに関しても，$\tau = G\gamma$ の比例関係がある．G は**せん断弾性係数**（shear modulus）であり，ヤング率 E とポアソン比 ν を用いて，$G = E/2(1+\nu)$ で表される．

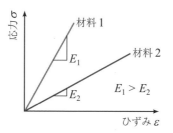

図 1.13 フックの法則とヤング率

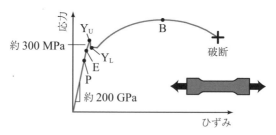

図 1.14 引張試験における鋼材の典型的な応力―ひずみ曲線

材料 1 の方がグラフの傾きが大きいので，材料 1 の方が剛性が高く，変形しにくい材料であることがわかる．

構造材料の場合，ヤング率の単位には GPa（ギガパスカル）を用いることが多い．ヤング率の値の具体例として，鋼材のヤング率は約 200 GPa，普通コンクリートのヤング率は約 20〜30 GPa である．

1.7.3 鋼材の応力―ひずみ曲線

鋼材（steel）は，構造材料として最も基本的な材料であり，最も使用頻度の高い材料である．引張試験から得られる鋼材の典型的な応力―ひずみ曲線は，図 1.14 のようになる．

図中の点 P を**比例限度**（proportional limit）といい，この点までは応力とひずみの関係が線形となる．点 E を**弾性限度**（elastic limit）といい，この点までは荷重を取り除くと元の形状に戻り，永久ひずみは生じない．**降伏点**（yield point）とは，**降伏応力**（yield stress）とも呼ばれ弾性限界時の応力を表す．鋼材の降伏点は約 300 MPa であり，降伏点までは弾性変形を示し，降伏点を越えると塑性変形が生じる．点 Y_U を**上降伏点**，点 Y_L を**下降伏点**という．応力―ひずみ曲線において，最大応力となる点 B を**引張強さ**（tensile strength）という．鋼材は，線形，弾性，塑性の 3 つの性質を示す典型的な材料である．

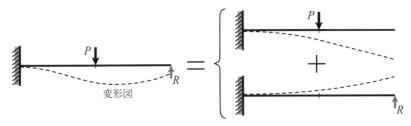

図 1.15　はりにおける重ね合わせの原理の適用例

1.8　重ね合わせの原理

　構造力学では，力と変位（応力とひずみ）の関係を線形として取り扱うことに特徴があり，これにより構造解析を簡単にすることができる．ここで，線形とは次式が成り立つことをいう．

$$x_3 = x_1 + x_2 \quad \rightarrow \quad f(x_3) = f(x_1) + f(x_2) \tag{1.24}$$

たとえば，$x_1 = 2$，$x_2 = 3$，$f(x) = ax^2$ とすると，次のように式 (1.24) を満たさない．

$$f(x_1) + f(x_2) = 4a + 9a = 13a \neq f(x_3) \tag{1.25}$$

一方，$x_1 = 2$，$x_2 = 3$，$f(x) = bx$ のように，$f(x)$ を 1 次関数（線形）とすると，

$$f(x_1) + f(x_2) = 2b + 3b = 5b = f(x_3) \tag{1.26}$$

となり，和をとる順序を変えても式 (1.24) を満たすことがわかる．
　この関係をはり[18]の構造力学に置き換えて考えると，たとえば図 1.15 のように，複数の荷重が同時に作用する問題をそれぞれの荷重が作用する問題の和で表すことができる．このような線形性を利用した物理法則を**重ね合わせの原理**（principle of superposition）という[19]．

---

[18] 部材軸に対して垂直な方向の荷重（曲げ）に抵抗する部材をはり（beam）という．
[19] 6 章のカステリアノの定理，仮想仕事の原理，相反定理，7 章の不静定問題の解法において，重ね合わせの原理が用いられる．

1.9 棒材の引張

本節では，力のつり合いと材料の変形特性を利用して，引張荷重が作用する棒材[20]の内力や変形を計算する例を示す．棒の引張問題では，せん断力やモーメントは発生しないので，モーメントのつり合いは考えなくてよい．

例題 1.3 引張荷重を受ける棒材の内力と変形

長さ 0.6 m，断面積 4 cm^2 の棒材の先端に 8 kN の引張荷重が与えられている．棒材のヤング率を 200 GPa，ポアソン比を 0.3 とし，以下の問に答えよ．

- 棒材に生じる垂直応力 σ を求めよ．
- 棒材に生じる縦ひずみ ε を求めよ．
- 棒材の先端での変位 ΔL を求めよ．
- 棒材に生じる横ひずみ ε' を求めよ．

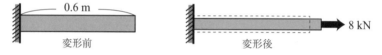

解答・解説

応力の単位が MPa になるように，長さの単位を mm，力の単位を N にして計算する．例題 1.1 や図 1.7 で示したように，この棒材には軸力 $N = 8$ kN が生じる．垂直応力 σ は，軸力 N を断面積 A で除すことによって，次式で表される．

$$\sigma = \frac{N}{A} = \frac{8 \cdot 10^3}{400} = 20 \text{ MPa} \tag{1.27}$$

フックの法則より，棒材に生じる縦ひずみ ε は次のようになる．

$$\sigma = E\varepsilon \quad \rightarrow \quad \varepsilon = \frac{\sigma}{E} = \frac{20}{200 \cdot 10^3} = 1 \times 10^{-4} \tag{1.28}$$

垂直ひずみの定義式から，棒材の先端での変位 ΔL は次のようになる．

$$\varepsilon = \frac{\Delta L}{L} \quad \rightarrow \quad \Delta L = \varepsilon L = (1 \times 10^{-4}) \cdot 600 = 0.06 \text{ mm} \tag{1.29}$$

ポアソン比の定義式から，棒材に生じる横ひずみ ε' は次のようになる．

---

[20] 本書では，部材軸方向の力のみに抵抗する部材を棒（bar）または棒材という．

$$\nu = -\frac{\varepsilon'}{\varepsilon} \quad \rightarrow \quad \varepsilon' = -\nu\varepsilon = -0.3 \cdot \left(1 \times 10^{-4}\right) = -3 \times 10^{-5} \tag{1.30}$$

例題 1.4　引張荷重を受ける異種棒材の内力と変形 (1)

断面積が同じで長さとヤング率の異なる棒材 1 と 2 を直列につなぎ，荷重 P で引張ったところ，棒全体が ΔL だけ伸びた．棒材 1 と 2 の長さをそれぞれ L_1, L_2, ヤング率を E_1, E_2, 断面積はともに A とし，以下の問に答えよ．
- 棒材 1 と 2 に生じる垂直応力 σ_1, σ_2 を求めよ．
- 棒材 1 と 2 に生じる垂直ひずみ ε_1, ε_2 を求めよ．
- 棒全体の伸び ΔL を求めよ．

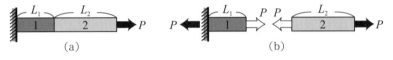

解答・解説

例題図 (b) のように，棒材 1 と 2 の境界で仮想的に切断して力のつり合いを考えると，棒材 1, 2 ともに P で引張られることがわかる．よって，棒材 1, 2 に生じる垂直応力 σ_1, σ_2 は次のようになる．

$$\sigma_1 = \frac{P}{A}, \quad \sigma_2 = \frac{P}{A} \tag{1.31}$$

フックの法則より，棒材 1, 2 に生じる垂直ひずみ ε_1, ε_2 は次のようになる．

$$\varepsilon_1 = \frac{\sigma_1}{E_1} = \frac{P}{E_1 A}, \quad \varepsilon_2 = \frac{\sigma_2}{E_2} = \frac{P}{E_2 A} \tag{1.32}$$

垂直ひずみの定義式より，棒材全体の伸び ΔL は次のようになる．

$$\Delta L = \varepsilon_1 L_1 + \varepsilon_2 L_2 = \frac{PL_1}{E_1 A} + \frac{PL_2}{E_2 A} \tag{1.33}$$

例題 1.5 引張荷重を受ける異種棒材の内力と変形 (2)

2つの棒材 1 と 2 を並列にした構造の左端を固定し，右端には剛体板を取り付け，引張荷重 P を与えた．棒材 1 と 2 のヤング率を E_1, E_2, 断面積を A_1, A_2 とし，棒材 1 と 2 に生じる垂直応力 σ_1, σ_2 を求めよ．棒材には軸力のみが生じるものとする．

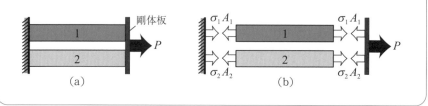

解答・解説

棒材 1, 2 には，垂直応力 σ_1, σ_2 がそれぞれ一様に生じる．棒材 1, 2 の両端に生じる力と剛体板に作用する力を描くと，例題図 (b) のようになる．剛体板に作用する力に着目して，剛体板における力のつり合いは次式で表される．

$$P - \sigma_1 A_1 - \sigma_2 A_2 = 0 \tag{1.34}$$

このつり合いの式には未知の応力が 2 つ含まれており，未知数 2 つに対して式が 1 つなので，解くことができない．このように，つり合いの式だけで反力や内力が定まらない問題を**不静定問題** (statically-indeterminate problem) という[21]．これに対して前の例題のように，つり合い式だけで反力や内力が定まる問題を**静定問題** (statically-determinate problem) という．

不静定問題を解くには，つり合い式に加えて，**適合条件式** (compatibility equation) と呼ばれる**変位や変形に関する条件式**が必要となる．この例題における「変形に関する条件」は，棒材 1 と 2 の変位（ひずみ）が等しいことである．すなわち，適合条件式は $\varepsilon_1 = \varepsilon_2$ であるので，フックの法則より次式で表される．

$$\frac{\sigma_1}{E_1} = \frac{\sigma_2}{E_2} \tag{1.35}$$

式 (1.34) と (1.35) を連立させて，σ_1 と σ_2 は次のようになる．

$$\sigma_1 = \frac{E_1}{E_1 A_1 + E_2 A_2} P, \quad \sigma_2 = \frac{E_2}{E_1 A_1 + E_2 A_2} P \tag{1.36}$$

---

[21] 7 章では，はりの不静定問題を扱うので，不静定問題の定義を覚えておくとよい．

第2章
はりの支点反力と断面力図

2.1 内力の計算と可視化

構造物の設計において最も重要なことは，作用する外力に対して構造物が壊れないようにすることである．そのためには，材料や部材がどのように壊れるかを知る必要がある．構造物に外力が作用すると，構造物の内部には内力が生じる．この内力が材料や部材の基準値（強度）を超えた時に，構造物に破壊が生じると考えるのが一般的である．よって部材の内部に生じる内力の状態を解析し，その結果を図示[1]すれば，たとえば図2.1のように，破壊が生じる位置や破壊が生じるか否かを知ることができる．

本章では力とモーメントのつり合いを利用して，はり部材に生じる内力を解析し，その結果を図示（可視化）する方法を示す．また，部材の変形を求める際にも内力の値が必要になるので，内力の計算と可視化は構造力学において非常に重要な項目である．

2.2 はりに作用する力とつり合い

構造力学で扱う部材の多くは，はりや柱といった棒状の細長い部材である．部材軸に垂直な荷重（曲げ）に抵抗する部材をはり（beam），部材軸方向の圧縮力に抵抗する

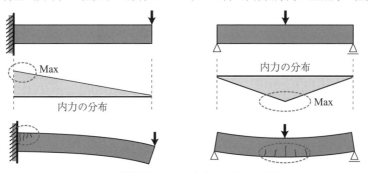

図 2.1 構造物における内力の分布と可視化

---

[1] 最近では**可視化**と呼ばれているが，結果を図示することはコンピュータの出現以前から行われている．

図 2.2 はりに作用する力とモーメント

部材を**柱**（column）という．**図 2.2** に示すように，はりや柱は線状に描かれ，構造力学では平面上の問題として考える．

平面問題においてはりに作用する力は，**図 2.2** に示すように，水平方向の力，鉛直方向の力，モーメントの 3 つである．部材に作用する外力や内力は，この 3 つのどれか，または 3 つの組み合わせで表現することができる．

部材がつり合い状態にあれば，部材は並進移動も回転もしない．つまりつり合い状態とは，力とモーメントの両方がつり合った状態をいう．はりに作用する力は，水平方向の力，鉛直方向の力，モーメントの 3 つの組み合わせで表現されるので，つり合い状態にあるはりでは，次に示す 3 つの条件式を満たすことになる．

- はりに作用する**水平方向の力** H の合計がゼロ：$\Sigma H = 0$
- はりに作用する**鉛直方向の力** V の合計がゼロ：$\Sigma V = 0$
- はりに作用する**モーメント** M の合計がゼロ：$\Sigma M = 0$

構造力学で扱う問題の多くは静定問題[2]であり，静定問題では上記のつり合いに関する 3 式を解くことで，はりに作用する力の状態を求めることができる．

2.3 支点の種類と支点反力

はりを支える点を**支点**（support），支点の構造部材の名称を**支承**という．支点では変位が拘束され，変位を拘束するために必要な力が**反力**として生じる．支点に生じる反力を**支点反力**（support reaction）という．平面問題のはりに作用する力は**図 2.2** に示した 3 つであるので，支点反力の種類も同様に 3 つである．支点には**図 2.3** に示す 3 種類があり[3]，種類によって拘束される変位と対応する支点反力が異なる．

ローラー支点（roller support）は鉛直変位のみを拘束する支点である．鉛直変位のみが拘束されるので，ローラー支点には鉛直方向の支点反力のみが生じる[4]．**可動支点**，**移動支点**ともいう．

---

[2] つり合いの式だけで反力や内力を求められる問題を静定問題という．
[3] 最近では，積層ゴム構造を用いて変位を許容する**弾性支承**（elastic support）が数多く採用されるようになっている．弾性支承の解析については，7 章の不静定構造において取り扱う．
[4] **図 2.3** における「水平」と「鉛直」は，水平方向のはりを支持する場合の方向である．5 章の**例題 5.1** のように鉛直方向の部材にローラー支点を取り付ける場合は，水平変位が拘束され，支点には水平反力が生じる．

	表記	拘束変位	支点反力
ローラー支点	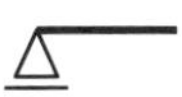	鉛直変位	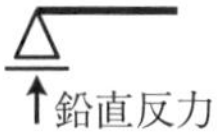鉛直反力
ヒンジ支点	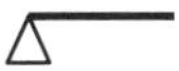	鉛直変位 水平変位	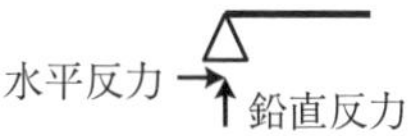水平反力 鉛直反力
固定支点	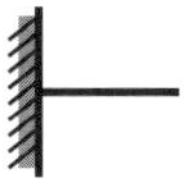	鉛直変位 水平変位 回転	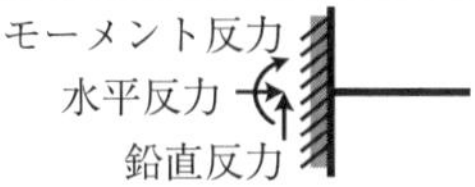モーメント反力 水平反力 鉛直反力

図 2.3　支点の種類と支点反力

ヒンジ支点（hinge support）は鉛直変位と水平変位を拘束し，回転が自由な支点である．鉛直変位と水平変位が拘束されるので，ヒンジ支点には鉛直方向と水平方向の 2 つの支点反力が生じる．**回転支点**，**ピン支点**ともいう．

固定支点（fixed support）は，鉛直変位・水平変位・回転の 3 つすべての変位を拘束する支点である．3 つすべての変位が拘束されるので，固定支点には鉛直方向と水平方向の反力に加えてモーメント反力の 3 つすべてが生じる．

2.4　荷重の種類

構造力学で主に扱う荷重は図 **2.4** に示すように，**集中荷重**（concentrated load），**モーメント荷重**（moment load），**分布荷重**（distributed load）の 3 種類であり，これらは外力として部材に作用する．集中荷重とモーメント荷重は点に作用する．分布荷重は，表面に作用する単位面積あたりの荷重（表面力）や，自重のような単位体積あたりの荷重（体積力）を与えることができる．ただし，構造力学では図 **1.1** のように部材を 1 次元的（線状）に捉えるので，単位面積あたりの荷重には奥行を掛け，また単位体積あたりの荷重には断面積を掛けることにより，分布荷重は**単位長さあたりの荷重**として与えられる．大きさが一定の分布荷重を等分布荷重といい，水圧や土圧などの場合に

P
M
w
集中荷重
モーメント荷重
分布荷重

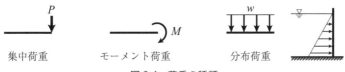

図 2.4　荷重の種類

は三角形状の分布荷重となる[5]．実際の荷重のほとんどは分布荷重である．

2.5 はりの種類とたわみの様子

図 2.5 (a) に示すように，ヒンジ支点とローラー支点による支持条件を**単純支持**（simple support）といい，単純支持されたはりを**単純はり**（simple beam）という．また図 2.5 (b) に示すように，はりの片方が支持のない自由端で，もう片方が固定支持されたはりを**片持はり**（cantilever beam）という．

単純はりは各支点において回転が拘束されていないので，図 2.5 (c) のようにたわみ，支点ではたわみ角が生じる[6]．一方，片持はりは支点において回転が拘束されているので，図 2.5 (d) のように支点でたわみ角がゼロになるようにたわむ．

単純はりと片持はり以外の構造として，図 2.6 (a) のような構造を**連続はり**（continuous beam），図 2.6 (b) のような構造を**張出はり**（overhanging beam），図 2.6 (c) のような構造を**ゲルバーはり**（Gerber beam）という[7]．ゲルバーはりの特徴は，はり

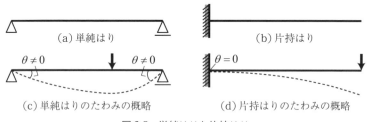

図 2.5 単純はりと片持はり

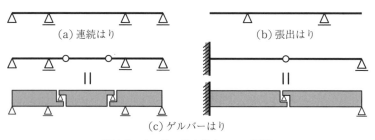

図 2.6 その他の代表的なはりの種類

---
[5] 付録 B に示す弾性荷重法（モールの定理）において，弾性荷重が三角形の分布荷重になることが多い．
[6] たわみ角の定義については 3.2 節を参照．ここでは図 2.5 (c), (d) に示すように，支点において角度が生じるか否かがわかればよい．
[7] ドイツ人のゲルバー（Gerber）により提案されたもので，静定構造でありながら連続はり（不静定構造）の長所をもつ．地盤沈下による影響が構造全体に及ばない形式なので，軟弱地盤に有効である．

とはりが**ヒンジ**（hinge）と呼ばれる回転に無抵抗なちょうつがいで連結されている
ところにあり，このヒンジを**中間ヒンジ**（middle hinge）という．構造力学では，図
2.6 (c) のようにヒンジを○で表記する．ヒンジは回転に無抵抗であるので，ヒンジで
はモーメントがゼロになる．

2.6　支点反力の計算

　支承を設計するには支点反力を計算し，支点に作用する力の大きさと方向を求める必
要がある．また本章の最終的な目的は，はりに生じる内力（断面力）を計算し，その結
果を図示することである．はりに生じる内力（断面力）を計算するには，最初に支点反
力を求める必要がある．

　支点反力を求める手順は次のようになる．基本的には，未知の支点反力を定義して，
2.2 節で示したつり合いに関する 3 式を解き，結果を図示すればよい．分布荷重が作用
する問題では，分布荷重をいったんそれと等価な集中荷重に置き換えた後に，同様の手
順で支点反力を求めればよい．

　① 未知の支点反力を定義し，図示する．

　② 水平方向と鉛直方向の力のつり合い，モーメントのつり合いの式をたてる．

　③ 3 式を連立させて，未知の支点反力を求める．

　④ 正の値となるよう支点反力をベクトルで図示する．

　支点反力は力であり，力はベクトルで表される．ベクトルは大きさと向きを有するも
のであり，③で連立方程式を解いて支点反力を求めた後は，④で必ずその結果を図示す
る．③で解いた結果がマイナスの場合，それは①で定義した支点反力の向きが実際は逆
という意味であるので，④ではその向きを逆にして図示すればよい．座標系を用いずに
支点反力を求める場合は，必ず正の値となるように結果を図示する．

　つり合いに関する式の数は 3 つなので，未知変数である支点反力の数が 3 つであれば
方程式を解くことができる．ただし，支点反力の数が 3 つであればよいわけではなく，
水平方向・鉛直方向・回転の 3 つの変位すべてが拘束されている必要がある．たとえ
ば，図 **2.7** (a), (b) は支点反力の数が 2 つであり，(a) は水平変位が拘束されていない
ので水平方向の力に抵抗できず，(b) は回転が拘束されていないのでモーメントに抵抗
できない．また，図 **2.7** (c) は支点反力の数が 3 つであるが，水平変位が拘束されてい
ないので，水平方向の力に抵抗できず不安定な構造条件となる．これらのような構造を
不安定構造（unstable structure）といい，実際には存在しない構造物である．

　図 **2.5** (b) の片持はりは，固定支点において水平方向・鉛直方向・回転の 3 つの変位
すべてが拘束される．図 **2.5** (a) の単純はりや図 **2.6** (b) の張出はりは，各支点で回転

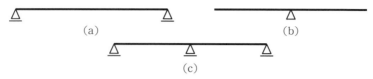

図 2.7　支持条件の不足による不安定構造

は拘束されていないが，2つの支点によって構造物としては回転できないようになっている．よって，固定支持や単純支持されたはりは安定構造で，かつ支点反力の数が3つであるので，力とモーメントのつり合いからすべての支点反力を求めることができる[8]．

一方，図 2.6 (c) のゲルバーはりの場合は支点反力の数が4つ以上あり，つり合いに関する3式だけではすべての支点反力を求めることができない．しかし，ゲルバーはりでは中間ヒンジにおいてモーメントがゼロという条件式をたてることができる．これを加えると，未知数である支点反力の数と条件式の数が等しくなり，4つ以上の支点反力をすべて求めることができる．

ヒンジにおけるモーメントの条件式はモーメントのつり合いの式でもあるので，力とモーメントのつり合いのみを用いて支点反力が求められる．このように，ゲルバーはりは支点反力が4つ以上でも力とモーメントに関する条件式のみで解けるように工夫された構造である．以下では，さまざまな例題を通して支点反力の具体的な計算例を示す．

例題 2.1　集中荷重が作用する片持はりの支点反力

左端を固定した長さ L の片持はりの先端に集中荷重 P が作用している．固定端 A の支点反力を求めよ．

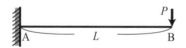

解答・解説

はじめに，未知の支点反力を定義する．固定端は水平変位・鉛直変位・回転の3つの変位すべてを拘束する支点であるので，点 A には水平方向・鉛直方向・モーメントの3つすべての支点反力が生じる．これらを図 2.8 (a) のように定義する．

次に，力とモーメントのつり合いの式をたてる．水平方向と鉛直方向の力のつり合いは次式で表される．ここで，力のつり合いとは物体に作用する力の総和がゼロという関係なので，上向きが正でも下向きが正でもどちらでもよい．

---

[8] 力とモーメントのつり合いだけで支点反力が定まる構造を静定構造，定まらない構造を不静定構造という．たとえば図 2.6 (a) の連続はりは，支点反力が4つ以上あるので不静定構造となる．

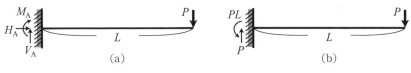

図 2.8

$$\Sigma H = 0: \quad H_A = 0 \tag{2.1}$$
$$\Sigma V = 0: \quad V_A - P = 0 \tag{2.2}$$

モーメントのつり合いは任意の点で成り立つが，多くの力が作用する点で考えるのが基本である．理由は，次式のようにモーメントの計算における腕の長さがゼロになって，計算が簡単になるからである[9]．ここでは，点 A が該当する．点 A まわりのモーメントのつり合いは次のようになる．モーメントに関しても総和がゼロであればよいので，つり合い計算は時計まわりが正でも反時計まわりが正でもどちらでもよい．

$$\Sigma M = 0: \quad V_A \cdot 0 + H_A \cdot 0 + M_A + P \cdot L = 0 \tag{2.3}$$

これで未知の 3 つの支点反力 H_A，V_A，M_A に対して，つり合いに関する式が 3 つたてられたことになる．よって，式 (2.1)，(2.2)，(2.3) を連立させることにより，支点反力は次のように求められる．

$$H_A = 0, \quad V_A = P, \quad M_A = -PL \tag{2.4}$$

上式において M_A が負である意味は，最初に図 2.8 (a) で定義した支点反力の向きが実際は逆ということである．支点反力は力であり，力は大きさと方向をもつベクトル量である．もっとも理解しやすいベクトルの表記方法はベクトルを図示することである．M_A が負であるので，最初に図 2.8 (a) で定義した方向を逆にして図示すればよい．よって，この例題の支点反力は図 2.8 (b) のようになる．この図のように支点反力は正の値になるよう図示するのが基本である．

例題 2.2　モーメント荷重が作用する片持はりの支点反力

左端を固定した長さ L の片持はりの先端にモーメント荷重 M が作用している．固定端 A の支点反力を求めよ．

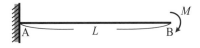

---

[9] 例題 1.2 においてこのことを確認している．はりの構造解析でも同様である．

解答・解説

はじめに，固定端における未知の支点反力を図 2.9 (a) のように定義する．問題の荷重条件を見て予測できる範囲で，支点反力が正の値で求まるように未知の支点反力の向きを定義する．ここではモーメント反力を反時計まわりに定義しておく．

次に，力とモーメントのつり合いの式をたてる．はりにはモーメント荷重のみが与えられるので，水平方向と鉛直方向の力のつり合いは次式となる．

$$H_A = 0, \quad V_A = 0 \tag{2.5}$$

モーメントのつり合いは，多くの力が作用する点で考えると計算が簡単になる．点Aまわりのモーメントのつり合いは次のようになる．

$$M_A - M = 0 \tag{2.6}$$

以上の3式より支点反力は次のように求められ，これらを図示すると図 2.9 (b) となる．

$$H_A = 0, \quad V_A = 0, \quad M_A = M \tag{2.7}$$

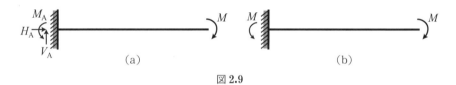

図 2.9

例題 2.3　分布荷重が作用する片持はりの支点反力

左端を固定した長さ L の片持はりの全域にわたって等分布荷重 w が作用している．分布荷重 w は単位長さあたりの荷重である．固定端Aの支点反力を求めよ．

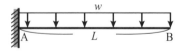

解答・解説

分布荷重が作用する問題では，分布荷重を等価な集中荷重に置き換えて考えるのが一般的である．その際に，等価集中荷重の大きさは分布荷重を長さ方向に積分したもの，作用点は分布荷重の形状の重心位置となる．この例題では単位長さあたり w の荷重が長さ L にわたって作用するので，合計で wL の荷重がはりに作用することになる．また，等分布荷重であるので，分布荷重の重心位置は分布荷重の中央点である．よって，図 2.10 (a) に示すように，大きさ wL の集中荷重がはりの中央に作用する問題に置き

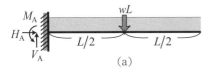 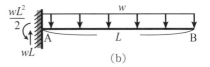

図 2.10

換えることができる．ただし，このような集中荷重による分布荷重の置き換えはつり合い計算においてのみ等価であり，力学的に同じ問題になるわけではない．

固定端における未知の支点反力を，図 2.10 (a) のように定義する．問題の荷重条件から，鉛直反力は上向き，モーメント反力は反時計まわりに生じることがわかるので，これらの向きを正の向きとして定義しておく．

力とモーメントのつり合いの式をたてる．図 2.10 (a) より，水平方向と鉛直方向の力のつり合い，および点 A まわりのモーメントのつり合いは次式で表される．

$$H_A = 0, \quad V_A - wL = 0, \quad M_A - wL \cdot \frac{L}{2} = 0 \qquad (2.8)$$

上の 3 式より支点反力は次のように求められ，これらを図示すると図 2.10 (b) となる．

$$H_A = 0, \quad V_A = wL, \quad M_A = \frac{wL^2}{2} \qquad (2.9)$$

例題 2.4　分布荷重（静水圧）が作用する構造物の支点反力

下端を固定した長さ L の構造物に三角形状の分布荷重（静水圧）が作用している．下端における分布荷重の値を w とする．分布荷重 w は単位長さあたりの荷重である．固定端 A の支点反力を求めよ．

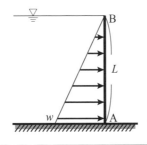

解答・解説

この例題は，静水圧が作用する構造物を想定しており，片持はりと同様に考えてよい．分布荷重が作用する問題では，はじめに分布荷重を等価な集中荷重 P_w に置き換える．この例題の P_w の大きさは三角形の面積となり，次のようになる．

$$P_w = w \cdot L \cdot \frac{1}{2} = \frac{1}{2} wL \tag{2.10}$$

また P_w の作用位置は三角形の重心位置となるので，下端から $L/3$ 離れた位置となる．よって，この例題を図 2.11 (a) のように置き換えて，力のつり合いを計算すればよい．

図 2.11 (a) のように，固定端における未知の支点反力を定義する．水平方向と鉛直方向の力のつり合い，および点 A まわりのモーメントのつり合いは次式で表される．

$$H_A - \frac{1}{2}wL = 0, \quad V_A = 0, \quad M_A - \frac{1}{2}wL \cdot \frac{1}{3}L = 0 \tag{2.11}$$

この 3 式より支点反力は次のように求められ，これらを図示すると図 2.11 (b) となる．

$$H_A = \frac{1}{2}wL, \quad V_A = 0, \quad M_A = \frac{1}{6}wL^2 \tag{2.12}$$

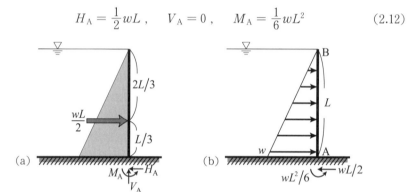

図 2.11

例題 2.5　集中荷重が作用する単純はりの支点反力

長さ $3L$ の単純はりの点 C に集中荷重 P が作用している．点 A と点 B の支点反力を求めよ．

解答・解説

はじめに，未知の支点反力を定義する．点 A はヒンジ支点なので水平反力と鉛直反力の 2 つ，点 B はローラー支点なので鉛直反力のみが生じる．これらを図 2.12 (a) のように定義する．

次に，力とモーメントのつり合いの式をたてる．水平方向と鉛直方向の力のつり合いは次式で表される．

$$H_A = 0, \quad V_A + V_B - P = 0 \tag{2.13}$$

点Aまわりのモーメントのつり合いは次のようになる．

$$V_B \cdot 3L - P \cdot 2L = 0 \tag{2.14}$$

以上のつり合いに関する3式より，支点反力は次のように求められる．

$$H_A = 0, \quad V_A = \frac{1}{3}P, \quad V_B = \frac{2}{3}P \tag{2.15}$$

よって，この例題の支点反力は図2.12(b)のようになる．支点反力の計算に慣れると，このような問題は物理的感覚から，計算をしなくても支点反力がわかる．集中荷重 P は支点間の2:1の点に作用しているので，荷重を受けもつ支点反力の大きさも2:1となり，荷重の作用点に近い点Bが2，遠い点Aが1になる．さらに，支点反力の合計は荷重 P にならないといけないので，点Aが $P/3$，点Bが $2P/3$ となる．

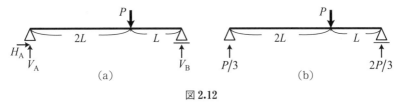

図 2.12

例題 2.6　モーメント荷重が作用する単純はりの支点反力

長さ L の単純はりの点Bにモーメント荷重 M が作用している．点Aと点Bの支点反力を求めよ．

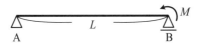

解答・解説

はじめに，未知の支点反力を図2.13(a)のように定義する．

次に，力とモーメントのつり合いの式をたてる．はりにはモーメント荷重のみが与えられるので，水平方向と鉛直方向の力のつり合いは次式となる．モーメント荷重のみだからといって，鉛直反力がゼロになるとは限らない．

$$H_A = 0, \quad V_A + V_B = 0 \tag{2.16}$$

点Bまわりのモーメントのつり合いは次のようになる．

$$M - V_A \cdot L = 0 \tag{2.17}$$

以上の 3 式より,支点反力は次のようになる.

$$H_A = 0, \quad V_A = \frac{M}{L}, \quad V_B = -\frac{M}{L} \tag{2.18}$$

V_B の向きに注意して,この例題の支点反力は図 2.13 (b) のようになる.

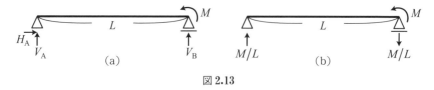

図 2.13

例題 2.7　分布荷重が作用する単純はりの支点反力

長さ L の単純はりの全域にわたって等分布荷重 w が作用している.分布荷重 w は単位長さあたりの荷重である.点 A と点 B の支点反力を求めよ.

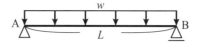

解答・解説

分布荷重が作用する問題では,はじめに分布荷重を等価な集中荷重に置き換える.分布荷重は全長にわたって一定(等分布)であるので,等価集中荷重の大きさは長方形の面積,作用位置ははりの中央点となる.よって,この例題は等価な集中荷重 wL が作用する図 2.14 (a) のように置き換えて考えることができる.

図 2.14 (a) のように,未知の支点反力を定義する.水平方向と鉛直方向の力のつり合い,および点 A まわりのモーメントのつり合いは次式で表される.

$$H_A = 0, \quad V_A + V_B - wL = 0, \quad V_B \cdot L - wL \cdot \frac{L}{2} = 0 \tag{2.19}$$

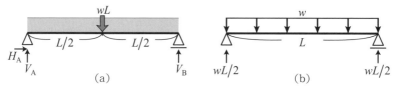

図 2.14

上の3式より支点反力は次のように求められ，これらを図示すると図 2.14 (b) となる．

$$H_A = 0, \quad V_A = \frac{wL}{2}, \quad V_B = \frac{wL}{2} \qquad (2.20)$$

例題 2.8　集中荷重が作用するゲルバーはりの支点反力

点 B に中間ヒンジを有するゲルバーはりの点 C に集中荷重 P が作用している．点 A と点 D の支点反力を求めよ．

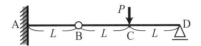

解答・解説

　未知の支点反力を図 2.15 (a) のように定義する．ゲルバーはりでは支点反力の数が 4 つ以上となる．この例題における未知の支点反力の数は 4 つであり，4 つすべての支点反力を求めるには力とモーメントに関する式を 4 つたてる必要がある．

　まず，はり全体に対して，力とモーメントのつり合いの式をたてる．水平方向と鉛直方向の力のつり合い，および点 A まわりのモーメントのつり合いは次式となる．

$$H_A = 0, \quad V_A + V_D - P = 0, \quad M_A - P \cdot 2L + V_D \cdot 3L = 0 \qquad (2.21)$$

　次に，点 B の中間ヒンジに着目する．ヒンジは回転に無抵抗であるので，中間ヒンジではモーメントがゼロになる．中間ヒンジの左右で構造を分けて考え，図 2.15 (b) に示すように BD 間に着目する[10]．点 B に作用するモーメントを計算し，それがゼロであるという関係式をたてると次のようになる[11]．

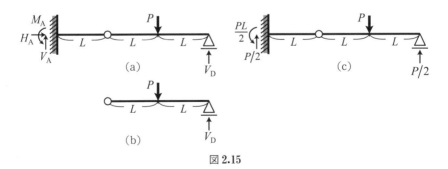

図 2.15

---

[10] 中間ヒンジで構造物を分けて考える場合，実際にはヒンジを介して伝わるせん断力が存在する．
[11] 式 (2.22) は点 B まわりのモーメントのつり合いを表す式でもある．

$$P \cdot L - V_{\mathrm{D}} \cdot 2L = 0 \tag{2.22}$$

AB 間で考えてもよいが，未知反力を 2 つ含むためその分の計算量が増える．以上の 4 式より支点反力は次のように求められ，これらを図示すると図 **2.15** (c) となる．

$$H_{\mathrm{A}} = 0, \quad V_{\mathrm{A}} = \frac{P}{2}, \quad M_{\mathrm{A}} = \frac{PL}{2}, \quad V_{\mathrm{D}} = \frac{P}{2} \tag{2.23}$$

例題 2.9　分布荷重が作用するゲルバーはりの支点反力

点 C に中間ヒンジを有するゲルバーはりの CD 間に等分布荷重 w が作用している．分布荷重 w は単位長さあたりの荷重である．点 A，点 B，点 D の支点反力を求めよ．

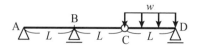

解答・解説

図 **2.16** (a) に示すように未知の支点反力を定義するとともに，分布荷重を等価な集中荷重に置き換える．この例題における未知の支点反力の数は 4 つであり，すべての支点反力を求めるには力とモーメントに関する式を 4 つたてる必要がある．

まず，はり全体に対して，力とモーメントのつり合いの式をたてる．水平方向と鉛直方向の力のつり合い，および点 A まわりのモーメントのつり合いは次式となる．

$$H_{\mathrm{A}} = 0, \quad V_{\mathrm{A}} + V_{\mathrm{B}} + V_{\mathrm{D}} - wL = 0, \quad V_{\mathrm{B}} \cdot L - wL \cdot \frac{5}{2}L + V_{\mathrm{D}} \cdot 3L = 0 \tag{2.24}$$

次に，点 C の中間ヒンジにおいて，モーメントがゼロになることに着目する．図 **2.16** (b) に示すように中間ヒンジの左右で構造を分けて考え，CD 間に着目する．中間ヒンジで成り立つ条件式，すなわち点 C に作用するモーメントがゼロであるという関係式は次のようになる．

$$wL \cdot \frac{L}{2} - V_{\mathrm{D}} \cdot L = 0 \tag{2.25}$$

以上の 4 式より，支点反力は次のように求められ，これらを図示すると図 **2.16** (c) となる．

$$H_{\mathrm{A}} = 0, \quad V_{\mathrm{A}} = -\frac{wL}{2}, \quad V_{\mathrm{B}} = wL, \quad V_{\mathrm{D}} = \frac{wL}{2} \tag{2.26}$$

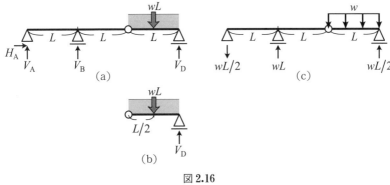

図 2.16

2.7 はりの内力（断面力）

部材に外力が作用すると，部材の内部には内力が生じる．1章の図 1.3 に示したように，部材を仮想的に切断した際に仮想切断面に生じる力が内力である．

はりや柱のような細長い部材に生じる内力は，図 2.17 のように，断面に垂直な**軸力**（axial force），断面に平行な**せん断力**（shear force），そして**曲げモーメント**（bending moment）の3つに分類される．部材断面に生じる内力は，軸力・せん断力・曲げモーメントの組み合わせで表現することができる．これら3つの内力を総称して**断面力**（sectional force）という．

図 2.17 のように，断面力にはそれぞれ正（プラス）の向きが定義されている．軸力は断面の外向きが正の方向である．つまり，切断した部材片が引張られるように生じる

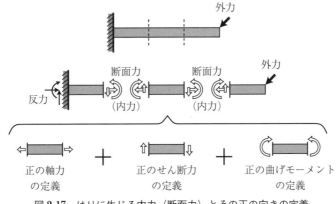

図 2.17 はりに生じる内力（断面力）とその正の向きの定義

34   第2章　はりの支点反力と断面力図

軸力が正の軸力である．せん断に関しては，切断した部材片が時計まわりに回転するように生じるせん断力が正のせん断力である．そして，切断した水平方向の部材片が下に凸にたわむように生じる曲げモーメントが，正の曲げモーメントである．これらは構造力学における定義であり，この定義を用いてはりの断面力を求めていくことになる．

2.8　はりの断面力図

はりに外力が作用すると，はりの内部に断面力（軸力，せん断力，曲げモーメント）が内力として生じる．はりの内部に生じる軸力，せん断力，曲げモーメントの分布をグラフ化したものを**軸力図**（axial force diagram, normal force diagram），**せん断力図**（shear force diagram），**曲げモーメント図**（bending moment diagram）といい，それぞれのアルファベットの頭文字を用いて**N図**，**S図**（または**Q図**）[12]，**M図**と略される．はりにおけるN図，S図，M図を総称して，**断面力図**（sectional force diagram）という．

断面力図を描く手順は次のようになる．部材軸方向に x 軸を設け，部材軸と直交する方向に部材を仮想的に切断し，力とモーメントのつり合いから位置 x における断面力を求めて，その結果をグラフ化すればよい．

① 支点反力を求める（求める必要のない場合もある）．
② 部材軸方向に x 軸を設けて，部材を仮想的に切断して，位置 x における断面力 $N(x), S(x), M(x)$ を正の向きに定義する．
③ 切断された部材片に対して力とモーメントのつり合い式をたて，$N(x), S(x), M(x)$ を求める．
④ $N(x), S(x), M(x)$ をグラフ化する．

軸力図とせん断力図を描く際は，縦軸に $N(x), S(x)$ をとり，x 軸の方向に注意して，$N(x), S(x)$ のグラフを単純に描けばよい．これに対して，曲げモーメント図を描く際は，はりの**引張側**にグラフを描くことになっている．**図2.18**左に示すようにはりに正の曲げモーメントが作用すると，はりの上側は圧縮，下側は引張の状態になる．負の曲げモーメントが作用すると，はりの上側が引張，下側が圧縮の状態になる．たとえば，コンクリートのように引張に弱い材料の場合，**図2.18**に示すようにはりの引張側にはクラックが生じる可能性がある．クラックが生じる側を明示するために，曲げモー

---

[12] 構造力学の他書では，せん断力に S ではなく Q を用いているものもある．構造力学はドイツで体系化された学問であり，ドイツ語のせん断力（Querkraft）の Q が用いられている．モーメントは英語でもドイツ語でも Moment である．軸力は垂直力または法線力と同じであり，法線は英語でもドイツ語でも Normal である．

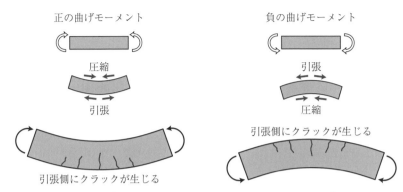

図 2.18 曲げモーメントによって生じるはりの引張変形と圧縮変形

メント図を描く際ははりの引張側にグラフを描くことになっている[13].

はりの問題では，軸力が生じない場合や軸力の影響を考えない場合が多い．はりは部材軸に垂直な荷重（曲げ）に抵抗する部材なので，大きな軸力は一般に発生しない．その場合は軸力の計算を行わず，せん断力図と曲げモーメント図のみを描くことが多い．

例題 2.10　集中荷重が作用する片持はりの断面力図

長さ L の片持はりの先端 B に集中荷重 P が作用している．せん断力図と曲げモーメント図を描け．

解答・解説

ここでは，片持はりの点 A から x 軸を設けた場合と点 B から x 軸を設けた場合の 2 ケースについて示す．断面力図を描くには最初に支点反力を求める必要があるが，この問題の支点反力は**例題 2.1** の**図 2.8** において既に求めてある．

はじめに，点 A から x 軸を設けた場合の片持はりの断面力図の描き方について示す．

図 2.19 (a) に示すように，点 A から右方向に x 軸を定義し，点 A から x 離れた点 C で部材を仮想的に切断する．点 A から x 離れた点 C における断面力 $S(x)$ と $M(x)$ を正の向きに定義すると，**図 2.19** (b) のようになる．水平方向（部材軸方向）には力が作用しないので，軸力について考える必要はない．

---

[13] コンクリートを多用する土木分野ならではの慣例のようである.

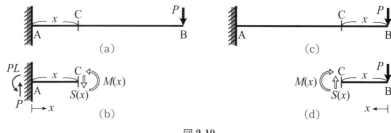

図 2.19

仮想的に切断された部材片 AC に対して，力とモーメントのつり合い式をたてる．鉛直方向の力のつり合いは次式となる．

$$S(x) - P = 0 \tag{2.27}$$

モーメントのつり合いは，多くの力が作用する点で考えるのが基本である．AC 間の距離が x であることに注意して，点 C まわりのモーメントのつり合いは次のようになる．

$$M(x) + PL - P \cdot x = 0 \tag{2.28}$$

これらの 2 式より，$S(x)$ と $M(x)$ は次式となる．

$$S(x) = P, \quad M(x) = Px - PL \tag{2.29}$$

せん断力図は $S(x)$ をグラフ化すればよい．曲げモーメント図ははりの引張側に描く．この問題の $M(x)$ の分布は片持はり全体にわたって負となる．図 2.18 右のように負の曲げモーメントが作用すると，はりの上側が引張になるため，曲げモーメント図は片持はりの上側に描く．せん断力図と曲げモーメント図は図 2.20 のようになる[14]．

次に，点 B から x 軸を設けた場合の片持はりの断面力図の描き方について示す．図 2.19 (c) のように点 B から左向きに x 軸を定義し，点 B から x 離れた点 C で部材を仮想的に切断する．点 C における断面力 $S(x)$ と $M(x)$ を正の向きに定義すると，図 2.19 (d) のようになる．仮想的に切断された部材片 BC に対して力とモーメントのつり合い式をたてる．鉛直方向の力のつり合いは次式となる．

$$S(x) - P = 0 \tag{2.30}$$

BC 間の距離が x であることに注意して，点 C まわりのモーメントのつり合いは次のようになる．

---

[14] 構造力学において断面力図を描く際は，慣例として，関数と x 軸で囲まれる領域に縦の縞模様を入れるとともに，関数値の正負を明示することになっている．本書では，縞模様の代わりに，グレーの着色を施している．また，はりの場合は図 2.20 のように，問題のはりの下に断面力図を示す慣例がある．

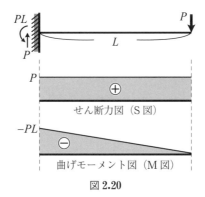

図 2.20

$$M(x) + P \cdot x = 0 \tag{2.31}$$

これらの 2 式より，$S(x)$ と $M(x)$ は次式となる．

$$S(x) = P, \quad M(x) = -Px \tag{2.32}$$

x 軸が点 B を原点として左向きに定義されていることに注意して，せん断力図と曲げモーメント図を描くと，**図 2.20** と同様になる．

以上のように，せん断力図と曲げモーメント図を描く際は x 軸をどのように定義しても構わない．片持はりのように自由端がある場合は，式 (2.29), (2.32) を見てわかるように自由端の側から x 軸を設けた方が $M(x)$ の式が簡単になる．また固定端の側から x 軸をとると支点反力が必要になるが，自由端の側から x 軸をとると支点反力は必要ない．したがって，片持はりのように自由端を有するはりの場合は，自由端から x 軸を設けた方が計算量が少なくなる．

― 例題 2.11 モーメント荷重が作用する片持はりの断面力図 ―

長さ L の片持はりの先端 B にモーメント荷重 M が作用している．せん断力図と曲げモーメント図を描け．

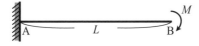

解答・解説

前の例題で示したように，片持はりの場合は自由端の側から x 軸を設けることにより，支点反力を求めなくても断面力図を描くことができる．

図 2.21

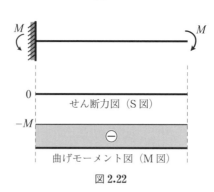

図 2.22

点 B から左向きに x 軸をとり，点 B から x 離れた位置で部材を仮想的に切断すると，切断面における正の断面力は図 2.21 のようになる．水平方向（部材軸方向）には力が作用しないので，軸力について考える必要はない．

仮想的に切断された部材片に対して，力とモーメントのつり合い式をたてる．鉛直方向の力のつり合いと切断面でのモーメントのつり合いは次のようになる．

$$S(x) = 0, \quad M(x) + M = 0 \tag{2.33}$$

これらの 2 式より，$S(x)$ と $M(x)$ は次式となる．

$$S(x) = 0, \quad M(x) = -M \tag{2.34}$$

はりの引張側に曲げモーメント図を描くことに注意して，せん断力図と曲げモーメント図を描くと，図 2.22 のようになる．

例題 2.12　分布荷重が作用する片持はりの断面力図

長さ L の片持はりの全域にわたって，等分布荷重 w が作用している．w は単位長さあたりの荷重である．せん断力図と曲げモーメント図を描け．

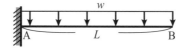

解答・解説

点 B から x 軸をとり，点 B から x 離れた位置で部材を仮想的に切断すると，切断された部材片に作用する荷重と切断面における正の断面力は図 **2.23** (a) のようになる．

仮想的に切断された部材片に対して，力とモーメントのつり合い式をたてる．分布荷重が作用する問題では，慣れないうちは，分布荷重を等価な集中荷重に置き換えて考える．部材片の長さは x であるので，図 **2.23** (b) のように部材片の中央に集中荷重 wx が作用する問題に置き換えられる．部材片に対する鉛直方向の力のつり合いは次式となる．

$$S(x) - wx = 0 \tag{2.35}$$

点 B から等価集中荷重の作用点までの距離が $x/2$ であることに注意して，切断面でのモーメントのつり合いは次のようになる．

$$M(x) + wx \cdot \frac{x}{2} = 0 \tag{2.36}$$

これらの 2 式より，$S(x)$ と $M(x)$ は次式となる．

$$S(x) = wx, \quad M(x) = -\frac{1}{2}wx^2 \tag{2.37}$$

x 軸の向きと曲げモーメント分布が 2 次曲線になることに注意して，せん断力図と曲げモーメント図を描くと，図 **2.23** (c) のようになる．

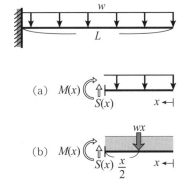
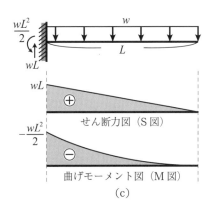

図 **2.23**

例題 2.13 集中荷重が作用する単純はりの断面力図

長さ $3L$ の単純はりの点 C に集中荷重 P が作用している．せん断力図と曲げモーメント図を描け．

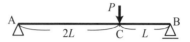

解答・解説

この例題のように単純はりに集中荷重が作用する場合は，集中荷重の左側と右側とで断面力が変化する．したがって，集中荷重を境に左側の領域と右側の領域とで場合分けして考える必要がある．ここでは点 A のみから x 軸を設けた場合と，点 A と点 B からそれぞれ x 軸を設けた場合の 2 ケースについて示す．断面力図を描くには最初に支点反力を求める必要があるが，この問題の支点反力は**例題 2.5 の図 2.12** において既に求めてある．

はじめに，点 A のみから x 軸をとる場合の断面力図の描き方について示す．点 A から x 軸を設け，AC 間と BC 間の断面力をそれぞれ求める．AC 間において，点 A から x 離れた位置で部材を仮想的に切断すると，切断面における正の断面力は**図 2.24** (a) のようになる．鉛直方向の力のつり合いと切断面でのモーメントのつり合いは次式で表される．

$$S_{\mathrm{AC}}(x) - \frac{1}{3}P = 0, \quad M_{\mathrm{AC}}(x) - \frac{1}{3}P \cdot x = 0 \tag{2.38}$$

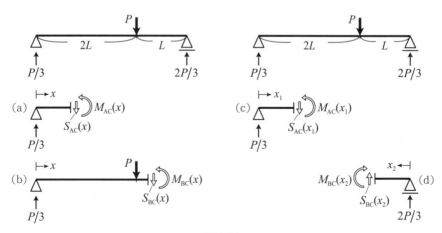

図 2.24

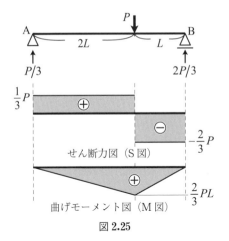

図 2.25

これらの 2 式より，$S_{AC}(x)$ と $M_{AC}(x)$ は次式となる．

$$S_{AC}(x) = \frac{1}{3}P, \quad M_{AC}(x) = \frac{1}{3}Px \tag{2.39}$$

BC 間において，点 A から x 離れた位置で部材を仮想的に切断すると，切断面における正の断面力は図 2.24 (b) のようになる．鉛直方向の力のつり合いと切断面でのモーメントのつり合いは次式で表される．

$$S_{BC}(x) - \frac{1}{3}P + P = 0, \quad M_{BC}(x) - \frac{1}{3}P \cdot x + P \cdot (x - 2L) = 0 \tag{2.40}$$

これらの 2 式より，$S_{BC}(x)$ と $M_{BC}(x)$ は次式となる．

$$S_{BC}(x) = -\frac{2}{3}P, \quad M_{BC}(x) = 2PL - \frac{2}{3}Px \tag{2.41}$$

AC 間と BC 間とで断面力の関数が異なることに注意して，せん断力図と曲げモーメント図を描くと，図 2.25 のようになる．

次に，AC 間と BC 間に対して，点 A と点 B からそれぞれ x 軸を設けた場合の断面力図の描き方について示す．AC 間における断面力の分布を求めるために，点 A から x_1 軸をとる．点 A から x_1 離れた位置で部材を仮想的に切断すると，切断面における正の断面力は図 2.24 (c) のようになる．鉛直方向の力のつり合いと切断面でのモーメントのつり合いは次式で表される．

$$S_{AC}(x_1) - \frac{1}{3}P = 0, \quad M_{AC}(x_1) - \frac{1}{3}P \cdot x_1 = 0 \tag{2.42}$$

これらの 2 式より，AC 間における $S_{AC}(x_1)$ と $M_{AC}(x_1)$ は次式となる．

$$S_{\mathrm{AC}}(x_1) = \frac{1}{3}P, \quad M_{\mathrm{AC}}(x_1) = \frac{1}{3}Px_1 \tag{2.43}$$

BC 間における断面力の分布を求めるために，点 B から x_2 軸をとる．点 B から x_2 離れた位置で部材を仮想的に切断すると，切断面における正の断面力は図 2.24 (d) のようになる．鉛直方向の力のつり合いと切断面でのモーメントのつり合いは次式で表される．

$$S_{\mathrm{BC}}(x_2) + \frac{2}{3}P = 0, \quad M_{\mathrm{BC}}(x_2) - \frac{2}{3}P \cdot x_2 = 0 \tag{2.44}$$

これらの 2 式より，BC 間における $S_{\mathrm{BC}}(x_2)$ と $M_{\mathrm{BC}}(x_2)$ は次式となる．

$$S_{\mathrm{BC}}(x_2) = -\frac{2}{3}P, \quad M_{\mathrm{BC}}(x_2) = \frac{2}{3}Px_2 \tag{2.45}$$

AC 間と BC 間とで x 軸の原点と向きが異なることに注意して，せん断力図と曲げモーメント図を描くと，図 2.25 と同様になる．

片持はりと同様に，断面力図を描く際は x 軸をどのように定義しても構わない．集中荷重が作用する単純はりでは式 (2.40) と式 (2.44) を見比べてわかるように，集中荷重が含まれないように両側から x 軸を設けた方が $S(x)$ と $M(x)$ の式が簡単になる[15]．

例題 2.14　モーメント荷重が作用する単純はりの断面力図

長さ L の単純はりの点 B にモーメント荷重 M が作用している．せん断力図と曲げモーメント図を描け．

解答・解説

モーメント荷重がはりの中央に作用する場合は場合分けが必要であるが，この例題のように端点に作用する場合はその必要はない．断面力図を描くには最初に支点反力を求める必要があるが，この問題の支点反力は例題 2.6 の図 2.13 において既に求めてある．

x 軸の定義は点 A からでも点 B からでもどちらでもよい．荷重を含まないようにすると式が簡単になるので，ここでは点 A から x 軸を設ける．点 A から x 軸をとり，点 A から x 離れた位置で部材を仮想的に切断すると，図 2.26 (a) のようになる．鉛直方向の力のつり合いと切断面でのモーメントのつり合いは次式で表される．

---

[15] ここでは，AC 間と BC 間とで分けて考える際に $S_{\mathrm{AC}}(x_1)$ や $M_{\mathrm{BC}}(x_2)$ のように変数名を詳細に与えたが，以降の例題では状況に合わせて $S(x_1)$ や $M(x)$ のように添え字を省略した簡単な表記を用いる．

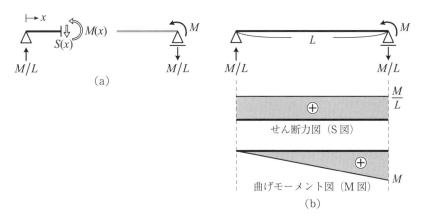

図 2.26

$$S(x) - \frac{M}{L} = 0, \quad M(x) - \frac{M}{L} \cdot x = 0 \tag{2.46}$$

これらの 2 式より，$S(x)$ と $M(x)$ は次式となる．

$$S(x) = \frac{M}{L}, \quad M(x) = \frac{M}{L}x \tag{2.47}$$

せん断力図と曲げモーメント図を描くと，図 2.26 (b) のようになる．

例題 2.15 分布荷重が作用する単純はりの断面力図

長さ L の単純はりの全域にわたって等分布荷重 w が作用している．w は単位長さあたりの荷重である．せん断力図と曲げモーメント図を描け．

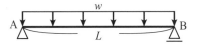

解答・解説

分布荷重 w は，はり全体にわたって一様に作用するので，場合分けを行わなくてよい．断面力図を描くには最初に支点反力を求める必要があるが，この問題の支点反力は**例題 2.7** の**図 2.14** において既に求めてある．

点 A から x 軸を設け，点 A から x 離れた位置で部材を仮想的に切断すると，**図 2.27** (a) のようになる．切断された部材片の長さが x であることに注意して，分布荷重を等価な集中荷重に置き換えると，**図 2.27** (b) のようになる．鉛直方向の力のつり合いと切断面でのモーメントのつり合いは次式で表される．

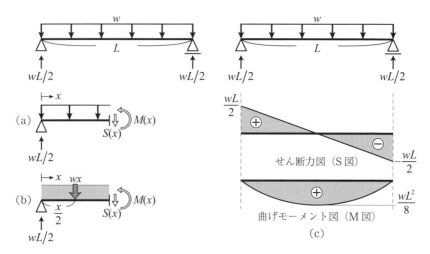

図 2.27

$$S(x) - \frac{wL}{2} + wx = 0, \quad M(x) - \frac{wL}{2}\cdot x + wx\cdot\frac{x}{2} = 0 \quad (2.48)$$

これらの 2 式より，$S(x)$ と $M(x)$ は次式となる．

$$S(x) = -wx + \frac{wL}{2}, \quad M(x) = -\frac{w}{2}x^2 + \frac{wL}{2}x = -\frac{w}{2}x(x-L) \quad (2.49)$$

$M(x)$ が 2 次曲線であることに注意して，せん断力図と曲げモーメント図を描くと，図 2.27 (c) のようになる．

例題 2.16　集中荷重が作用するゲルバーはりの断面力図

点 B に中間ヒンジを有するゲルバーはりの点 C に集中荷重 P が作用している．せん断力図と曲げモーメント図を描け．

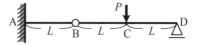

解答・解説

　断面力図を描くには最初に支点反力を求める必要があるが，この問題の支点反力は**例題 2.8 の図 2.15** において既に求めてある．

　AB 間，BC 間，CD 間で領域を分けて考える．AB 間における断面力の分布を求めるために，点 A から x_1 軸をとる．AB 間において点 A から x_1 離れた位置で部材を仮

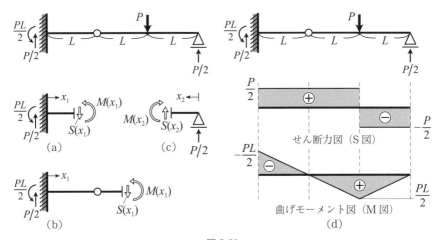

図 2.28

想的に切断すると,図 2.28 (a) のようになる.鉛直方向の力のつり合いと切断面でのモーメントのつり合いは次式で表される.

$$S(x_1) - \frac{P}{2} = 0, \quad M(x_1) + \frac{PL}{2} - \frac{P}{2} \cdot x_1 = 0 \quad (2.50)$$

これらの 2 式より,AB 間における $S(x_1)$ と $M(x_1)$ は次式となる.

$$S(x_1) = \frac{P}{2}, \quad M(x_1) = \frac{P}{2}x_1 - \frac{PL}{2} \quad (2.51)$$

同様に,BC 間における断面力の分布を求める.BC 間において点 A から x_1 離れた位置で部材を仮想的に切断すると,図 2.28 (b) のようになる.鉛直方向の力のつり合いと切断面でのモーメントのつり合いを考えると,BC 間における $S(x_1)$ と $M(x_1)$ は AB 間と同様の式 (2.51) で表されることがわかる[16].

次に,CD 間における断面力の分布を求めるために,点 D から x_2 軸をとる.CD 間において,点 D から x_2 離れた位置で部材を仮想的に切断すると,図 2.28 (c) のようになり,鉛直方向の力のつり合いと切断面でのモーメントのつり合いは次式で表される.

$$S(x_2) + \frac{P}{2} = 0, \quad M(x_2) - \frac{P}{2} \cdot x_2 = 0 \quad (2.52)$$

これらの 2 式より,CD 間における $S(x_2)$ と $M(x_2)$ は次式となる.

$$S(x_2) = -\frac{P}{2}, \quad M(x_2) = \frac{P}{2}x_2 \quad (2.53)$$

---
[16] ヒンジ位置を境に断面力の分布は不連続にならないので,AC 間を AB と BC とに分けなくてもよい.

x_1 軸と x_2 軸の原点と向きの違いに注意して，せん断力図と曲げモーメント図を描くと，**図 2.28** (d) のようになる．

例題 2.17　分布荷重が作用するゲルバーはりの断面力図

点 C に中間ヒンジを有するゲルバーはりの CD 間に等分布荷重 w が作用している．w は単位長さあたりの荷重である．せん断力図と曲げモーメント図を描け．

解答・解説

断面力図を描くには最初に支点反力を求める必要があるが，この問題の支点反力は**例題 2.9 の図 2.16** において既に求めてある．

AB 間，BC 間，CD 間で領域を分けて考える．AB 間における断面力の分布を求めるために，点 A から x_1 軸をとる．AB 間において点 A から x_1 離れた位置で部材を仮想的に切断すると，**図 2.29** (a) のようになり，鉛直方向の力のつり合いと切断面でのモーメントのつり合いは次式で表される．

$$S(x_1) + \frac{wL}{2} = 0, \quad M(x_1) + \frac{wL}{2} \cdot x_1 = 0 \tag{2.54}$$

これらの 2 式より，AB 間における $S(x_1)$ と $M(x_1)$ は次式となる．

$$S(x_1) = -\frac{wL}{2}, \quad M(x_1) = -\frac{wL}{2} x_1 \tag{2.55}$$

CD 間における断面力の分布を求めるために，点 D から x_2 軸をとる．CD 間において点 D から x_2 離れた位置で部材を仮想的に切断すると，**図 2.29** (b) のようになり，鉛直方向の力のつり合いと切断面でのモーメントのつり合いは次式で表される．

$$S(x_2) - wx_2 + \frac{wL}{2} = 0, \quad M(x_2) + wx_2 \cdot \frac{x_2}{2} - \frac{wL}{2} \cdot x_2 = 0 \tag{2.56}$$

これらの 2 式より，CD 間における $S(x_2)$ と $M(x_2)$ は次式となる．

$$S(x_2) = wx_2 - \frac{wL}{2}, \quad M(x_2) = -\frac{w}{2} x_2^2 + \frac{wL}{2} x_2 \tag{2.57}$$

BC 間における断面力の分布を求めるために，点 B から x_3 軸をとる．BC 間において点 B から x_3 離れた位置で部材を仮想的に切断すると，**図 2.29** (c) のようになり，鉛直方向の力のつり合いと切断面でのモーメントのつり合いは次式で表される．

2.8 はりの断面力図   47

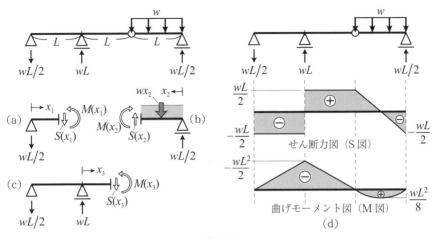

図 2.29

$$S(x_3) - wL + \frac{wL}{2} = 0, \quad M(x_3) - wL \cdot x_3 + \frac{wL}{2} \cdot (L + x_3) = 0 \quad (2.58)$$

これらの 2 式より，BC 間における $S(x_3)$ と $M(x_3)$ は次式となる．

$$S(x_3) = \frac{wL}{2}, \quad M(x_3) = \frac{wL}{2} x_3 - \frac{wL^2}{2} \quad (2.59)$$

x_1 軸，x_2 軸，x_3 軸の原点と向きの違いに注意して，せん断力図と曲げモーメント図を描くと，図 **2.29** (d) のようになる．

第3章
はりの応力とたわみ

3.1 はりにおける曲げモーメント

はりは部材軸に対して垂直方向の荷重に抵抗する部材であり，内力としては曲げモーメントに抵抗する部材である．図 **3.1** に示すはりのような細長い部材を破壊させるには，引張荷重を与えるよりも曲げ荷重を与えた方が容易に部材を破壊させられる．すなわち，はりのような細長い部材は曲げに弱く，部材内部に生じる断面力のうち，曲げモーメントの影響が非常に大きいことがわかる．外力の作用によって，はりに曲げモーメントが生じた際に，はりにどのような変位・応力・ひずみが生じるかを知らなければならない．

本章では，はじめに曲げモーメントの作用によってはり内部に応力とひずみがどのように分布するかを示すとともに，曲げモーメントと応力，ひずみの関係式を導出する．次に，曲げモーメントの作用によって，はりに生じるたわみ形状の分布関数を導出し，これを用いてはりのたわみとたわみ角を求める方法について示す．

3.2 はりの変形

外力が作用して，はりに曲げモーメントが生じると，はりは曲げ変形を起こす．図 **3.2** に示すように，曲げによってはりに生じる鉛直変位を**たわみ** (deflection) という．曲げ変形したはりの曲線形状を**たわみ曲線** (deflection curve) といい，変形前のはりとたわみ曲線とのなす角を**たわみ角** (deflection angle) という．また，変形後のはりの断面の傾きを**回転角** (rotation angle) といい，変形が微小であれば回転角はたわみ角に等しくなる．

図 **3.3** (a) に示すように，水平に位置するはりの軸方向に x 軸をとる．位置 x におい

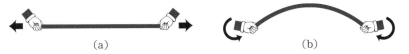

図 **3.1** 細長い部材を引張った場合と曲げた場合

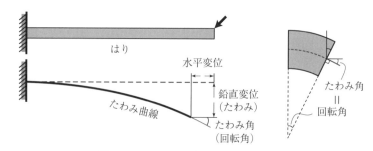

図 3.2　はりの変形（たわみ，たわみ角）

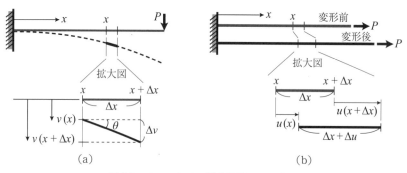

図 3.3　はりにおける微小区間 Δx の変形

て，下向きを正とする鉛直変位 $v(x)$ がたわみである．x 軸とたわみ曲線のなす角がたわみ角であるので，図 3.3 (a) のように微小区間 Δx を考えると，たわみ角は $\Delta v/\Delta x$ となる．Δx をゼロに近づけることにより，位置 x におけるたわみ角 $\theta(x)$ は次のようになる．

$$\theta(x) = \lim_{\Delta x \to 0} \frac{v(x+\Delta x)-v(x)}{\Delta x} = \frac{dv(x)}{dx} \tag{3.1}$$

上式は，たわみの 1 階微分がたわみ角であることを示している[1]．

同様に，図 3.3 (b) に示すように位置 x における軸方向の伸び変位を $u(x)$ とすると，位置 x における垂直ひずみ $\varepsilon(x)$ は次式で表される[2]．

$$\varepsilon(x) = \lim_{\Delta x \to 0} \frac{u(x+\Delta x)-u(x)}{\Delta x} = \frac{du(x)}{dx} \tag{3.2}$$

上式は，（軸方向）変位の 1 階微分がひずみであることを示している．

---

[1] 構造力学では，主に静止した物体の力学，つまり時間に無関係な力学が対象であるので，単に「微分」というと時間微分ではなく空間微分を指す．積分についても同様である．

[2] 垂直ひずみについては，1.6 節を参照．構造力学において単に「応力」，「ひずみ」というときは，軸方向の垂直応力と垂直ひずみを指す．

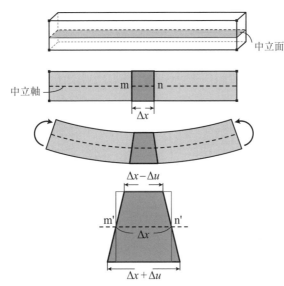

図 3.4 はりの中立軸と曲げ変形の特徴

3.3 はりの中立面と中立軸

図 3.4 に示すように，正の曲げモーメント[3]が作用するはりの変形について考える．変形前のはりから微小長さ Δx の長方形領域を抜き出すと，曲げ変形後は上側が縮み，下側が伸びた台形となる．中央の点線は，Δx の長さのまま伸びも縮みもしない．曲げ変形において軸方向の長さが元の長さと変わらない面を**中立面**（neutral plane），はりを 2 次元的に見た際の中立面を**中立軸**（neutral axis）という．$\overline{mn}$ を mn 間の長さとすると，中立軸では $\overline{mn} = \overline{m'n'}$ となる．

このように，曲げ変形の特徴は，伸びも縮みもしない中立軸（中立面）が存在し，それを境に圧縮領域と引張領域に分かれることである．また，正の曲げモーメントが作用して長方形が台形に変形する様子から，中立軸より上側では圧縮の垂直応力が，中立軸より下側では引張の垂直応力が生じることになる．

3.4 はり内部の応力分布

図 3.5 に示すように，正の曲げモーメントが作用するはりから長方形の部分領域を抜

---

[3] 曲げモーメントの正負については図 2.17 と図 2.18 を参照．

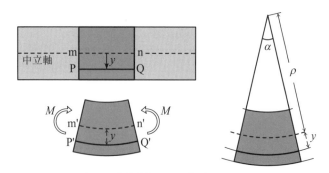

図 3.5 曲率半径による曲げ変形の表現

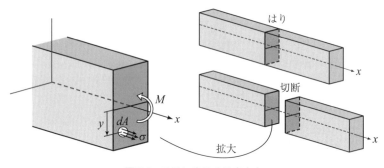

図 3.6 はりに生じる垂直応力

き出す．長方形領域における中立軸を mn とし，中立軸から下に y 離れた線分を PQ とする．中立軸からの距離 y は**下向きを正**とする．

図 3.5 に示すように，たわみ曲線を円弧で表し，曲げ変形後の形状を扇形の一部分として考える．曲率半径を ρ，角度を α とし，線分 PQ の長さを $\overline{\mathrm{PQ}}$ のように表すと，曲げによって線分 PQ に生じる垂直ひずみ ε は次式で表される．

$$\varepsilon = \frac{\overline{\mathrm{P'Q'}} - \overline{\mathrm{PQ}}}{\overline{\mathrm{PQ}}} = \frac{\overline{\mathrm{P'Q'}} - \overline{\mathrm{m'n'}}}{\overline{\mathrm{m'n'}}} = \frac{(\rho+y)\alpha - \rho\alpha}{\rho\alpha} = \frac{y}{\rho} \tag{3.3}$$

はりのヤング率を E とし，中立軸から y 離れた位置での垂直応力 σ は，フックの法則より次式で与えられる．

$$\sigma = E\varepsilon = E\frac{y}{\rho} \tag{3.4}$$

図 3.6 に示すように，断面内において中立軸から y 離れた位置での微小断面積を dA とすると，dA には σdA の垂直力（軸力）が作用する．σdA に腕の長さ y を掛けるとモーメントとなり，これを断面内で積分したものが曲げモーメント M である．すなわ

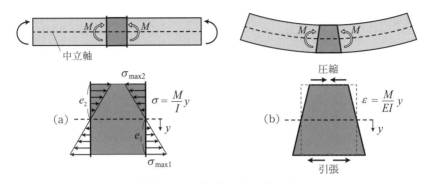

図 3.7 はりの曲げ応力と曲げひずみ

ち断面積を A として，曲げモーメント M と垂直応力 σ の関係は次式で表される．

$$M = \int_A y \cdot \sigma \, dA \tag{3.5}$$

上式に式 (3.4) を代入すると次のようになる．

$$M = \int_A y \cdot \sigma \, dA = \frac{E}{\rho} \int_A y^2 \, dA = \frac{EI}{\rho} \tag{3.6}$$

ここで，I は**断面二次モーメント**[4]といい，断面形状から決まる一定の値となる．断面二次モーメント I は次式で定義される．

$$I = \int_A y^2 \, dA \tag{3.7}$$

式 (3.4) と式 (3.6) から ρ を消去すると，σ は次式で表される．

$$\sigma = \frac{M}{I} y \tag{3.8}$$

この垂直応力 σ は中立軸からの距離 y の 1 次関数で表され，**図 3.7** (a) のような分布となる．このように，はりに曲げモーメントが生じると，中立軸でゼロ，はり断面の上下縁で最大値となるように，垂直応力が引張（正）と圧縮（負）に分かれて三角形に分布する．この垂直応力を**曲げ応力**（bending stress）という．垂直ひずみも曲げ応力と同様に，**図 3.7** (b) のような分布となる．これを**曲げひずみ**（bending strain）という．曲げひずみはフックの法則より次式で表される．

$$\varepsilon = \frac{\sigma}{E} = \frac{M}{EI} y \tag{3.9}$$

曲げ応力の式 (3.8) より，断面二次モーメントが一定であれば，垂直応力が最大とな

---

[4] 断面二次モーメントについては，4.3 節で詳しく解説する．

る x 方向の位置は最も大きな曲げモーメントが作用する位置となる．したがって，曲げモーメント図を描くことによってはりに生じる曲げ応力が最大となる x 方向の位置がわかり，その位置における断面の上下縁での応力が最大となる[5]．また，中立軸からの距離 y は下向きが正であるので，曲げモーメントが正であれば中立軸より下側で応力の値が正，上側で応力の値が負になる．応力とひずみは引張が正，圧縮が負であることから，図 3.7 に示すように正の曲げモーメントが生じると，中立軸の下側で引張応力，上側で圧縮応力が生じることになる．負の曲げモーメントの場合は逆の関係になる[6]．

例題 3.1 単純はりに生じる曲げ応力

長さ $3L$ の単純はりの点 C に集中荷重 P が作用している．はりの断面は，幅 b，高さ h の長方形断面とし，断面二次モーメントを I とする．はりに生じる垂直応力の最大値を求めよ．

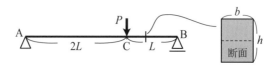

解答・解説

まず，はりに生じる曲げモーメントの最大値を求める．曲げモーメント図を描くことにより，曲げモーメントの最大値とそれが生じる位置を知ることができる．この例題の支点反力と断面力図は例題 2.13 の図 2.25 において既に求めてある．はりに生じる曲げモーメントと変形は図 3.8 のようになる．曲げモーメントの最大値 $M_{\max}$ は点 C での曲げモーメントとなり次式で表される．

$$M_{\max} = M_{AC}(2L) = \frac{1}{3}P \cdot 2L = \frac{2}{3}PL \tag{3.10}$$

曲げ応力の式 (3.8) より，$M_{\max}$ が正であること，中立軸からの距離 y は下向きが正で

---

[5] 図 3.7 において，引張応力の最大値 $\sigma_{\max 1}$ と圧縮応力の最大値 $\sigma_{\max 2}$ は式 (3.8) より次式で表される．

$$\sigma_{\max 1} = \frac{M}{I}e_1 = \frac{M}{W_1}, \quad \sigma_{\max 2} = \frac{M}{I}e_2 = \frac{M}{W_2} \quad \left(W_1 = \frac{I}{e_1}, \quad W_2 = \frac{I}{e_2}\right)$$

ここで，W_1 と W_2 を**断面係数**（section modulus）といい，中立軸から上下縁までの距離で断面二次モーメントを除した量で表される．断面係数の大きい断面ほど曲げ応力の最大値が小さくなる．

[6] 部材軸に垂直な荷重がはりに作用すると，はりの断面には曲げモーメントによる曲げ応力に加えてせん断力によるせん断応力が分布する．矩形断面の場合，断面におけるせん断応力の y 方向の分布は断面の中央（すなわち中立面）を頂点とする 2 次の放物線状になる．断面中央での**最大せん断応力** $\tau_{\max}$ は，せん断力 S，矩形断面の幅 b，高さ h を用いて次式で表され，平均せん断応力 τ の 1.5 倍となる．

$$\tau_{\max} = \frac{3}{2} \cdot \frac{S}{bh} = \frac{3}{2} \cdot \frac{S}{A} = \frac{3}{2}\tau$$

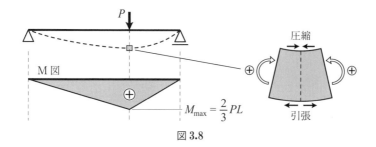

図 3.8

あることに注意して，点 C における断面下縁の応力 σ_{max1} と断面上縁の応力 σ_{max2} は次のようになる．

$$\sigma_{max1} = \frac{M_{max}}{I} \cdot \frac{h}{2} = \frac{PLh}{3I}, \quad \sigma_{max2} = \frac{M_{max}}{I} \cdot \left(-\frac{h}{2}\right) = -\frac{PLh}{3I} \quad (3.11)$$

よって，点 C の断面下縁には $PLh/3I$ の最大引張応力が生じ，点 C の断面上縁には $PLh/3I$ の最大圧縮応力が生じる．

例題 3.2　片持はりに生じる曲げ応力

長さ L の片持はりの先端 B に集中荷重 P が作用している．はりの断面は，幅 b，高さ h の長方形断面とし，断面二次モーメントを I とする．はりに生じる垂直応力の最大値を求めよ．

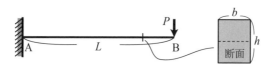

解答・解説

まず，はりに生じる曲げモーメントの最大値を求める．曲げモーメント図を描くことにより，曲げモーメントの最大値とそれが生じる位置を知ることができる．この例題の支点反力と断面力図は**例題 2.10** の**図 2.20** において既に求めてある．よって**例題 2.10** より，曲げモーメントの最大値 M_{max} は点 A の曲げモーメントとなり次式で表される．

$$M_{max} = -PL \quad (3.12)$$

曲げ応力の式 (3.8) より，M_{max} が負であること，中立軸からの距離 y は下向きが正であることに注意して，点 A における断面下縁の応力 σ_{max1} と断面上縁の応力 σ_{max2} は次のようになる．

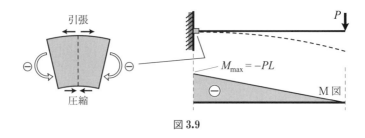

図 3.9

$$\sigma_{\max 1} = \frac{M_{\max}}{I} \cdot \frac{h}{2} = \frac{-PL}{I} \cdot \frac{h}{2} = -\frac{PLh}{2I} \quad (3.13)$$

$$\sigma_{\max 2} = \frac{M_{\max}}{I} \cdot \left(-\frac{h}{2}\right) = \frac{-PL}{I} \cdot \left(-\frac{h}{2}\right) = \frac{PLh}{2I} \quad (3.14)$$

よって，点 A の断面下縁には $PLh/2I$ の最大圧縮応力が生じ，点 A の断面上縁には $PLh/2I$ の最大引張応力が生じる．

片持はりの場合，単純はりと同様に下向きにたわむものの，曲げモーメントが負となるので，図 3.9 に示すように単純はりと逆の変形となる．よって，図のようにはりの上側が引張，下側が圧縮になる．曲げモーメント図は，はりの引張側に描かれる．

例題 3.3　プレストレスが作用する単純はりの応力

長さ L の単純はりに等分布荷重 w が作用している．さらに，はりには軸方向の荷重 P が断面に一様に与えられている．はりの断面は，幅 b，高さ h の長方形断面とし，断面二次モーメントを I とする．はりに生じる垂直応力の最大値を求めよ．

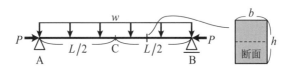

解答・解説

コンクリート橋には，部材内部にあらかじめ圧縮力（プレストレス）を導入する形式のものがある．はりに作用する軸方向の荷重は断面に対して一様に作用する条件であるので，支点反力や曲げモーメントの計算には影響しない．よって，この例題の支点反力と曲げモーメント図は，例題 2.15 の図 2.27 と同様である．

はりに生じる垂直応力は，曲げモーメントと軸力によって，生じる応力の和となる．点 A から x 軸をとり部材を仮想的に切断すると，図 3.10 のようになる．切断面でのモーメントのつり合いと水平方向の力のつり合いより，曲げモーメント $M(x)$ と軸力

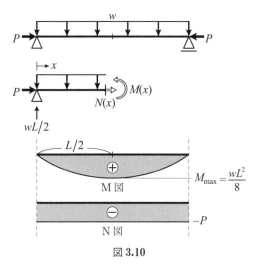

図 3.10

$N(x)$ は次式で表される.

$$M(x) = -\frac{w}{2}x^2 + \frac{wL}{2}x, \quad N(x) = -P \tag{3.15}$$

曲げモーメント図と軸力図を描くと**図 3.10** となる．曲げモーメントの最大値 $M_{\max}$ は，中央点 C の曲げモーメントとなり次式で表される．

$$M_{\max} = M(L/2) = \frac{wL^2}{8} \tag{3.16}$$

曲げ応力の式 (3.8) より，点 C における断面下縁の応力 $\sigma_{\max 1}$ と断面上縁の応力 $\sigma_{\max 2}$ は次のようになる．

$$\sigma_{\max 1} = \frac{M_{\max}}{I} \cdot \frac{h}{2} = \frac{wL^2}{8I} \cdot \frac{h}{2} = \frac{wL^2 h}{16I} \tag{3.17}$$

$$\sigma_{\max 2} = \frac{M_{\max}}{I} \cdot \left(-\frac{h}{2}\right) = \frac{wL^2}{8I} \cdot \left(-\frac{h}{2}\right) = -\frac{wL^2 h}{16I} \tag{3.18}$$

軸力 $N(x)$ によって生じる垂直応力 σ_P は次のようになる．

$$\sigma_P = \frac{N(x)}{A} = -\frac{P}{bh} \tag{3.19}$$

以上より，**図 3.11** に示すように曲げモーメントによる曲げ応力 (a) と軸力による応力 (b) を足し合わせると，断面の下縁と上縁に生じる垂直応力 (c) はそれぞれ次のようになる．

$$\sigma_{\max 1} + \sigma_P = \frac{wL^2 h}{16I} - \frac{P}{bh}, \quad \sigma_{\max 2} + \sigma_P = -\frac{wL^2 h}{16I} - \frac{P}{bh} \tag{3.20}$$

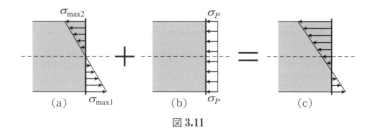

図 3.11

3.5 はりのたわみ曲線

図 3.12 に示すように，部材軸方向の位置 x において，たわみ v，たわみ角 θ で変形したはりの断面について考える．ここで，中立軸への垂線は変形後も直線かつ中立軸に垂直を保つという**平面保持**（plane conservation）[7]を仮定する．これより変形後の断面は中立軸に垂直であるので，図 3.12 のように変形後の断面はたわみ角 θ 傾き[8]，断面内に軸方向（x 方向）の変位が生じる．断面内において，中立軸から y 離れた位置での軸方向変位 u は，たわみ角 θ を用いて次式で表される．ここで，中立軸からの距離 y は下向き正であることに注意する．

$$u = -y\sin\theta \tag{3.21}$$

はりの変形が微小であれば $\sin\theta \approx \theta$ と近似することができ[9]，これとたわみ角 θ に関する式 (3.1) より，軸方向変位 u は次のようになる．

$$u = -y\sin\theta = -y\theta = -y\frac{dv}{dx} \tag{3.22}$$

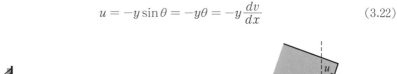
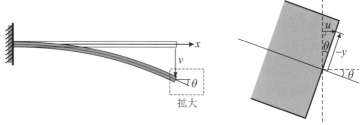

図 3.12　平面保持の仮定と断面の傾きによるはりの変形

---

[7] Bernoulli-Euler の仮定ともいい，変形前に平面であった断面は変形後も平面を保つという仮定である．曲げ応力やたわみを求めるにあたり，最も重要な仮定である．
[8] 断面の傾きを回転角といい，たわみ角に等しい．回転角については 3.2 節を参照．
[9] 図 1.10 と同様に，θ が微小であれば直角三角形は扇形で近似でき，$\sin\theta \approx L\theta/L = \theta$ となる．

断面内に生じる x 方向の垂直ひずみ ε は，式 (3.2) より次のようになる．

$$\varepsilon = \frac{du}{dx} = \frac{d}{dx}\left(-y\frac{dv}{dx}\right) = -y\frac{d^2v}{dx^2} \tag{3.23}$$

上式と曲げひずみの式 (3.9) より，次の関係式が得られる．

$$\frac{d^2v}{dx^2} = -\frac{M}{EI} \tag{3.24}$$

上式において，たわみの2階微分 d^2v/dx^2 を**曲率**（curvature）といい，EI を**曲げ剛性**（flexural rigidity）という[10]．

式 (3.24) は，はりに曲げモーメントが生じた際のたわみ $v(x)$ に関する2階の常微分方程式となっている[11]．また，はりの変形後の曲線形状を**弾性曲線**（elastic curve）ということから，これを**弾性曲線方程式**（elastic curve equation）という．はりの支持条件（境界条件）や連続条件を考慮し微分方程式 (3.24) を解くことにより，任意の位置 x でのたわみ角 $\theta(x)$ とたわみ $v(x)$ を求めることができ，はりの変形後の連続的な曲線形状を求めることができる．

弾性曲線方程式により，はりのたわみ角とたわみを求める手順は次のようになる．
①曲げモーメント分布 $M(x)$ を求める．
②弾性曲線方程式に $M(x)$ を代入する．
③弾性曲線方程式を2回積分する．
④境界条件または連続条件から積分定数を求める．
⑤たわみ角とたわみの分布を求める．

例題 3.4　集中荷重が作用する片持はりの変形

長さ L の片持はりの先端 B に集中荷重 P が作用している．はりの曲げ剛性を EI とし，弾性曲線方程式により，点 B のたわみ角とたわみを求めよ．

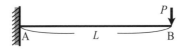

解答・解説
例題 2.1 と**例題 2.10** において，この例題の支点反力と断面力図を既に求めている．

---
[10] 曲率は ϕ（ファイ）で表すことが多い．変数の定義によって式 (3.24) にはマイナスが付いているが，これを無視すると $M = EI \cdot \phi$ となり，式 (3.24) は曲げに関するフックの法則のような関係式であることがわかる．
[11] 分布荷重とせん断力の関係と，せん断力と曲げモーメントの関係を考慮すると，4階の常微分方程式になる．付録 B.2 においてその導出過程を示している．

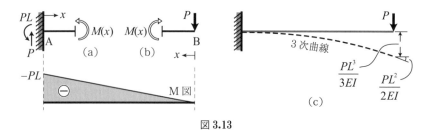

図 3.13

はじめに,固定端 A から x 軸をとるケースについて示す.支点反力は図 3.13 (a) のようになる.部材を仮想的に切断すると図 3.13 (a) のようになり,切断面でのモーメントのつり合いより,位置 x における曲げモーメント $M(x)$ は次式で表される.

$$M(x) = Px - PL \tag{3.25}$$

弾性曲線方程式に代入すると次式となる.

$$\frac{d^2v(x)}{dx^2} = -\frac{Px - PL}{EI} \tag{3.26}$$

2 回積分すると次のようになる.

$$\frac{dv(x)}{dx} = \theta(x) = -\frac{P}{2EI}x^2 + \frac{PL}{EI}x + C_1 \tag{3.27}$$

$$v(x) = -\frac{P}{6EI}x^3 + \frac{PL}{2EI}x^2 + C_1 x + C_2 \tag{3.28}$$

C_1, C_2 は積分定数であり,境界条件により決定される.境界条件は,固定端 A においてたわみ角とたわみがゼロである[12].すなわち,$\theta(0) = 0$, $v(0) = 0$ より,

$$\theta(0) = 0 + 0 + C_1 = 0 , \quad v(0) = 0 + 0 + 0 + C_2 = 0 \tag{3.29}$$

となり,積分定数は $C_1 = C_2 = 0$ となる.よって,たわみ角とたわみは次式で表される.

$$\theta(x) = -\frac{P}{2EI}x^2 + \frac{PL}{EI}x , \quad v(x) = -\frac{P}{6EI}x^3 + \frac{PL}{2EI}x^2 \tag{3.30}$$

点 B ($x = L$) のたわみ角 θ_B とたわみ v_B は次のようになる.

---

[12] 図 2.5 において,単純はりと片持はりのたわみ曲線の違いを示している.

$$\theta_{\mathrm{B}} = \theta(L) = -\frac{P}{2EI}L^2 + \frac{PL}{EI}L = \frac{PL^2}{2EI} \tag{3.31}$$

$$v_{\mathrm{B}} = v(L) = -\frac{P}{6EI}L^3 + \frac{PL}{2EI}L^2 = \frac{PL^3}{3EI} \tag{3.32}$$

結果を図示すると，**図 3.13** (c) のようになる．

次に，自由端 B から x 軸をとったケースについて示す．自由端から x 軸をとる場合は支点反力を計算する必要はない．**図 3.13** (b) に示すように部材を仮想的に切断すると，切断面でのモーメントのつり合いより，曲げモーメント $M(x)$ は次式で表される．

$$M(x) = -Px \tag{3.33}$$

弾性曲線方程式に代入すると次式となる．

$$\frac{d^2v(x)}{dx^2} = \frac{Px}{EI} \tag{3.34}$$

2 回積分すると次のようになる．

$$\frac{dv(x)}{dx} = \theta(x) = \frac{P}{2EI}x^2 + C_1 \tag{3.35}$$

$$v(x) = \frac{P}{6EI}x^3 + C_1 x + C_2 \tag{3.36}$$

C_1，C_2 は積分定数である．境界条件は，固定端 A においてたわみ角とたわみがゼロである．すなわち，$\theta(L) = 0$，$v(L) = 0$ より，

$$\theta(L) = \frac{P}{2EI}L^2 + C_1 = 0 , \quad v(L) = \frac{P}{6EI}L^3 + C_1 L + C_2 = 0 \tag{3.37}$$

となり，この 2 式を解くと，積分定数は次式となる．

$$C_1 = -\frac{PL^2}{2EI} , \quad C_2 = \frac{PL^3}{3EI} \tag{3.38}$$

よって，位置 x におけるたわみ角とたわみは次式で表される．

$$\theta(x) = \frac{P}{2EI}x^2 - \frac{PL^2}{2EI} , \quad v(x) = \frac{P}{6EI}x^3 - \frac{PL^2}{2EI}x + \frac{PL^3}{3EI} \tag{3.39}$$

点 B（$x = 0$）のたわみ角 θ_{B} とたわみ v_{B} は次のようになる[13]．

---

[13] 式 (3.40) を見ると，たわみ角 θ_{B} の符号が負になっている．点 B から x 軸を左向きに定義すると，x 軸の正の方向にたわみは減少する．y 軸は下向きが正であり，たわみ角はたわみの 1 階微分（傾き）であることから，たわみ角の符号が負になる．正負は異なるものの，点 A から x 軸をとっても点 B から x 軸をとっても図示すれば同じ結果となる．たわみ角の符号に注意して，計算が簡単になるように x 軸を設ければよい．

$$\theta_{\mathrm{B}} = \theta(0) = \frac{P}{2EI}0^2 - \frac{PL^2}{2EI} = -\frac{PL^2}{2EI} \tag{3.40}$$

$$v_{\mathrm{B}} = v(0) = \frac{P}{6EI}0^3 - \frac{PL^2}{2EI}0 + \frac{PL^3}{3EI} = \frac{PL^3}{3EI} \tag{3.41}$$

例題 3.5　モーメント荷重が作用する片持はりの変形

長さ L の片持はりの先端 B にモーメント荷重 M が作用している．はりの曲げ剛性を EI とし，弾性曲線方程式により，点 B のたわみ角とたわみを求めよ．

解答・解説

　例題 2.2 と例題 2.11 において，この例題の支点反力と断面力図を既に求めている．

　この問題の支点反力は容易に求めることができるので，ここでは点 A から x 軸をとる．部材を仮想的に切断すると図 3.14 (a) のようになり，切断面でのモーメントのつり合いより位置 x における曲げモーメント $M(x)$ は次式で表される．

$$M(x) = -M \tag{3.42}$$

弾性曲線方程式に代入すると次式となる．

$$\frac{d^2v(x)}{dx^2} = \frac{M}{EI} \tag{3.43}$$

2 回積分すると次のようになる．

$$\frac{dv(x)}{dx} = \theta(x) = \frac{M}{EI}x + C_1, \quad v(x) = \frac{M}{2EI}x^2 + C_1 x + C_2 \tag{3.44}$$

C_1, C_2 は積分定数である．境界条件は，固定端 A においてたわみ角とたわみがゼロである．すなわち，$\theta(0) = 0$, $v(0) = 0$ より，積分定数は $C_1 = 0$, $C_2 = 0$ となる．

　よって，位置 x におけるたわみ角とたわみは次式で表される．

$$\theta(x) = \frac{M}{EI}x, \quad v(x) = \frac{M}{2EI}x^2 \tag{3.45}$$

点 B （$x = L$）のたわみ角 θ_{B} とたわみ v_{B} は次のようになる．

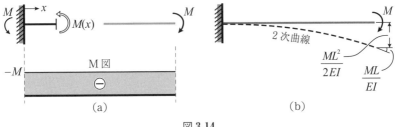

図 3.14

$$\theta_B = \theta(L) = \frac{ML}{EI} \tag{3.46}$$

$$v_B = v(L) = \frac{ML^2}{2EI} \tag{3.47}$$

結果を図示すると，図 3.14 (b) のようになる．

例題 3.6　分布荷重が作用する片持はりの変形

長さ L の片持はりの全域にわたって等分布荷重 w が作用している．w は単位長さあたりの荷重である．はりの曲げ剛性を EI とし，弾性曲線方程式により，点 B のたわみ角とたわみを求めよ．

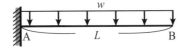

解答・解説

例題 2.3 と**例題 2.12** において，この例題の支点反力と断面力図を既に求めている．

片持はりの自由端から x 軸をとれば支点反力を求める必要がないので，ここでは点 B から x 軸をとる．部材を仮想的に切断すると図 3.15 (a) のようになり，切断面でのモーメントのつり合いより位置 x における曲げモーメント $M(x)$ は次式で表される．

$$M(x) = -wx \cdot \frac{1}{2}x = -\frac{w}{2}x^2 \tag{3.48}$$

弾性曲線方程式に代入すると次式となる．

$$\frac{d^2v(x)}{dx^2} = \frac{w}{2EI}x^2 \tag{3.49}$$

2 回積分すると次のようになる．

$$\frac{dv(x)}{dx} = \theta(x) = \frac{w}{6EI}x^3 + C_1, \quad v(x) = \frac{w}{24EI}x^4 + C_1 x + C_2 \tag{3.50}$$

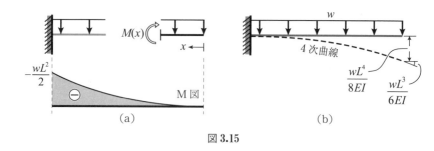

図 3.15

C_1, C_2 は積分定数である．境界条件は，固定端 A においてたわみ角とたわみがゼロである．すなわち，$\theta(L) = 0$, $v(L) = 0$ より，

$$\theta(L) = \frac{wL^3}{6EI} + C_1 = 0, \quad v(L) = \frac{wL^4}{24EI} + C_1 L + C_2 = 0 \quad (3.51)$$

となり，この 2 式を解くと，積分定数は次式となる．

$$C_1 = -\frac{wL^3}{6EI}, \quad C_2 = \frac{wL^4}{8EI} \quad (3.52)$$

よって，位置 x におけるたわみ角とたわみは次式で表される．

$$\theta(x) = \frac{w}{6EI} x^3 - \frac{wL^3}{6EI}, \quad v(x) = \frac{w}{24EI} x^4 - \frac{wL^3}{6EI} x + \frac{wL^4}{8EI} \quad (3.53)$$

点 B ($x = 0$) のたわみ角 θ_B とたわみ v_B は次のようになる．x 軸を左向きにとっているので，たわみ角の符号がマイナスになっている．

$$\theta_B = \theta(0) = -\frac{wL^3}{6EI} \quad (3.54)$$

$$v_B = v(0) = \frac{wL^4}{8EI} \quad (3.55)$$

結果を図示すると，図 3.15 (b) のようになる．

例題 3.7 モーメント荷重が作用する単純はりの変形

長さ L の単純はりの点 B にモーメント荷重 M が作用している．はりの曲げ剛性を EI とし，弾性曲線方程式により，支点のたわみ角と点 C のたわみを求めよ．

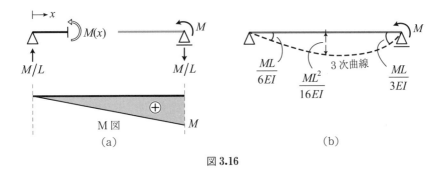

図 3.16

解答・解説

例題 2.6 と **例題 2.14** において，この例題の支点反力と断面力図を既に求めている．点 A から x 軸をとり，部材を仮想的に切断すると，図 3.16 のようになる．切断面でのモーメントのつり合いより，曲げモーメント $M(x)$ は次式で表される．

$$M(x) = \frac{M}{L}x \tag{3.56}$$

弾性曲線方程式に代入すると次式となる．

$$\frac{d^2v(x)}{dx^2} = -\frac{M}{EIL}x \tag{3.57}$$

2 回積分すると次のようになる．

$$\frac{dv(x)}{dx} = \theta(x) = -\frac{M}{2EIL}x^2 + C_1, \quad v(x) = -\frac{M}{6EIL}x^3 + C_1x + C_2 \tag{3.58}$$

C_1, C_2 は積分定数である．境界条件は，両端の支点においてたわみがゼロである．すなわち $v(0) = 0$, $v(L) = 0$ より，

$$v(0) = 0 + 0 + C_2 = 0, \quad v(L) = -\frac{M}{6EIL}L^3 + C_1L + C_2 = 0 \tag{3.59}$$

となり，この 2 式を解くと積分定数は次式となる．

$$C_1 = \frac{ML}{6EI}, \quad C_2 = 0 \tag{3.60}$$

よって，位置 x におけるたわみ角とたわみは次式で表される．

$$\theta(x) = -\frac{M}{2EIL}x^2 + \frac{ML}{6EI}, \quad v(x) = -\frac{M}{6EIL}x^3 + \frac{ML}{6EI}x \tag{3.61}$$

点 A ($x = 0$) のたわみ角 θ_A は次のようになる．

$$\theta_A = \theta(0) = \frac{ML}{6EI} \tag{3.62}$$

点 B ($x = L$) のたわみ角 θ_B は次のようになる.

$$\theta_B = \theta(L) = -\frac{ML}{3EI} \tag{3.63}$$

点 C ($x = L/2$) のたわみ v_C は次のようになる.

$$v_C = v(L/2) = -\frac{M}{6EIL}\left(\frac{L}{2}\right)^3 + \frac{ML}{6EI}\left(\frac{L}{2}\right) = \frac{ML^2}{16EI} \tag{3.64}$$

結果を図示すると, 図 **3.16** (b) のようになる.

例題 3.8　分布荷重が作用する単純はりの変形

長さ L の単純はりの全域にわたって等分布荷重 w が作用している. w は単位長さあたりの荷重である. はりの曲げ剛性を EI とし, 弾性曲線方程式により, 点 A のたわみ角と点 C のたわみを求めよ.

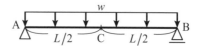

解答・解説

例題 2.7 と**例題 2.15** において, この例題の支点反力と断面力図を既に求めている.

問題の対称性から, 左右どちらから x 軸をとっても $M(x)$ は同じ式となる. ここでは点 A から x 軸をとる. 部材を仮想的に切断すると図 **3.17** (a) のようになり, 切断面でのモーメントのつり合いより曲げモーメント $M(x)$ は次式で表される.

$$M(x) = -wx \cdot \frac{x}{2} + \frac{wL}{2} \cdot x = -\frac{w}{2}x^2 + \frac{wL}{2}x \tag{3.65}$$

弾性曲線方程式に代入すると次式となる.

$$\frac{d^2v(x)}{dx^2} = \frac{w}{2EI}x^2 - \frac{wL}{2EI}x \tag{3.66}$$

2 回積分すると次のようになる.

$$\frac{dv(x)}{dx} = \theta(x) = \frac{w}{6EI}x^3 - \frac{wL}{4EI}x^2 + C_1 \tag{3.67}$$

$$v(x) = \frac{w}{24EI}x^4 - \frac{wL}{12EI}x^3 + C_1 x + C_2 \tag{3.68}$$

C_1, C_2 は積分定数である. 境界条件は, 両端の支点においてたわみがゼロである. すなわち $v(0) = 0$, $v(L) = 0$ より,

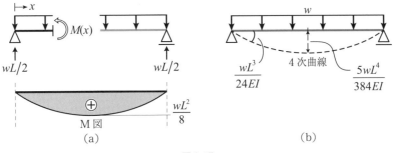

図 3.17

$$v(0) = 0+0+0+C_2 = 0, \quad v(L) = \frac{wL^4}{24EI} - \frac{wL^4}{12EI} + C_1 L + C_2 = 0 \quad (3.69)$$

となり，この 2 式を解くと積分定数は次式となる．

$$C_1 = \frac{wL^3}{24EI}, \quad C_2 = 0 \quad (3.70)$$

よって，位置 x におけるたわみ角とたわみは次式で表される．

$$\theta(x) = \frac{w}{6EI}x^3 - \frac{wL}{4EI}x^2 + \frac{wL^3}{24EI}, \quad v(x) = \frac{w}{24EI}x^4 - \frac{wL}{12EI}x^3 + \frac{wL^3}{24EI}x \quad (3.71)$$

点 A ($x=0$) のたわみ角 θ_A は次のようになる．

$$\theta_A = \theta(0) = \frac{wL^3}{24EI} \quad (3.72)$$

点 C ($x=L/2$) のたわみ v_C は次のようになる．

$$v_C = v(L/2) = \frac{w}{24EI}\left(\frac{L}{2}\right)^4 - \frac{wL}{12EI}\left(\frac{L}{2}\right)^3 + \frac{wL^3}{24EI}\left(\frac{L}{2}\right) = \frac{5wL^4}{384EI} \quad (3.73)$$

結果を図示すると，図 3.17 (b) のようになる．

例題 3.9 集中荷重が作用する単純はりの変形 (1)

長さ $3L$ の単純はりの点 C に集中荷重 P が作用している．はりの曲げ剛性を EI とし，弾性曲線方程式により，点 A のたわみ角と点 C のたわみを求めよ．

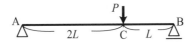

68　第3章　はりの応力とたわみ

解答・解説

例題 **2.5** と例題 **2.13** において，この例題の支点反力と断面力図を既に求めている．

図 **3.18** (a) に示すように，点 A から x_1 軸，点 B から x_2 軸を設け，AC 間における曲げモーメントを $M_1(x_1)$，BC 間における曲げモーメントを $M_2(x_2)$ とする．AC 間と BC 間で部材を仮想的に切断すると，切断面でのモーメントのつり合いより曲げモーメント $M_1(x_1)$ と $M_2(x_2)$ は次式で表される．

$$M_1(x_1) = \frac{P}{3}x_1 , \quad M_2(x_2) = \frac{2P}{3}x_2 \tag{3.74}$$

AC 間におけるたわみを v_1，たわみ角を θ_1，BC 間におけるたわみを v_2，たわみ角を θ_2 とする．$M_1(x_1)$ と $M_2(x_2)$ を弾性曲線方程式にそれぞれ代入すると次式となる．

$$\frac{d^2v_1(x_1)}{dx_1^2} = -\frac{P}{3EI}x_1 , \quad \frac{d^2v_2(x_2)}{dx_2^2} = -\frac{2P}{3EI}x_2 \tag{3.75}$$

2 回積分すると次のようになる．

$$\frac{dv_1(x_1)}{dx_1} = \theta_1(x_1) = -\frac{P}{6EI}x_1^2 + C_1 , \quad v_1(x_1) = -\frac{P}{18EI}x_1^3 + C_1x_1 + C_2 \tag{3.76}$$

$$\frac{dv_2(x_2)}{dx_2} = \theta_2(x_2) = -\frac{P}{3EI}x_2^2 + C_3 , \quad v_2(x_2) = -\frac{P}{9EI}x_2^3 + C_3x_2 + C_4 \tag{3.77}$$

C_1, C_2, C_3, C_4 は積分定数である．境界条件は，両端の支点においてたわみがゼロであることと，点 C においてたわみ角とたわみが連続になることである．AC 間と BC 間とで x 軸の向きが逆であるので，たわみ角の正負が異なることに注意すると[14]，境界条件と連続条件は次のようになる．

$$v_1(0) = 0 , \quad v_2(0) = 0 , \quad \theta_1(2L) = -\theta_2(L) , \quad v_1(2L) = v_2(L) \tag{3.78}$$

これらより C_1〜C_4 に関する 4 元連立方程式を解くと，積分定数は次式となる．

$$C_1 = \frac{4PL^2}{9EI} , \quad C_2 = 0 , \quad C_3 = \frac{5PL^2}{9EI} , \quad C_4 = 0 \tag{3.79}$$

よって，たわみ角とたわみは次式で表される．

$$\theta_1(x_1) = -\frac{P}{6EI}x_1^2 + \frac{4PL^2}{9EI} , \quad v_1(x_1) = -\frac{P}{18EI}x_1^3 + \frac{4PL^2}{9EI}x_1 \tag{3.80}$$

$$\theta_2(x_2) = -\frac{P}{3EI}x_2^2 + \frac{5PL^2}{9EI} , \quad v_2(x_2) = -\frac{P}{9EI}x_2^3 + \frac{5PL^2}{9EI}x_2 \tag{3.81}$$

点 A（$x_1 = 0$）のたわみ角 θ_A は次のようになる．

---

[14] 例題 **3.4** において，x 軸の向きが逆になるとたわみ角の正負が変わることを示している．

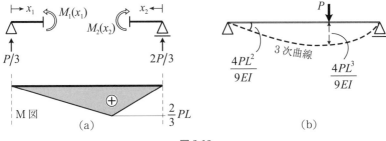

図 3.18

$$\theta_{\mathrm{A}} = \theta_1(0) = \frac{4PL^2}{9EI} \tag{3.82}$$

点 C ($x_1 = 2L$, $x_2 = L$) のたわみ v_{C} は次のようになる.

$$v_{\mathrm{C}} = v_1(2L) = v_2(L) = \frac{4PL^3}{9EI} \tag{3.83}$$

結果を図示すると，図 3.18 (b) のようになる．

例題 3.10 集中荷重が作用する単純はりの変形 (2)

長さ L の単純はりの中央点 C に集中荷重 P が作用している．はりの曲げ剛性を EI とし，弾性曲線方程式により，点 A のたわみ角と点 C のたわみを求めよ．

解答・解説

問題の対称性と荷重 P を 2 点で均等に支えることから，支点反力はそれぞれ $P/2$ と簡単に求めることができる．図 3.19 (a) に示すように，点 A から x_1 軸，点 B から x_2 軸を設け，AC 間における曲げモーメントを $M_1(x_1)$，BC 間における曲げモーメントを $M_2(x_2)$ とする．AC 間と BC 間で部材を仮想的に切断すると，切断面でのモーメントのつり合いより，曲げモーメント $M_1(x_1)$ と $M_2(x_2)$ は次式で表される．

$$M_1(x_1) = \frac{P}{2}x_1, \quad M_2(x_2) = \frac{P}{2}x_2 \tag{3.84}$$

AC 間におけるたわみを v_1，たわみ角を θ_1，BC 間におけるたわみを v_2，たわみ角を θ_2 とする．$M_1(x_1)$ と $M_2(x_2)$ を弾性曲線方程式にそれぞれ代入すると次式となる．

$$\frac{d^2 v_1(x_1)}{dx_1^2} = -\frac{P}{2EI}x_1, \quad \frac{d^2 v_2(x_2)}{dx_2^2} = -\frac{P}{2EI}x_2 \tag{3.85}$$

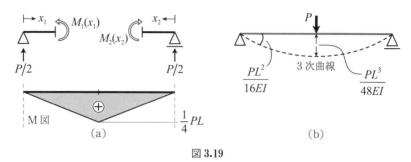

図 3.19

2回積分すると次のようになる.

$$\frac{dv_1(x_1)}{dx_1} = \theta_1(x_1) = -\frac{P}{4EI}x_1^2 + C_1, \quad v_1(x_1) = -\frac{P}{12EI}x_1^3 + C_1 x_1 + C_2 \tag{3.86}$$

$$\frac{dv_2(x_2)}{dx_2} = \theta_2(x_2) = -\frac{P}{4EI}x_2^2 + C_3, \quad v_2(x_2) = -\frac{P}{12EI}x_2^3 + C_3 x_2 + C_4 \tag{3.87}$$

C_1, C_2, C_3, C_4 は積分定数である. 問題の対称性から, $C_1 = C_3$, $C_2 = C_4$ となる. さらに, 両端の支点においてたわみがゼロである境界条件と, 点 C におけるたわみ角とたわみの連続条件は次のようになる.

$$v_1(0) = 0, \quad v_2(0) = 0, \quad \theta_1(L/2) = -\theta_2(L/2), \quad v_1(L/2) = v_2(L/2) \tag{3.88}$$

これらより C_1〜C_4 に関する4元連立方程式を解くと, 積分定数は次式となる.

$$C_1 = C_3 = \frac{PL^2}{16EI}, \quad C_2 = C_4 = 0 \tag{3.89}$$

よって, たわみ角とたわみは次式で表される.

$$\theta_1(x_1) = -\frac{P}{4EI}x_1^2 + \frac{PL^2}{16EI}, \quad v_1(x_1) = -\frac{P}{12EI}x_1^3 + \frac{PL^2}{16EI}x_1 \tag{3.90}$$

$$\theta_2(x_2) = -\frac{P}{4EI}x_2^2 + \frac{PL^2}{16EI}, \quad v_2(x_2) = -\frac{P}{12EI}x_2^3 + \frac{PL^2}{16EI}x_2 \tag{3.91}$$

点 A ($x_1 = 0$) のたわみ角 θ_A は次のようになる.

$$\theta_A = \theta_1(0) = \frac{PL^2}{16EI} \tag{3.92}$$

点 C ($x_1 = L/2$, $x_2 = L/2$) のたわみ v_C は次のようになる.

$$v_{\mathrm{C}} = v_1(L/2) = v_2(L/2) = \frac{PL^3}{48EI} \tag{3.93}$$

結果を図示すると，図 **3.19** (b) のようになる[15].

---

[15] 図 **3.18** や図 **3.19** の M 図を見てわかるように，集中荷重が作用する単純はりでは，曲げモーメントの分布が集中荷重を境に不連続となるため，集中荷重を境に 2 通りの弾性曲線方程式をたてる必要がある．さらに，すべての積分定数を求めるのに 4 元連立方程式を解かなければならず，曲げモーメント分布が連続な問題に比べて，計算量が大幅に増加する．弾性曲線方程式による解法は，すべての位置 x でのたわみとたわみ角が求まるという点において優れているが，曲げモーメントが不連続となる問題には不向きであるといえる．すべての位置 x ではなく，ある特定の点のたわみやたわみ角のみを求める場合は，6 章で示す**エネルギー原理**に基づく解法（**エネルギー法**）を適用するのがよい．

第4章
断面の諸量

4.1 断面の諸量

1.1 節で述べたように，構造力学では本来は 3 次元の構造物を部材軸方向に 1 次元的にモデル化して，構造物に生じる内力と変形を解析する．そのためには構造物を構成している部材の長さに加えて，断面形状に関する情報が必要となる．その断面の形状情報に関する量を**断面の諸量**（cross sectional different amount）という．

3 章で示した方法を用いて，任意の断面を有するはりのたわみやたわみ角，はり内部の応力やひずみを求める際には，断面積，断面一次モーメント，断面二次モーメントが必要である．本章では，それらの定義と求め方，および力学的意味について述べる．

4.2 図心と断面一次モーメント

4.2.1 図心

図 **4.1** (a) に示すような，円形，長方形，三角形の平面図形を考える．それぞれの図形に ● で示した点は，**図心**（centroid）と呼ばれる点である．もしこれらの平面図形が厚さ一定の平板だとすると，図 **4.1** (b) に示すように，図心は平板を一点で支えることができる点であり，**重心**（center of gravity）と位置は同じである．

図心で支えると平板は静止するので，図心では平板の重力によるモーメントがつり合っている．言い換えれば，重力によるモーメントがつり合う点が図心である．曲げモーメントが生じるはりにおいては，はりの曲げ剛性，はりに生じる応力やひずみを計算するのに図心を求める必要がある．

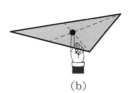

(a) (b)

図 **4.1** さまざまな平面形状の図心（重心）

74　第4章　断面の諸量

4.2.2　断面一次モーメント

図 **4.2** (a) に示すような，断面積 A の任意断面について考える．断面の図心 G を通る軸を X 軸，Y 軸とし，図心とは無関係に設定した全体座標系の軸を x 軸，y 軸とする．y 軸から x，x 軸から y 離れた位置における微小断面積を dA とすると，断面積 A は次の積分により表すことができる．

$$A = \int_A dA \tag{4.1}$$

断面の図心 G は，**断面一次モーメント**（geometrical moment of area）を計算することにより求めることができる．断面一次モーメントの定義式は次式で表される．

$$G_x = \int_A y \, dA , \quad G_y = \int_A x \, dA \tag{4.2}$$

G_x と G_y はそれぞれ x 軸と y 軸に関する断面一次モーメント，右辺の x と y はそれぞれ y 軸と x 軸から微小断面積 dA までの距離である．断面一次モーメントという名称からわかるように，断面積に距離（の 1 乗）を掛けて，断面に関する 1 次のモーメントを計算する式となっている．

仮に図 **4.2** (a) の断面が厚さが一定の平板と仮定すると，X 軸と Y 軸に関して重力によるモーメントの総和がゼロの点が重心である．すなわち，図心 (x_0, y_0) を求めるには，次に示す X 軸と Y 軸に関する断面一次モーメントの式を解けばよい．

$$G_X = \int_A Y \, dA = \int_A (y - y_0) \, dA = 0 , \quad G_Y = \int_A X \, dA = \int_A (x - x_0) \, dA = 0 \tag{4.3}$$

展開すると，次のように書き換えることができる．

$$\int_A y \, dA = y_0 \int_A dA , \quad \int_A x \, dA = x_0 \int_A dA \tag{4.4}$$

式 (4.1) より右辺の積分は全断面積 A，式 (4.2) より左辺の積分は x 軸および y 軸に関する断面一次モーメントであるので，次のようになる．

$$G_x = y_0 A , \quad G_y = x_0 A \tag{4.5}$$

以上より，断面の図心 (x_0, y_0) は次式で表される．

$$x_0 = \frac{G_y}{A} = \frac{\int_A x \, dA}{\int_A dA} , \quad y_0 = \frac{G_x}{A} = \frac{\int_A y \, dA}{\int_A dA} \tag{4.6}$$

ここまでは断面積が連続的な場合を対象としたが，断面積が離散的であっても図心でのモーメントのつり合いを考えることにより，断面の図心を求めることができる．

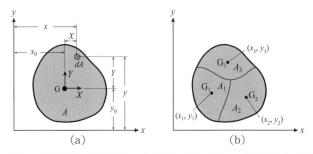

図 4.2 (a) 断面の図心を通る座標系と全体座標系，(b) 断面の分割

例として，図 4.2 (b) に示すように断面全体が 3 つの領域に分割されている状態を考える．それぞれの断面積 A_1, A_2, A_3 と図心 (x_1, y_1), (x_2, y_2), (x_3, y_3) がわかっている場合，3 つの領域によるモーメントのつり合いより，X 軸と Y 軸に関する断面一次モーメントは次のようになる．

$$G_X = (y_1 - y_0)A_1 + (y_2 - y_0)A_2 + (y_3 - y_0)A_3 = 0 \tag{4.7}$$

$$G_Y = (x_1 - x_0)A_1 + (x_2 - x_0)A_2 + (x_3 - x_0)A_3 = 0 \tag{4.8}$$

これより，全断面の図心 (x_0, y_0) は次式で求めることができる．

$$x_0 = \frac{x_1 A_1 + x_2 A_2 + x_3 A_3}{A_1 + A_2 + A_3}, \quad y_0 = \frac{y_1 A_1 + y_2 A_2 + y_3 A_3}{A_1 + A_2 + A_3} \tag{4.9}$$

断面が N 個の領域に分割される場合は，次のように一般化される．

$$x_0 = \frac{\sum_{i=1}^{N} x_i A_i}{\sum_{i}^{N} A_i} = \frac{\sum_{i=1}^{N} x_i A_i}{A}, \quad y_0 = \frac{\sum_{i=1}^{N} y_i A_i}{\sum_{i}^{N} A_i} = \frac{\sum_{i=1}^{N} y_i A_i}{A} \tag{4.10}$$

式 (4.10) は，式 (4.6) における積分 $\int$ を総和 $\sum$ で書き換えた式である．たとえば T 型断面の場合は，断面全体を**フランジ** (flange) と**ウェブ** (web)[1] に分割することにより，式 (4.10) を用いて，T 型断面の図心を容易に求めることができる．

以下では図心が自明な矩形断面と図心が自明でない T 型断面を例に，具体的な断面一次モーメントと図心の計算例を示す．

---

[1] フランジは主に曲げモーメントに抵抗し，ウェブはせん断力に抵抗する．T 型断面の上の突き出た部材をフランジという．I 型断面の場合には，上下にフランジ部材をもつ．

例題 4.1 矩形断面の断面一次モーメントと図心

図 (a) に示すような，幅 b，高さ h の矩形断面の図心を求めよ．

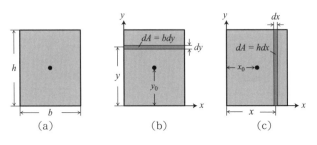

解答・解説

長方形断面の図心は自明であるが，断面一次モーメントと図心の関係式 (4.6) を用いて図心を求める．はじめに例題図 (b) を参照し，x 軸に関する断面一次モーメントを計算して図心の y 座標 y_0 を求める．x 軸から y 離れた位置での微小断面積 dA は $dA = bdy$ であるので，x 軸に関する断面一次モーメント G_x は定義式 (4.2) より次のようになる．

$$G_x = \int_A y \, dA = \int_0^h y\,(bdy) = b\left[\frac{1}{2}y^2\right]_0^h = \frac{bh^2}{2} \tag{4.11}$$

これより，図心の y 座標 y_0 は式 (4.6) より次のようになる．

$$y_0 = \frac{G_x}{A} = \frac{bh^2/2}{bh} = \frac{h}{2} \tag{4.12}$$

同様に，例題図 (c) を参照し，y 軸に関する断面一次モーメントを計算して図心の x 座標 x_0 を求める．y 軸から x 離れた位置での微小断面積 dA は $dA = hdx$ であるので，y 軸に関する断面一次モーメント G_y は定義式 (4.2) より次のようになる．

$$G_y = \int_A x \, dA = \int_0^b x\,(hdx) = h\left[\frac{1}{2}x^2\right]_0^b = \frac{b^2 h}{2} \tag{4.13}$$

これより，図心の x 座標 x_0 は式 (4.6) より次のようになる．

$$x_0 = \frac{G_y}{A} = \frac{b^2 h/2}{bh} = \frac{b}{2} \tag{4.14}$$

例題 4.2 T形断面の図心

図 (a) に示すような，T 型断面の図心の位置 y_0 を求めよ．

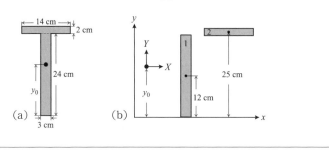

解答・解説

例題図 (b) に示すように，図心が自明な 2 つの長方形に T 型断面を分割することができる．よって，式 (4.10) を用いて T 型断面の図心を容易に求めることができる．

T 型断面のウェブを 1，フランジを 2 とすると，x 軸からそれぞれの長方形の図心までの距離 y_1，y_2 と断面積 A_1，A_2 は次のようになる．

$$y_1 = \frac{24}{2} = 12 \text{ cm}, \quad A_1 = 3 \cdot 24 = 72 \text{ cm}^2 \tag{4.15}$$

$$y_2 = 24 + \frac{2}{2} = 25 \text{ cm}, \quad A_2 = 14 \cdot 2 = 28 \text{ cm}^2 \tag{4.16}$$

これらの値と式 (4.10) より，T 型断面の図心の y 座標 y_0 は次のように求められる．

$$y_0 = \frac{y_1 A_1 + y_2 A_2}{A_1 + A_2} = \frac{1564}{100} = 15.64 \text{ cm} \tag{4.17}$$

4.3 断面二次モーメント

部材軸方向に引張荷重や圧縮荷重のみを受ける棒材や柱部材では，断面積が同じであれば断面の形状によらず部材の剛性（伸縮抵抗）は同じであり，部材内部に生じる応力やひずみも同じである．一方，曲げを受けるはり部材では，部材の断面積が同じであっても断面の形状によって部材の剛性は異なり，部材に生じる変位や応力，ひずみも異なる．

断面二次モーメント（geometrical moment of inertia）は，はりにおける**断面形状による曲がりにくさ**を表す指標であり，はりの曲げ剛性やはり内部に生じる応力やひずみの計算に不可欠な量である．

簡単な例を挙げると，図 4.3 のような長方形断面を有するはりに曲げモーメントが

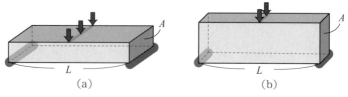

図 4.3 断面形状の違いによる曲がりにくさ

作用する場合，断面積が同じであっても (a) より (b) の方が曲げに対する抵抗（剛性）が大きいことは自明である．このことは材料のヤング率と断面積だけでは説明することができず，**断面形状による曲がりにくさ**を表す断面二次モーメントを用いて表現することができる．

3章で求めたはりの変形の式を振り返ると，たとえば先端に集中荷重が作用する片持はりの荷重点のたわみとたわみ角は式 (3.31)，(3.32) で表される．これらの式を見ると，分母に曲げ剛性 EI がある．E は材料の剛性（硬さ）を表すヤング率であるので，当然ながら E が大きいほど変形は小さくなる．I は**断面形状による曲がりにくさ**を表す断面二次モーメントであり，I が大きいほど変形が小さくなるので，断面二次モーメント I は剛性を表すパラメータであることがわかる．曲げ剛性 EI は材料の種類と断面の形状から求められる値である．

再び図 4.2 (a) を参照し，断面積 A の任意断面における微小断面積 dA について考える．断面二次モーメントの定義式は次式で表される[2]．

$$I_x = \int_A y^2 \, dA, \quad I_y = \int_A x^2 \, dA \qquad (4.18)$$

I_x と I_y はそれぞれ x 軸と y 軸に関する断面二次モーメント，x と y はそれぞれ y 軸と x 軸から微小断面積 dA までの距離である．断面二次モーメントという名称からわかるように，断面積に距離の2乗を掛けて断面に関する2次のモーメントを計算する式となっている．断面一次モーメントの定義式 (4.2) と比較すると違いが明瞭である．

4.3.1 図心軸に関する断面二次モーメント

はりにおける曲げ剛性やはりに生じる応力・ひずみを計算するには，図心軸に関する断面二次モーメントが必要である．図 4.2 (a) を参照し，図心を通る X 軸と Y 軸に関する断面二次モーメントは次式で表される．

---

[2] 曲げ応力を導出する過程の式 (3.6)，(3.7) でも断面二次モーメントが現れる．

$$I_X = \int_A Y^2 \, dA \,, \quad I_Y = \int_A X^2 \, dA \tag{4.19}$$

I_X は図心を通る X 軸に関する断面二次モーメント, I_Y は図心を通る Y 軸に関する断面二次モーメント, Y は X 軸から微小断面積 dA までの距離, X は Y 軸から微小断面積 dA までの距離である.

4.3.2 図心を通らない軸に関する断面二次モーメント

図 4.2 (a) を参照し, X 軸と Y 軸（図心軸）に関する断面二次モーメント I_X, I_Y を用いて, x 軸と y 軸に関する断面二次モーメント I_x, I_y を表すことを考える. x 軸から微小断面積 dA までの距離 y は $y = y_0 + Y$, y 軸から微小断面積 dA までの距離 x は $x = x_0 + X$ であるので, 断面二次モーメントの定義式 (4.18) より, x 軸および y 軸に関する断面二次モーメント I_x, I_y は, 次のように書き換えることができる.

$$
\begin{aligned}
I_x &= \int_A y^2 \, dA = \int_A (y_0 + Y)^2 \, dA = \int_A (y_0{}^2 + 2y_0 Y + Y^2) \, dA \\
&= y_0{}^2 \int_A dA + 2y_0 \int_A Y \, dA + \int_A Y^2 \, dA
\end{aligned} \tag{4.20}
$$

$$
\begin{aligned}
I_y &= \int_A x^2 \, dA = \int_A (x_0 + X)^2 \, dA = \int_A (x_0{}^2 + 2x_0 X + X^2) \, dA \\
&= x_0{}^2 \int_A dA + 2x_0 \int_A X \, dA + \int_A X^2 \, dA
\end{aligned} \tag{4.21}
$$

各項における積分は, 次のように全断面積, 断面一次モーメント, 断面二次モーメントで置き換えられる.

$$
\int_A dA = A \,, \quad \int_A Y \, dA = G_X \,, \quad \int_A X \, dA = G_Y \,, \\
\int_A Y^2 dA = I_X \,, \quad \int_A X^2 dA = I_Y \tag{4.22}
$$

図心軸に関する断面一次モーメント G_X, G_Y は $G_X = 0$, $G_Y = 0$ であるので, 最終的に次の関係式が得られる.

$$I_x = y_0{}^2 A + I_X \,, \quad I_y = x_0{}^2 A + I_Y \tag{4.23}$$

これらの式から, 図心を通る軸に関する断面二次モーメント I_X, I_Y は, 断面二次モーメントの取り得る値のなかで最小であることがわかる.

以下では図心が自明な断面形状と図心が未知な断面形状に対して, 水平軸に関する断面二次モーメントの計算例を示す.

┌─ 例題 4.3　矩形断面の断面二次モーメント ─────────────
│ 図心を通る X 軸に関する矩形断面の断面二次モーメントを求めよ．
│
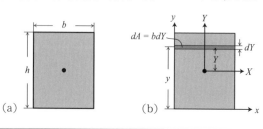
└──

解答・解説
　図心を通る X 軸に関する断面二次モーメントを計算する．例題図 (b) に示すように，X 軸から Y 離れた位置における微小断面積 dA は $dA = bdY$ となる．定義式 (4.19) より，図心を通る X 軸に関する断面二次モーメント I_X は次のようになる．

$$I_X = \int_A Y^2 \, dA = \int_{-h/2}^{h/2} Y^2 \, (bdY) = \left[\frac{b}{3}Y^3\right]_{-h/2}^{h/2} = \frac{bh^3}{12} \tag{4.24}$$

矩形断面の図心軸に関する断面二次モーメントは非常によく使うので，$bh^3/12$ という計算式は必ず覚えておく必要がある．

┌─ 例題 4.4　断面二次モーメントの意味 ─────────────
│ 図に示す (a) と (b) は同一形状である．(b) は (a) の何倍曲がりにくいかを求めよ．
│
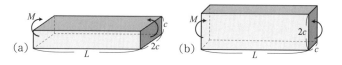
└──

解答・解説
　(a) と (b) は曲げに対して断面の形状のみが異なる．**断面形状による曲がりにくさを表す量が断面二次モーメント**であるので，両者の断面二次モーメントを求めて比較すればよい．
　矩形断面の断面二次モーメントは式 (4.24) で求められる．よって，(a) と (b) の断面二次モーメントは次のようになる．

$$I_{(a)} = \frac{2c \cdot c^3}{12} = \frac{2c^4}{12}, \quad I_{(b)} = \frac{c \cdot (2c)^3}{12} = \frac{8c^4}{12} \tag{4.25}$$

$I_{(b)} = 4I_{(a)}$ となるので，(b) は (a) の 4 倍曲がりにくいことがわかる．このように，断面二次モーメントは**断面形状による曲がりにくさ**を表す量である．

例題 4.5　三角形断面の断面二次モーメント

図心を通る X 軸に関する三角形断面の断面二次モーメントを求めよ．

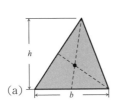
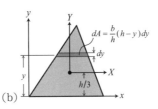

解答・解説

　図心を通る X 軸に関する断面二次モーメントを計算する．矩形断面と同様に図心を通る X 軸から Y 離れた微小断面積 dA を考えてもよいが，dA の幅の計算が複雑になるので，x 軸に関する断面二次モーメント I_x の計算式から，X 軸に関する断面二次モーメント I_X を計算する．

　例題図 (b) において，三角形の相似則を利用して，x 軸から y 離れた微小断面積 dA は次式で表される．

$$dA = \frac{b}{h}(h-y)\,dy \tag{4.26}$$

これより，x 軸に関する断面二次モーメント I_x は定義式 (4.18) より次のようになる．

$$I_x = \int_A y^2 \, dA = \int_0^h y^2 \cdot \frac{b}{h}(h-y)\,dy = \frac{b}{h}\int_0^h (hy^2 - y^3)\,dy = \frac{bh^3}{12} \tag{4.27}$$

三角形断面の図心と x 軸の距離は $h/3$ であるので，I_x と I_X の関係は図心を通らない軸に関する断面二次モーメントの式 (4.23) より次のように表される．

$$\frac{bh^3}{12} = I_X + \left(\frac{h}{3}\right)^2 \cdot \frac{bh}{2} = I_X + \frac{bh^3}{18} \tag{4.28}$$

これより，三角形断面の断面二次モーメント I_X は次のようになる．

$$I_X = \frac{bh^3}{12} - \frac{bh^3}{18} = \frac{bh^3}{36} \tag{4.29}$$

例題 4.6 円形断面の断面二次モーメント

図心を通る X 軸に関する円形断面の断面二次モーメントを求めよ.

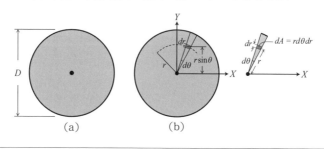

解答・解説

ここでは例題図 (b) に示すように，極座標を利用して図心を通る X 軸に関する断面二次モーメントを計算する．円の中心（図心）から r 離れた位置における微小断面積 dA は，高さが dr，幅は円弧の長さ $rd\theta$ となるので，$dA = rd\theta dr$ と表される．微小断面積 dA は X 軸から $r\sin\theta$ 離れた位置にあるので，図心を通る X 軸に関する断面二次モーメント I_X は，定義式 (4.19) より次のようになる．

$$I_X = \int_A Y^2 \, dA = \int_0^{2\pi} \int_0^{D/2} r^2 \sin^2\theta \cdot r \, dr \, d\theta$$
$$= \int_0^{2\pi} \left(\int_0^{D/2} r^3 \, dr \right) \sin^2\theta \, d\theta = \frac{\pi D^4}{64} \quad (4.30)$$

この計算式は矩形断面ほど頻繁には用いないが，覚えておくと便利な式である．

例題 4.7 箱型断面の断面二次モーメント

図に示すような，箱型断面（板厚一定）と正方形断面がある．以下の問に答えよ．
- 箱型断面の断面二次モーメント I_1 を計算せよ．
- 箱型断面と正方形断面の断面二次モーメントが等しくなる場合の断面積の比を求め，結果について考察せよ．

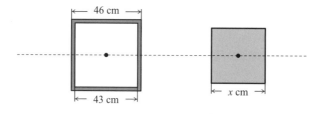

解答・解説

これら 2 つの断面は上下・左右に対称な形状であるので，図心は自明である．対称な箱型断面の場合は，図 4.4 に示すように全体と空気の部分の図心軸が一致するので，それらを引き算することにより，箱型断面の断面二次モーメントを求めることができる．具体的に，I_1 を計算すると次のようになる[3]．

$$I_1 = \frac{46 \cdot 46^3}{12} - \frac{43 \cdot 43^3}{12} = \frac{46^4 - 43^4}{12} = \frac{1058655}{12}$$
$$= 88221.25 \, \text{cm}^4 \tag{4.31}$$

正方形断面の断面二次モーメントは $I_2 = x^4/12$ なので，箱型断面と正方形断面の断面二次モーメントが等しい場合，$I_1 = I_2$ より，正方形断面の一辺の長さ x は次のようになる．

$$\frac{46^4 - 43^4}{12} = \frac{x^4}{12} \quad \rightarrow \quad x \approx 32 \, \text{cm} \tag{4.32}$$

これより，箱型断面は一辺の長さが約 32 cm の正方形断面と断面二次モーメントが等しいことがわかる．

箱型断面の断面積は $A_1 = 46^2 - 43^2$，正方形断面の断面積は $A_2 = x^2 \approx 32^2$ なので，箱型断面と正方形断面の断面二次モーメントが等しい場合の断面積の比は次のようになる．

$$\frac{A_2}{A_1} = \frac{32^2}{46^2 - 43^2} \approx 3.8 \tag{4.33}$$

上式は，正方形断面を箱型断面にすることによって，断面積を約 1/4 にすることができることを意味している．断面積を小さくできるということは，それだけ使用する材料の量が少なくて済むので経済的であるとともに，部材を軽量化することもできる．

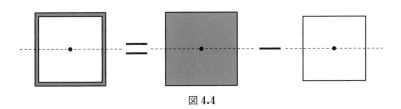

図 4.4

---

[3] 断面二次モーメントには，長さの 4 乗の単位があることに注意する．

例題 4.8 I 型断面の断面二次モーメント

図に示すような，長方形断面 1, 2 と I 型断面 3 がある．断面 1〜3 の断面積 A_1, A_2, A_3 と図心を通る点線に関する断面二次モーメント I_1, I_2, I_3 を計算し，断面形状と断面二次モーメントの関係について考察せよ．

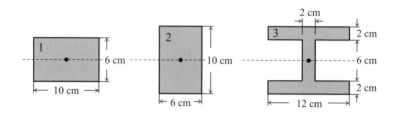

解答・解説

これら 3 つの断面は上下・左右に対称な形状であるので，図心は自明である．まず，それぞれの断面積 A_1, A_2, A_3 は次のようになり，すべて同じ断面積である．

$$A_1 = A_2 = 60\,\mathrm{cm}^2, \quad A_3 = 12 \cdot 2 \times 2 + 6 \cdot 2 = 60\,\mathrm{cm}^2 \tag{4.34}$$

したがって，これらの違いは断面形状のみであることがわかる．

次に，図心を通る点線に関する断面二次モーメント I_1, I_2, I_3 を計算する．I_1, I_2 は矩形断面の断面二次モーメント $bh^3/12$ より，次のようになる．

$$I_1 = \frac{10 \cdot 6^3}{12} = 180\,\mathrm{cm}^4, \quad I_2 = \frac{6 \cdot 10^3}{12} = 500\,\mathrm{cm}^4 \tag{4.35}$$

対称性のある I 型断面の場合は，図 4.5 に示すように全体と空気の部分の図心軸が一致するので，それらを引き算することにより I 型断面の断面二次モーメントを求めることができる．具体的に I_3 は次のようになる．

$$I_3 = \frac{12 \cdot 10^3}{12} - \frac{5 \cdot 6^3}{12} \times 2 = 820\,\mathrm{cm}^4 \tag{4.36}$$

断面二次モーメントの物理的な意味は**断面形状による曲がりにくさ**である．これら 3 つの断面は，断面積は同じであるが，断面二次モーメントは I 型断面が最も大きな値となる．断面積が同じということは使用する材料の量も同じであるので，I 型断面にすることによって，経済的にも力学的にも有利な構造となることがわかる．

断面二次モーメントの定義式 (4.18) を見ると，微小断面積 dA に図心軸からの距離 y の 2 乗を掛けたものを積分した式となっている．これは，dA よりも 2 乗される y を大きくした方が断面二次モーメントの値を効率よく大きくすることができ，図心軸の近くに断面積 dA が分布するよりも図心軸から離れた位置に断面積 dA が分布している方

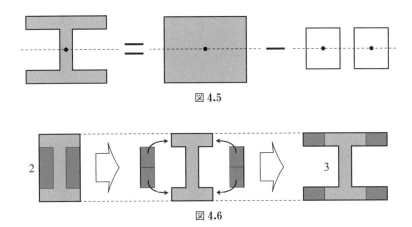

図 4.5

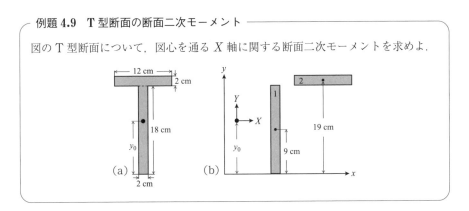

図 4.6

がよいことを意味している．すなわち図 4.6 に示すように，長方形断面 2 の濃灰色で表した図心軸の近くの部分領域を図心軸から離れた位置に移動させた方が断面二次モーメントを大きくすることができ，それによって得られる断面形状が I 型断面 3 である．

例題 4.9　T 型断面の断面二次モーメント

図の T 型断面について，図心を通る X 軸に関する断面二次モーメントを求めよ．

解答・解説

T 型断面では図心が未知であるので，図心を求めた後に断面二次モーメントを計算する必要がある．まず例題図 (b) に示すように，T 型断面をウェブとフランジの長方形 2 個に分け，それぞれの断面積 A_1, A_2 と x 軸から図心までの距離 y_1, y_2 を求める．

$$y_1 = \frac{18}{2} = 9, \quad A_1 = 2 \cdot 18 = 36 \tag{4.37}$$

$$y_2 = 18 + \frac{2}{2} = 19, \quad A_2 = 12 \cdot 2 = 24 \tag{4.38}$$

86   第4章 断面の諸量

これらの値と式 (4.10) より, x 軸から図心までの距離 y_0 は次のように求められる.

$$y_0 = \frac{y_1 A_1 + y_2 A_2}{A_1 + A_2} = \frac{780}{60} = 13 \, \text{cm} \tag{4.39}$$

次に, 2 つの長方形断面の X 軸に関する断面二次モーメントを計算する. 長方形断面 1 の X 軸に関する断面二次モーメントを I_{1X}, 長方形断面 2 の X 軸に関する断面二次モーメントを I_{2X} とする. X 軸は断面 1, 2 の図心を通らない軸であるので, 図心を通らない軸に関する断面二次モーメントの式 (4.23) を利用することにより, I_{1X} と I_{2X} は次のように計算することができる.

$$I_{1X} = (13 - 9)^2 \cdot 36 + \frac{2 \cdot 18^3}{12} = 576 + 972 = 1548 \, \text{cm}^4 \tag{4.40}$$

$$I_{2X} = (19 - 13)^2 \cdot 24 + \frac{12 \cdot 2^3}{12} = 864 + 8 = 872 \, \text{cm}^4 \tag{4.41}$$

T 型断面の X 軸に関する断面二次モーメント I_X は, これらの和で表される.

$$I_X = I_{1X} + I_{2X} = 1548 + 872 = 2420 \, \text{cm}^4 \tag{4.42}$$

第5章

骨組構造

5.1 骨組構造の力学的特徴

5.1.1 トラスとラーメン

橋梁や鉄塔などの構造物には，軽くて強い構造（正確には軽くて剛性の高い頑強な構造）が適している．軽くて強い構造とする方法のひとつに**骨組構造**がある．骨組構造とは，直線状の部材を立体的あるいは平面的に組み立てた構造である．部材と部材の接合点は**節点**（joint）または**格点**と呼ばれている．構造力学では，節点がすべてヒンジ（hinge）で構成されている骨組構造を**トラス**（truss）といい，剛結された骨組構造を**ラーメン**[1]または**フレーム**（frame）という．

剛結は，軸力・せん断力・曲げモーメントのすべてを伝える接合である．一方，ヒンジはモーメントを伝えない接合であるため，外力が節点に作用すると仮定すると，両端ヒンジの各トラス部材にはせん断力や曲げモーメントは発生せず，トラスに生じる断面力（内力）は**軸力のみ**となる．トラスにおける一本一本の部材はモーメントに無抵抗であるが，これらを組み合わせたトラス構造全体としてはモーメントに抵抗できる．

5.1.2 トラスの種類

図 5.1 (a) のようなトラス構造を**ハウトラス**（Howe truss）という．斜材の配置が中央を境にハの字となっているのが特徴であり，垂直材には引張力，斜材には圧縮力が生じる．

図 5.1 (b) のように斜材が逆ハの字のトラス構造を**プラットトラス**（Pratt truss）という．ハウトラスとは逆の構造であり，垂直材には圧縮力，斜材には引張力が生じる．

図 5.1 (c) のように斜材の向きが交互になっているトラス構造を**ワーレントラス**（Warren truss）という[2]．長スパンの場合は，垂直材を配置する場合がある．

---

[1] 剛結された骨組構造をドイツ語で rahmen，英語で frame という．

[2] Howe，Pratt，Warren は橋梁技術者の名前であり，いずれも 1840 年代に発表された．その他に，キングポストトラス，K トラス，菱形トラス，フィンクトラスなどの種類がある．

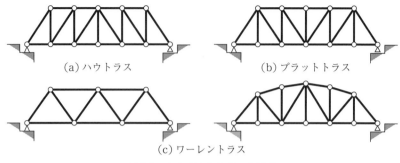

図 5.1 さまざまなトラスの形式

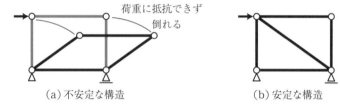

図 5.2 不安定なトラス構造と安定なトラス構造

5.1.3 骨組構造の安定性

節点が剛結されている場合は断面力をすべて伝えるので部材と部材の組み合わせ方に制約はないが，トラスにおける各部材はモーメントに無抵抗であるため，これらの部材を組み合わせてモーメントに抵抗できる構造とするには注意が必要となる．

たとえば図 5.2 (a) のように，四角形に組んだトラスに荷重を作用させると，各部材は荷重に抵抗することができない[3]．一方，図 5.2 (b) のように三角形で構成したトラスは荷重に抵抗することができる[4]．したがって，トラスは三角形の集合とすることで安定な構造となり，荷重に抵抗できる構造となる．

5.2 トラスの軸力解析法

節点に外力が作用する場合，トラスは軸力しか伝えない構造となる．したがって，トラスの構造解析では各部材に生じる軸力のみを計算すればよい．トラスに生じる軸力を解析する主な方法として，**節点法**（method of joints）と**断面法**（method of sections）がある．節点法は図 5.3 (a) に示すように，節点まわりで仮想的に部材を

---

[3] このような構造を**内的不安定構造**（internally unstable structure）という．
[4] このような構造を**内的静定構造**（internally statically-determinate structure）という．

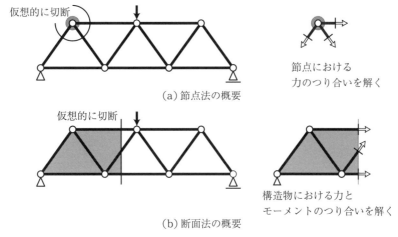

図 5.3 (a) 節点法によるトラスの軸力解析，(b) 断面法によるトラスの軸力解析

切断し，**節点での力のつり合い**から各部材の軸力を求める方法である．断面法は図 5.3 (b) に示すように，トラス全体をひとつの構造として仮想的に切断し，仮想的に切断された**部分構造における力とモーメントのつり合い**から各部材の軸力を求める方法である．以下では，具体的な問題を例に，それぞれの解析法の手順について説明する．

5.2.1 節点法によるトラスの軸力解析

トラス構造が静定かつ安定であり，外力は節点に作用する集中荷重のみであることとする．節点法によるトラスの軸力解析の手順は次の通りである．

① 支点反力を求める（必要のない場合もある）．
② 未知の軸力が 2 個以下の節点を探す．
③ その節点まわりで部材を仮想的に切断し，水平方向と鉛直方向の力のつり合いから軸力を求める．
④ ②〜③を繰り返す．

節点法は，節点での力のつり合いを利用して各部材の軸力を求める方法である．節点での力のつり合いは，水平方向の力のつり合いと鉛直方向の力のつり合いの 2 式となる．たてられる式が 2 式であるので，求められる未知変数は 2 個までである．したがって，手順②にあるように未知の軸力が 2 個以下の節点でなければ，力のつり合いから軸力を求めることができない．

例題 5.1 節点法によるトラスの軸力解析

引張を正として，節点法により，各部材に生じる軸力をすべて求めよ．

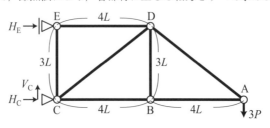

解答・解説

節点法における具体的な計算手順を示す．手順①として，トラスの支点反力を求める．例題図に示すように，節点 C の水平方向と鉛直方向の支点反力を H_C, V_C，節点 E の水平方向の支点反力を H_E とする．トラス全体における水平方向と鉛直方向の力のつり合い，および節点 C におけるモーメントのつり合いは次のようになる．

$$H_C + H_E = 0, \quad V_C - 3P = 0, \quad H_E \cdot 3L + 3P \cdot 8L = 0 \tag{5.1}$$

これらを解くことにより，支点反力は次のようになる．

$$H_C = 8P, \quad V_C = 3P, \quad H_E = -8P \tag{5.2}$$

これらを図示すると図 5.4 (a) のようになる．負で求まった値はベクトルの向きを逆にして図示する．同時に，各部材における未知の軸力を同図のように定義する．

手順②として，図 5.4 (a) から未知の軸力が 2 個以下の節点を探す．節点 A と E は部材が 2 本つながっており，軸力はまだわかっていない．したがって，ここでは節点 A と E が該当する．節点 A まわりで部材を仮想的に切断すると，切断面における軸力は図 5.4 (b) のようになる．ここで，切断後の様子を図示する際は，節点だけでなく切

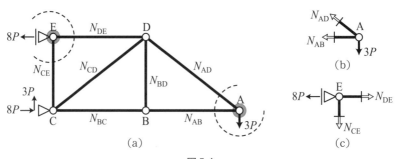

図 5.4

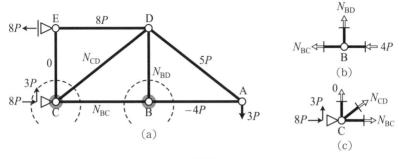

図 5.5

断された部材も図示する．軸力は点に作用する力ではなく断面に生じる内力であり，断面の外向きが軸力の正の定義である．それがわかるように図示するのが基本である．図 5.4 (b) の節点 A における水平方向と鉛直方向の力のつり合いは次式で表される．

$$N_{AB} + \frac{4}{5}N_{AD} = 0, \quad \frac{3}{5}N_{AD} - 3P = 0 \tag{5.3}$$

これらの 2 式より，N_{AB} と N_{AD} は次のようになる．

$$N_{AB} = -4P, \quad N_{AD} = 5P \tag{5.4}$$

同様に，節点 E まわりで部材を仮想的に切断すると，切断面における軸力は図 5.4 (c) のようになる．節点 E における水平方向と鉛直方向の力のつり合いは次式で表される．

$$N_{DE} - 8P = 0, \quad N_{CE} = 0 \tag{5.5}$$

これらの 2 式より，N_{CE} と N_{DE} は次のようになる．

$$N_{CE} = 0, \quad N_{DE} = 8P \tag{5.6}$$

再び手順②に戻って，未知の軸力が 2 個以下の節点を探す．既に求まった軸力があるので，その結果を反映した図 5.5 (a) から未知の軸力が 2 個以下の節点を探すと，今度は節点 B と C が該当する．節点 B まわりで部材を仮想的に切断すると，図 5.5 (b) のようになる．節点 B における水平方向と鉛直方向の力のつり合いは次式で表される．

$$N_{BC} + 4P = 0, \quad N_{BD} = 0 \tag{5.7}$$

これらの 2 式より，N_{BC} と N_{BD} は次のようになる．

$$N_{BC} = -4P, \quad N_{BD} = 0 \tag{5.8}$$

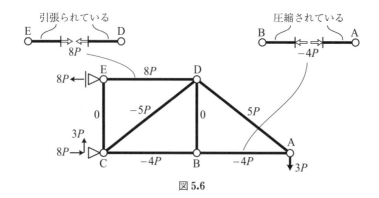

図 5.6

同様に，節点 C まわりで部材を仮想的に切断すると，図 5.5 (c) のようになる．節点 C における水平方向と鉛直方向の力のつり合いは次式で表される．

$$N_{BC} + \frac{4}{5}N_{CD} + 8P = 0, \quad \frac{3}{5}N_{CD} + 3P = 0 \tag{5.9}$$

N_{BC} は既に求めてあるので，N_{CD} は次のようになる．

$$N_{CD} = -5P \tag{5.10}$$

以上より，引張を正としてすべての軸力を記入すると，図 5.6 のようになる．正（引張）の軸力とは図 5.6 左上のような状態，負（圧縮）の軸力とは図 5.6 右上のような状態であることを意味している．

5.2.2 断面法によるトラスの軸力解析

断面法によるトラスの軸力解析の手順は次の通りである．
① 支点反力を求める（必要のない場合もある）．
② 未知の軸力が 3 個以下となる切断面を探す．
③ 構造物を仮想的に 2 つに切断し，水平方向と鉛直方向の力のつり合い，モーメントのつり合いから軸力を求める．
④ ②～③を繰り返す．

断面法は，仮想的に切断された部分構造における力とモーメントのつり合いから，切断された部材の軸力を求める方法である．部分構造におけるつり合いは，水平方向と鉛直方向の力のつり合い，およびモーメントのつり合いの計 3 式となる．たてられる式が 3 式であるので，求められる未知変数は 3 個までである．したがって，手順②にあるように，未知の軸力が 3 個以下となる切断面でなければ，つり合い条件から軸力を求めることができない．

例題 5.2 断面法によるトラスの軸力解析

引張を正として，断面法により，部材 BC, CD, DE に生じる軸力を求めよ．

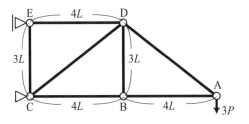

解答・解説

節点法と同様の問題を例に，断面法における具体的な計算手順を示す．手順①の支点反力は節点法のときに既に求めてあるので，ここでは省略する．

手順②として，未知の軸力が3個以下となる切断面を探す．図 5.7 のようにトラス構造を仮想的に切断すると，3つの部材が切断され未知の軸力が3個となる．切断された構造のうち左側と右側のどちらを見てもよいが，ここでは力の数が少ない右側の構造に対して力とモーメントのつり合いを考える．水平方向の力のつり合い，鉛直方向の力のつり合い，節点 D におけるモーメントのつり合いは次のようになる．

$$N_{BC} + \frac{4}{5}N_{CD} + N_{DE} = 0, \quad \frac{3}{5}N_{CD} + 3P = 0, \quad N_{BC} \cdot 3L + 3P \cdot 4L = 0 \tag{5.11}$$

この3式を連立させて解くと，N_{BC}, N_{CD}, N_{DE} は次のようになる．

$$N_{BC} = -4P, \quad N_{CD} = -5P, \quad N_{DE} = 8P \tag{5.12}$$

これらは，節点法で求めた結果と一致していることがわかる．

確認のため，今度は切断された左側の構造に対して，力とモーメントのつり合いを考える．水平方向の力のつり合い，鉛直方向の力のつり合い，節点 C におけるモーメントのつり合いは次のようになる．

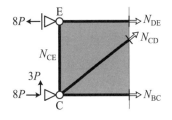 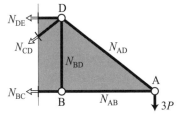

図 5.7

$$N_{BC} + \frac{4}{5}N_{CD} + N_{DE} + 8P - 8P = 0 , \quad \frac{3}{5}N_{CD} + 3P = 0 ,$$
$$N_{DE} \cdot 3L - 8P \cdot 3L = 0 \tag{5.13}$$

この 3 式を連立させて解くと，N_{BC}, N_{CD}, N_{DE} は次のようになる．

$$N_{BC} = -4P , \quad N_{CD} = -5P , \quad N_{DE} = 8P \tag{5.14}$$

これらは，右側の構造を考えて解いた結果と一致していることがわかる．

例題 5.3　ワーレントラスの軸力解析

図のように全部材の長さが L のトラス構造の節点 B に集中荷重 P が作用している．
- 支点反力を求め，正の値になるよう結果を図示せよ．
- 節点法により，部材 AB, AD の軸力を求めよ．
- 断面法により，部材 BC, BE, DE の軸力を求めよ．
- 全部材の軸力を求めよ．

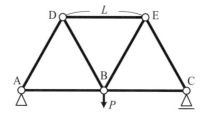

解答・解説

支点反力を求める．未知の支点反力を図 5.8 (a) のように定義する．水平方向と鉛直方向の力のつり合い，および節点 A でのモーメントのつり合いは次式で表される．

$$H_A = 0 , \quad V_A + V_C - P = 0 , \quad V_C \cdot 2L - P \cdot L = 0 \tag{5.15}$$

これらの 3 式より支点反力は次のようになり，正の値になるよう結果を図示すると図 5.8 (b) のようになる．

$$H_A = 0 , \quad V_A = \frac{1}{2}P , \quad V_C = \frac{1}{2}P \tag{5.16}$$

部材 AB の軸力を N_{AB}, 部材 AD の軸力を N_{AD} とする．節点法により節点 A まわりで部材を仮想的に切断すると，図 5.9 (a) のようになる．節点 A における水平方向と鉛直方向の力のつり合いは次式で表される．

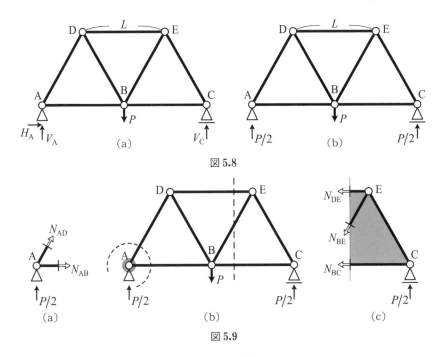

図 5.8

図 5.9

$$\frac{1}{2}N_{AD} + N_{AB} = 0, \quad \frac{\sqrt{3}}{2}N_{AD} + \frac{1}{2}P = 0 \tag{5.17}$$

これらの 2 式より，部材 AB, AD の軸力は次のようになる．

$$N_{AB} = \frac{P}{2\sqrt{3}}, \quad N_{AD} = -\frac{P}{\sqrt{3}} \tag{5.18}$$

部材 BC, BE, DE の軸力をそれぞれ N_{BC}, N_{BE}, N_{DE} とする．断面法により，図 5.9 (b) の点線でトラスを仮想的に切断すると，図 5.9 (c) のようになる．水平方向と鉛直方向の力のつり合い，および節点 E でのモーメントのつり合いは次式で表される．

$$N_{BC} + \frac{1}{2}N_{BE} + N_{DE} = 0, \quad \frac{P}{2} - \frac{\sqrt{3}}{2}N_{BE} = 0, \quad N_{BC} \cdot \frac{\sqrt{3}}{2}L - \frac{1}{2}P \cdot \frac{1}{2}L = 0 \tag{5.19}$$

これらの 3 式より，部材 BC, BE, DE の軸力は次のようになる．

$$N_{BC} = \frac{P}{2\sqrt{3}}, \quad N_{BE} = \frac{P}{\sqrt{3}}, \quad N_{DE} = -\frac{P}{\sqrt{3}} \tag{5.20}$$

求めていない部材 BD, CE の軸力は，問題の左右対称性を利用して次のようになる．

$$N_{BD} = N_{BE} = \frac{P}{\sqrt{3}}, \quad N_{CE} = N_{AD} = -\frac{P}{\sqrt{3}} \tag{5.21}$$

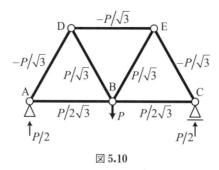

図 5.10

以上より,引張を正としてすべての部材の軸力を図示すると,図 5.10 のようになる.

5.3 ラーメンの断面力図

部材と部材が剛結されているラーメン構造は,ヒンジ接合のトラスと違いすべての断面力を伝えるため,一本一本の部材ははりと同様に扱わなければいけない.したがって,ラーメンの断面力図を描くには,2.8 節に示した手順と同様に部材ごとに場合分けし,部材軸方向に x 軸を設け,断面力の分布 $N(x)$, $S(x)$, $M(x)$ を求めて結果を図示することになる.

ラーメン構造には水平方向の部材と鉛直方向の部材があり,鉛直部材における断面力の正の定義は水平部材を基準に考える.具体的には,水平部材にははりと同様の定義を適用し,水平部材を基準として鉛直部材の正の向きを定義すればよい.以下では具体的な問題を例に,ラーメン構造における断面力図の描き方について示す.

例題 5.4 逆 L 字ラーメンの支点反力と断面力図

図の先端 C に集中荷重 P が作用している.支点反力を求め断面力図を描け.

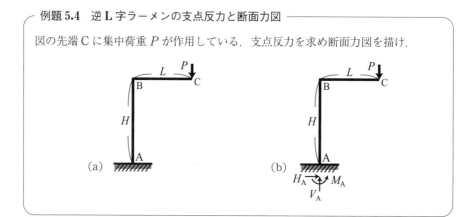

解答・解説

はじめに支点反力を求める．未知の支点反力を例題図 (b) のように定義する．水平方向と鉛直方向の力のつり合い，および点 A でのモーメントのつり合いは次式で表される．

$$H_A = 0, \quad V_A - P = 0, \quad M_A - P \cdot L = 0 \tag{5.22}$$

これらの3式より支点反力は次のようになり，正の値になるよう結果を図示すると図 **5.11** (a) のようになる．

$$H_A = 0, \quad V_A = P, \quad M_A = PL \tag{5.23}$$

次に，断面力の分布を求め，断面力図を描く．ラーメンを解析する際は，部材ごとに分けて計算を行う必要がある．この例題のように自由端がある場合は，片持はりと同様に自由端から部材軸を定義すると，支点反力を求める必要はない．

ここでは，まず点 C から x 軸をとる．BC 間で部材を仮想的に切断すると，図 **5.11** (b) のようになる．水平方向と鉛直方向の力のつり合い，および切断面でのモーメントのつり合いは次式で表される．

$$N(x) = 0, \quad S(x) - P = 0, \quad M(x) + P \cdot x = 0 \tag{5.24}$$

これらの3式より，BC 間における断面力の分布は次式となる．

$$N(x) = 0, \quad S(x) = P, \quad M(x) = -Px \tag{5.25}$$

今度は点 B から x 軸をとり，AB 間で部材を仮想的に切断すると，図 **5.11** (c) のようになる．水平方向と鉛直方向の力のつり合い，および切断面でのモーメントのつり合いは次式で表される．

$$N(x) + P = 0, \quad S(x) = 0, \quad M(x) + P \cdot L = 0 \tag{5.26}$$

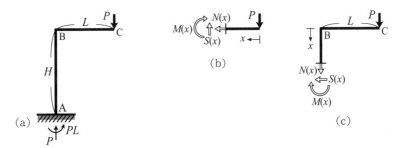

図 **5.11**

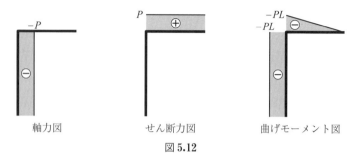

軸力図　　　　せん断力図　　　曲げモーメント図

図 5.12

これらの 3 式より，AB 間における断面力の分布は次式となる．

$$N(x) = -P, \quad S(x) = 0, \quad M(x) = -PL \tag{5.27}$$

以上より，各 x 軸の原点と向きに注意して断面力図を描くと，図 5.12 のようになる．はりと同様に，曲げモーメント図を描く際は部材の引張側に描く．軸力図とせん断力図を描く際に，鉛直部材の左右どちら側を正にするかに関しては共通のルールがない．ここでは水平部材にはりと同様のルールを適用し，水平部材 BC を基準として，鉛直部材 AB は水平部材 BC の延長と見なして断面力図を描いている．

例題 5.5　門型ラーメンの支点反力と断面力図

門型ラーメンの点 C に集中荷重 P が作用している．支点反力を求め，断面力図を描け．

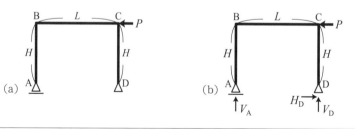

解答・解説

はじめに支点反力を求める．未知の支点反力を例題図 (b) のように定義する．水平方向と鉛直方向の力のつり合い，および点 D でのモーメントのつり合いは次式で表される．

$$H_D - P = 0, \quad V_A + V_D = 0, \quad V_A \cdot L - P \cdot H = 0 \tag{5.28}$$

これらの 3 式より，支点反力は次のようになり，正の値になるよう結果を図示すると図

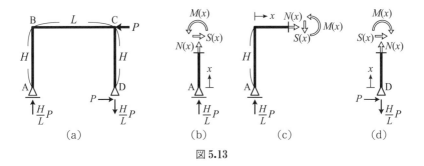

図 5.13

5.13 (a) のようになる.

$$V_A = \frac{H}{L}P, \quad H_D = P, \quad V_D = -\frac{H}{L}P \tag{5.29}$$

次に断面力の分布を求め，断面力図を描く．図 5.13 (b)，(c)，(d) のように，力の数が少なくなるように部材ごとに場合分けを行う．特に BC 間を考える際は，点 D の側ではなく点 A の側を見た方が，力の数が少ないため簡単な式になる．

点 A から x 軸をとり，AB 間で部材を仮想的に切断すると，図 5.13 (b) のようになる．水平・鉛直方向の力のつり合いと切断面でのモーメントのつり合いは次式で表される．

$$N(x) + \frac{H}{L}P = 0, \quad S(x) = 0, \quad M(x) = 0 \tag{5.30}$$

これらの 3 式より，AB 間における断面力の分布は次式となる．

$$N(x) = -\frac{H}{L}P, \quad S(x) = 0, \quad M(x) = 0 \tag{5.31}$$

点 B から x 軸をとり，BC 間で部材を仮想的に切断すると，図 5.13 (c) のようになる．水平・鉛直方向の力のつり合いと切断面でのモーメントのつり合いは次式で表される．

$$N(x) = 0, \quad S(x) - \frac{H}{L}P = 0, \quad M(x) - \frac{H}{L}P \cdot x = 0 \tag{5.32}$$

これらの 3 式より，BC 間における断面力の分布は次式となる．

$$N(x) = 0, \quad S(x) = \frac{H}{L}P, \quad M(x) = \frac{H}{L}Px \tag{5.33}$$

点 D から x 軸をとり，CD 間で部材を仮想的に切断すると，図 5.13 (d) のようになる．水平・鉛直方向の力のつり合いと切断面でのモーメントのつり合いは次式で表される．

$$N(x) - \frac{H}{L}P = 0, \quad S(x) + P = 0, \quad M(x) - P \cdot x = 0 \tag{5.34}$$

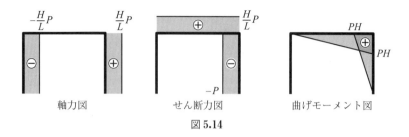

図 5.14

これらの 3 式より，CD 間における断面力の分布は次式となる．

$$N(x) = \frac{H}{L}P, \quad S(x) = -P, \quad M(x) = Px \tag{5.35}$$

以上より，各 x 軸の原点と向きに注意して断面力図を描くと，図 5.14 のようになる．断面力図を描く際は，水平部材 BC を基準として，鉛直部材 AB と CD は水平部材 BC の延長と見なして，断面力図を描いている．

第6章
エネルギー原理とエネルギー法

6.1　外力による仕事とエネルギー

　構造解析（構造力学）の主な目的は，支点に作用する反力および部材に生じる内力と変形を求めることである．はりの場合，内力は断面力（軸力，せん断力，曲げモーメント），変形はたわみとたわみ角になる．3.5 節では，はりの変形を求める方法として弾性曲線方程式による解法を示した．しかし，この解法は微分方程式を解く都合上，単純な構造にしか適用できず，曲げモーメント分布が不連続になる問題や，複数の部材が連結した構造への適用は困難である．

　部材に外力（荷重）が作用すると，外力は部材を変形させ，外力は部材に対して**仕事**をすることになる．この外力による仕事は，**ひずみエネルギー**として部材内部に蓄えられる．エネルギーや仕事に関する原理や定理を利用して，部材の変位や変形を求める方法を**エネルギー法**という．これを用いることによって，弾性曲線方程式の適用が困難な構造であっても容易に変位や変形を求めることができる．

6.2　ひずみエネルギー

　材料に外力を与えてひずみを生じさせると材料は変位するので，外力は材料に対して**仕事**（work）をしたことになる．この外力による仕事は，材料の内部にエネルギーとして蓄えられる[1]．これを**ひずみエネルギー**（strain energy）という．

6.2.1　ひずみエネルギーの定義式

　図 6.1 (a) のような一様な棒材に引張荷重を与えて，部材に伸びを生じさせる．荷重を増やしていくと伸びも増加し，エネルギーが蓄積されていく．荷重と伸びの関係をグラフにすると，**図 6.1** (b) のようになる．ひずみエネルギーは外力がした仕事に等しいので，ひずみエネルギーは三角形 OAB の面積で与えられる．これを式で表すと，ひず

---

[1] 物体が仕事をする能力を持つとき，物体は**エネルギー**をもつという．

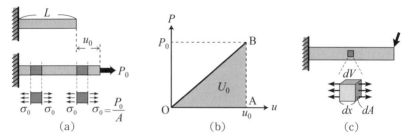

図 6.1 一様な棒材に生じるひずみエネルギー

みエネルギー U_0 は次式で表される．

$$U_0 = \frac{1}{2} P_0 u_0 \tag{6.1}$$

棒材の断面積を A，長さを L，体積を V とすると，一様な棒材に生じる応力 σ_0 とひずみ ε_0 は，図 6.1 (a) に示すようにいたるところで一定であるので，ひずみエネルギー U_0 は次式で書き換えられる．

$$U_0 = \frac{1}{2} P_0 u_0 = \frac{1}{2}(\sigma_0 A)(\varepsilon_0 L) = \frac{1}{2}\sigma_0 \varepsilon_0 (AL) = \frac{1}{2}\sigma_0 \varepsilon_0 V \tag{6.2}$$

部材内部に生じる応力とひずみが一様でない場合について考える．図 6.1 (c) に示すように部材内部から微小体積 dV を取り出すと，dV では微小断面積 dA に生じる応力と微小長さ dx に生じるひずみが一様であるとみなすことができる．その応力を σ，ひずみを ε とすると，dV に蓄えられるひずみエネルギー dU は次式で表される．

$$dU = \frac{1}{2}\sigma\varepsilon \, dV = \frac{1}{2}\sigma\varepsilon \, dA dx \tag{6.3}$$

これを**部材全体**で積分することにより，部材全体に蓄えられるひずみエネルギー U は次式で与えられる．

$$U = \int_V dU = \int_V \frac{1}{2}\sigma\varepsilon \, dV = \int_L \int_A \frac{1}{2}\sigma\varepsilon \, dA \, dx \tag{6.4}$$

6.2.2 軸力に関するひずみエネルギー

図 6.2 (a) に示すように部材に軸力のみが生じる場合，材料のヤング率を E，位置 x における軸力を $N(x)$ とすると，応力 σ とひずみ ε は次式で表される．

$$\sigma = \frac{N(x)}{A}, \quad \varepsilon = \frac{\sigma}{E} = \frac{N(x)}{EA} \tag{6.5}$$

これをひずみエネルギーの式 (6.4) に代入すると，軸力に関するひずみエネルギー U_N は次のようになる．

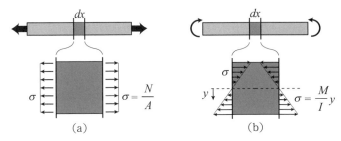

図 6.2 (a) 引張が作用した際に生じる応力分布, (b) 曲げが作用した際に生じる応力分布

$$U_N = \int_L \int_A \frac{1}{2} \frac{N(x)}{A} \frac{N(x)}{EA} \, dA \, dx = \int_L \int_A \frac{N(x)^2}{2EA^2} \, dA \, dx \tag{6.6}$$

軸力 $N(x)$ は断面内で一様に生じるので面積分の外に出すことができ,最終的に U_N は次のようになる.

$$U_N = \int_L \frac{N(x)^2}{2EA^2} \int_A dA \, dx = \int_L \frac{N(x)^2}{2EA^2} A \, dx = \int_L \frac{N(x)^2}{2EA} \, dx \tag{6.7}$$

6.2.3 曲げモーメントに関するひずみエネルギー

図 6.2 (b) に示すように部材に曲げモーメントのみが生じる場合,部材内部に生じる応力とひずみは曲げ応力と曲げひずみとなる[2]. 材料のヤング率を E,断面二次モーメントを I,中立軸からの距離を y,位置 x における曲げモーメントを $M(x)$ とすると,応力 σ,ひずみ ε は次式で表される.

$$\sigma = \frac{M(x)}{I} y, \quad \varepsilon = \frac{\sigma}{E} = \frac{M(x)}{EI} y \tag{6.8}$$

これをひずみエネルギーの式 (6.4) に代入すると,曲げモーメントに関するひずみエネルギー U_M は次のようになる.

$$U_M = \int_L \int_A \frac{1}{2} \frac{M(x)}{I} y \frac{M(x)}{EI} y \, dA \, dx = \int_L \int_A \frac{M(x)^2}{2EI^2} y^2 \, dA \, dx \tag{6.9}$$

曲げモーメント $M(x)$ は断面内で一定であり,面積分の外に出すことができる.さらに断面二次モーメントの定義式 $I = \int_A y^2 dA$ を用いて[3],最終的に U_M は次式で表される.

$$U_M = \int_L \frac{M(x)^2}{2EI^2} \int_A y^2 \, dA \, dx = \int_L \frac{M(x)^2}{2EI^2} I \, dx = \int_L \frac{M(x)^2}{2EI} \, dx \tag{6.10}$$

---
[2] 曲げ応力と曲げひずみついては 3.4 節の式 (3.8), (3.9) を参照.
[3] 断面二次モーメントの定義式については 3.4 節の式 (3.7) と 4.3 節の式 (4.18) を参照.

104 第6章 エネルギー原理とエネルギー法

6.2.4 せん断力に関するひずみエネルギー

部材にせん断力が生じると，せん断応力とせん断ひずみが生じる．軸力や曲げによって生じる垂直応力とは異なり，せん断応力は断面形状によって複雑に変化する．断面内でのせん断応力の分布を平均化する係数 k を導入し，位置 x におけるせん断力を $S(x)$，材料のせん断弾性係数を G とすると，せん断応力 τ とせん断ひずみ γ は次式で表される[4]．

$$\tau = k\frac{S(x)}{A} , \quad \gamma = \frac{\tau}{G} = k\frac{S(x)}{GA} \tag{6.11}$$

これをひずみエネルギーの式 (6.4) に代入すると，せん断力に関するひずみエネルギー U_S は次のようになる[5]．

$$U_S = \int_L \int_A \frac{1}{2}k\frac{S(x)}{A}k\frac{S(x)}{GA} \, dA \, dx = \int_L \frac{S(x)^2}{2GA}\int_A \frac{k^2}{A} \, dA \, dx \tag{6.12}$$

上式において $\int_A k^2/A \, dA = \kappa$ とおくと[6]，最終的に U_S は次のようになる．

$$U_S = \int_L \frac{\kappa S(x)^2}{2GA} \, dx \tag{6.13}$$

断面内でのせん断応力の分布が複雑であることに加えて，はりのような細長い部材では曲げモーメントの影響が大きくなり，せん断力の影響が相対的に小さくなることから，せん断力に関するひずみエネルギーは考慮されない場合が多い[7]．

6.2.5 部材のひずみエネルギー

部材には断面力として軸力・せん断力・曲げモーメントが生じるので，部材に蓄えられるひずみエネルギー U は，次のように表される[8]．

$$U = U_N + U_S + U_M = \int_L \frac{N(x)^2}{2EA} \, dx + \int_L \frac{\kappa S(x)^2}{2GA} \, dx + \int_L \frac{M(x)^2}{2EI} \, dx \tag{6.14}$$

ただし，はりや柱のような部材ではせん断力による影響は小さいので，構造力学では一般にせん断力による項を無視することがほとんどである．よって，構造力学で主に計算するひずみエネルギーは次のようになる．

---

[4] せん断に関するフックの法則は $\tau = G\gamma$ である．フックの法則については 1.7.2 項を参照．
[5] 6.2.1 項で示したひずみエネルギーの定義式は，引張や圧縮だけでなくせん断についても成立する．
[6] κ はおよそ長方形断面で 1.2，円形断面で 1.1，I 型断面で 2.5 となる．
[7] 例題 6.7 において具体的にせん断による影響を計算している．
[8] $\int_L$ は部材軸方向の積分を意味している．構造物が長さ L のはりである場合は $\int_0^L$ となる．ひずみエネルギーは構造物全体に蓄えられるものなので，各部材のひずみエネルギーを計算して最後に和をとればよい．また，定義式においては断面力 N, S, M のみを x の関数としているが，部材の剛性が一定でない場合は積分区間を分けて計算するか，E, A, I を x の関数として計算する必要がある．

$$U = U_N + U_M = \int_L \frac{N(x)^2}{2EA}\,dx + \int_L \frac{M(x)^2}{2EI}\,dx \tag{6.15}$$

軸力しか伝えないトラスでは U_N のみ，曲げモーメントが支配的なはりでは U_M のみを考えればよい．ラーメンでは軸力の影響を考えない場合は U_M のみ，軸力の影響を考える場合は $U_N + U_M$ となる．

例題 6.1　集中荷重・モーメント荷重が作用する片持はりのひずみエネルギー

先端に集中荷重 P が作用する片持はりとモーメント荷重 M が作用する片持はりがある．はりの曲げ剛性を EI とし，それぞれのひずみエネルギーを求めよ．

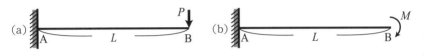

解答・解説

例題 (a) の支点反力と断面力図は**例題 2.1** と**例題 2.10**，例題 (b) の支点反力と断面力図は**例題 2.2** と**例題 2.11** で既に求めている．

例題 (a) について，点 A から x 軸をとり曲げモーメント分布を求める．部材を仮想的に切断すると図 **6.3** (a) 左のようになり，切断面でのモーメントのつり合いより曲げモーメント $M(x)$ は次式で表される．

$$M(x) = Px - PL \tag{6.16}$$

よって，式 (6.10) より，ひずみエネルギー U は次のようになる．

$$U = \int_0^L \frac{M(x)^2}{2EI}dx = \int_0^L \frac{(Px-PL)^2}{2EI}dx = \frac{P^2 L^3}{6EI} \tag{6.17}$$

次に，図 **6.3** (a) 右のように点 B から x 軸をとると曲げモーメント $M(x)$ は次式となる．

$$M(x) = -Px \tag{6.18}$$

片持はりの場合は，自由端から x 軸をとった方が $M(x)$ の式が簡単になり，支点反力を計算する必要もない．式 (6.10) より，ひずみエネルギー U は次のようになる．

$$U = \int_0^L \frac{M(x)^2}{2EI}dx = \int_0^L \frac{P^2 x^2}{2EI}dx = \frac{P^2 L^3}{6EI} \tag{6.19}$$

点 A から x 軸をとっても点 B から x 軸をとっても得られる答えは同じであるが，点 B から x 軸をとった方が明らかに計算が簡単になる．

例題 (b) について，点 B から x 軸をとり曲げモーメント分布を求める．部材を仮想

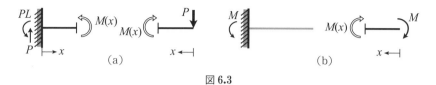

図 6.3

的に切断すると図 6.3 (b) のようになり，切断面でのモーメントのつり合いより曲げモーメント $M(x)$ は次式で表される．

$$M(x) = -M \tag{6.20}$$

式 (6.10) より，ひずみエネルギー U は次のようになる．

$$U = \int_0^L \frac{M(x)^2}{2EI} dx = \int_0^L \frac{(-M)^2}{2EI} dx = \frac{M^2 L}{2EI} \tag{6.21}$$

例題 6.2　集中荷重・モーメント荷重が作用する単純はりのひずみエネルギー

集中荷重 P が作用する単純はりとモーメント荷重 M が作用する単純はりがある．はりの曲げ剛性を EI とし，それぞれのひずみエネルギーを求めよ．

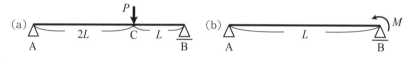

解答・解説

例題 (a) の支点反力と断面力図は**例題 2.5** と**例題 2.13**，例題 (b) の支点反力と断面力図は**例題 2.6** と**例題 2.14** で既に求めている．

例題 (a) について，集中荷重の左と右で曲げモーメント分布が異なるので，点 A から x_1 軸，点 B から x_2 軸をとり，それぞれの曲げモーメント分布を求める．部材を仮想的に切断すると図 6.4 (a) のようになり，切断面でのモーメントのつり合いより，AC 間と BC 間の曲げモーメントは次式で表される．

$$M_{\text{AC}}(x_1) = \frac{1}{3} P x_1, \quad M_{\text{BC}}(x_2) = \frac{2}{3} P x_2 \tag{6.22}$$

積分区間に注意して，式 (6.10) よりひずみエネルギー U は次のようになる．

$$\begin{aligned}
U &= \int_0^{2L} \frac{M_{\text{AC}}(x_1)^2}{2EI} dx_1 + \int_0^L \frac{M_{\text{BC}}(x_2)^2}{2EI} dx_2 \\
&= \int_0^{2L} \frac{1}{2EI} \left(\frac{1}{3} P x_1\right)^2 dx_1 + \int_0^L \frac{1}{2EI} \left(\frac{2}{3} P x_2\right)^2 dx_2 = \frac{2 P^2 L^3}{9 EI}
\end{aligned} \tag{6.23}$$

6.2 ひずみエネルギー   107

図 6.4

仮に点 A のみから x 軸をとると，AC 間と BC 間の曲げモーメントは次式となる．

$$M_{AC}(x) = \frac{1}{3}Px, \quad M_{BC}(x) = \frac{1}{3}Px - P(x-2L) = -\frac{2}{3}Px + 2PL \quad (6.24)$$

ひずみエネルギー U は次のようになり，式 (6.23) と結果は一致するが，$M_{BC}(x)$ に関する計算量が明らかに増加することがわかる．

$$\begin{aligned} U &= \int_0^{2L} \frac{M_{AC}(x)^2}{2EI}dx + \int_0^L \frac{M_{BC}(x)^2}{2EI}dx \\ &= \int_0^{2L} \frac{1}{2EI}\left(\frac{1}{3}Px\right)^2 dx + \int_{2L}^{3L} \frac{1}{2EI}\left(-\frac{2}{3}Px + 2PL\right)^2 dx = \frac{2P^2L^3}{9EI} \end{aligned} \quad (6.25)$$

例題 (b) について，点 A から x 軸をとり，曲げモーメント分布を求める．部材を仮想的に切断すると図 6.4 (b) のようになり，曲げモーメント $M(x)$ は次式で表される．

$$M(x) = \frac{M}{L}x \quad (6.26)$$

式 (6.10) より，ひずみエネルギー U は次のようになる．

$$U = \int_0^L \frac{M(x)^2}{2EI}dx = \int_0^L \frac{1}{2EI}\left(\frac{M}{L}x\right)^2 dx = \frac{M^2L}{6EI} \quad (6.27)$$

例題 6.3 集中荷重が作用する逆 L 字ラーメンのひずみエネルギー

逆 L 字ラーメンの先端 C に集中荷重 P が作用している．曲げ剛性を EI，軸剛性を EA とし，曲げだけでなく軸力の影響も考慮して，ひずみエネルギーを求めよ．

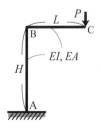

108   第6章　エネルギー原理とエネルギー法

解答・解説

　この問題の支点反力と断面力図は，**例題 5.4** で既に求めている．

　片持ちはりと同様に自由端から x 軸をとると，支点反力を計算する必要がなく，断面力分布の式も簡単になる．図 **6.5** に示すように，点 C と点 B からそれぞれ x 軸を設ける．BC 間で部材を仮想的に切断すると図 **6.5** (b) のようになり，BC 間の軸力と曲げモーメントは次式で表される．

$$N(x) = 0, \quad M(x) = -Px \tag{6.28}$$

AB 間で部材を仮想的に切断すると図 **6.5** (c) のようになり，AB 間の軸力と曲げモーメントは次式で表される．

$$N(x) = -P, \quad M(x) = -PL \tag{6.29}$$

積分区間に注意して，式 (6.15) よりひずみエネルギー U は次のようになる．

$$\begin{aligned}
U &= \int_0^L \frac{0}{2EA}dx + \int_0^L \frac{(-Px)^2}{2EI}dx + \int_0^H \frac{(-P)^2}{2EA}dx + \int_0^H \frac{(-PL)^2}{2EI}dx \\
&= \frac{P^2L^3}{6EI} + \frac{P^2H}{2EA} + \frac{P^2L^2H}{2EI}
\end{aligned} \tag{6.30}$$

仮に軸力の影響を考えずに曲げの影響のみを考える場合は，曲げモーメントについてのみ計算すればよいので，ひずみエネルギー U は次のようになる．

$$U = \int_0^L \frac{(-Px)^2}{2EI}dx + \int_0^H \frac{(-PL)^2}{2EI}dx = \frac{P^2L^3}{6EI} + \frac{P^2L^2H}{2EI} \tag{6.31}$$

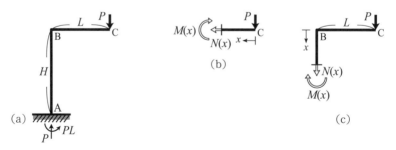

図 **6.5**

例題 6.4　トラスのひずみエネルギー

トラス構造の点 A に下向きの集中荷重 P が作用している．すべての部材の軸剛性を EA とし，ひずみエネルギーを求めよ．

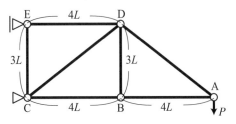

解答・解説

この例題は，例題 5.1 の外力 $3P$ を P にした問題である．

はりのひずみエネルギーを計算するには，まず曲げモーメント分布を求めるように，トラスのひずみエネルギーを計算するには，まず全部材の軸力を求める．この例題の軸力は例題 5.1 で求めた図 5.6 の結果を 1/3 倍すればよく，結果は図 6.6 のようになる．全ひずみエネルギー U は，軸力がゼロとなる部材を除いて次式で表される[9]．

$$U = \int_0^{4L} \frac{N_{AB}^2}{2EA} dx + \int_0^{4L} \frac{N_{BC}^2}{2EA} dx + \int_0^{4L} \frac{N_{DE}^2}{2EA} dx$$
$$+ \int_0^{5L} \frac{N_{AD}^2}{2EA} dx + \int_0^{5L} \frac{N_{CD}^2}{2EA} dx \tag{6.32}$$

各部材の軸力と剛性 EA は一定であるので，積分は長さを掛ければよい．図 6.6 の軸力の値を代入すると，トラス全体に蓄えられるひずみエネルギー U は次のようになる．

$$U = \left(-\frac{4}{3}P\right)^2 \cdot \frac{4L}{2EA} + \left(-\frac{4}{3}P\right)^2 \cdot \frac{4L}{2EA} + \left(\frac{8}{3}P\right)^2 \cdot \frac{4L}{2EA}$$
$$+ \left(\frac{5}{3}P\right)^2 \cdot \frac{5L}{2EA} + \left(-\frac{5}{3}P\right)^2 \cdot \frac{5L}{2EA}$$
$$= \frac{317P^2 L}{9EA} \tag{6.33}$$

---

[9] 仕事やエネルギーの定義を強調するために積分記号を用いているが，トラスの場合は各部材の軸力が一定になるので，部材 i の軸力を N_i として次のようにしても構わない．

$$U = \sum_{i=1}^{7} \frac{N_i^2}{2EA} L_i = \cdots = \frac{317P^2 L}{9EA}$$

110　第6章　エネルギー原理とエネルギー法

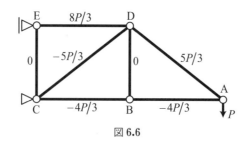

図 6.6

図 6.7 (a) つり合い状態にある単純はり，(b) さらに微小外力 dP_2 を作用させた状態

6.3 カステリアノの定理

6.3.1 定理の説明

図 6.7 に示すように外力 P_1，P_2，P_3 が作用し，つり合い状態にある単純はりにさらに微小外力 dP_2 を加える．外力 P_1，P_2，P_3 の作用によって部材に生じるひずみエネルギー U を外力の関数として $U(P_1, P_2, P_3)$ と表し，微小外力 dP_2 の作用によるひずみエネルギーの増加分を dU_2 とする．これらの関係はテイラー展開を用いて次式で表される．

$$U(P_1, P_2+dP_2, P_3) = U + \frac{\partial U}{\partial P_2}dP_2 + \boxed{高次項} = U + dU_2 \quad (6.34)$$

次に，外力 P_1，P_2，P_3 と微小外力 dP_2 が作用する問題を，図 6.8 に示すように外力 P_1，P_2，P_3 のみが作用する問題と微小外力 dP_2 のみが作用する問題に分けて考える．弾性構造物の場合，全ひずみエネルギーは荷重の順序に依存しないので[10]，はじめに微小外力 dP_2 を作用させ，その後に外力 P_1，P_2，P_3 を作用させる．そして，図 6.8 に示すように，微小外力 dP_2 のみを作用させた場合の点 B の変位を dv_2，荷重 P_1，P_2，P_3 のみを作用させた場合の各点の変位を v_1，v_2，v_3 とする．

微小外力 dP_2 の作用によって点 B に変位 dv_2 が生じる．この間に dP_2 がした仕事 dW_{2a} は次式で与えられる．

---
[10] 1.8 節の重ね合わせの原理を参照．

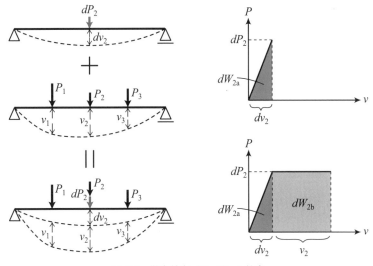

図 **6.8** 微小外力 dP_2 がした仕事

$$dW_{2a} = \frac{1}{2}dP_2 \cdot dv_2 \tag{6.35}$$

dP_2 を一定に保ったまま，外力 P_1, P_2, P_3 を作用させる．外力 P_1, P_2, P_3 によって，点 B の変位は v_2 だけ増加する．この間に dP_2 がした仕事 dW_{2b} は次式で与えられる．

$$dW_{2b} = dP_2 \cdot v_2 \tag{6.36}$$

dP_2 がなす仕事はこれらの和 $dW_{2a} + dW_{2b}$ で表され，これがひずみエネルギーの増加分 dU_2 に等しいので，式 (6.34) より次の式が成り立つ．

$$dU_2 = \frac{\partial U}{\partial P_2}dP_2 + \boxed{高次項} = \frac{1}{2}dP_2 \cdot dv_2 + dP_2 \cdot v_2 \tag{6.37}$$

$\frac{1}{2}dP_2 dv_2$ は高次の微小量であるので，両辺の高次項を無視すると，最終的に次の関係式が得られる．

$$\frac{\partial U}{\partial P_2}dP_2 = dP_2 \cdot v_2 \quad \rightarrow \quad v_2 = \frac{\partial U}{\partial P_2} \tag{6.38}$$

上式は「外力 P_1, P_2, P_3 が作用する構造物において全ひずみエネルギー U を外力 P_2 で偏微分すれば，点 B の変位 v_2 を求めることができる」ことを示している．

点 A や点 C に微小外力を作用させて同様の手順で関係式を導くと，点 A と点 C の変位 v_1, v_3 は次のようになる．

112 第6章 エネルギー原理とエネルギー法

$$v_1 = \frac{\partial U}{\partial P_1}, \quad v_3 = \frac{\partial U}{\partial P_3} \tag{6.39}$$

外力と変位は鉛直方向のみとは限らないので，これを一般化すると次のようになる．

$$d_i = \frac{\partial U}{\partial P_i} \tag{6.40}$$

上式は「構造物に多数の外力が作用してつり合い状態にある場合，構造物に蓄えられた全ひずみエネルギー U を任意の外力 P_i で偏微分した値は，外力 P_i が作用する点の外力 P_i 方向の変位量 d_i に等しい」ことを示している．これを**カステリアノの第2定理**（Castigliano's second theorem），または単に**カステリアノの定理**という[11]．

また，カステリアノの定理は，集中荷重の代わりにモーメント荷重 M_i，変位の代わりにたわみ角 θ_i であっても成立する．これを式で表すと次のようになる．

$$\theta_i = \frac{\partial U}{\partial M_i} \tag{6.41}$$

6.3.2 カステリアノの定理を用いた解法（解法1）

構造物の変位やたわみ角を求める方法のなかで，カステリアノの定理を用いた解法が計算量の点で最も効率的である．せん断力の影響を無視して考えると，解析の手順は次のようになる．

① 外力により生じる断面力 $M(x)$，$N(x)$ を求める．

② ひずみエネルギー U を求める．

③ ひずみエネルギー U を外力で偏微分し，変位やたわみ角を求める．

変位を求めたければ集中荷重で，たわみ角を求めたければモーメント荷重でひずみエネルギーを偏微分すればよい．偏微分に用いる外力は，変位やたわみ角を求めたい点に作用する外力でなければならない．

6.3.3 カステリアノの定理を用いた解法（解法2）

カステリアノの定理による変位の計算式 (6.40) にひずみエネルギーの式 (6.15) を代入すると，次のようになる．

$$d_i = \frac{\partial U}{\partial P_i} = \frac{\partial}{\partial P_i}\left(\int_L \frac{M(x)^2}{2EI}dx + \int_L \frac{N(x)^2}{2EA}dx\right) \tag{6.42}$$

上式の積分は位置 x に関する積分であり，後に偏微分する外力とは関係しない積分で

---

[11] 式 (6.34) において，部材に生じるひずみエネルギーを変位またはたわみ角の関数として表すと，$\partial U/\partial v_i = P_i$ が得られる．これを**カステリアノの第1定理**（Castigliano's first theorem）という．また，カステリアノの定理は7章で説明する**最小仕事の原理**と等価な関係にある．

ある．したがって，カステリアノの定理において外力による偏微分をひずみエネルギーの計算式における積分の中に入れることができる．被積分関数を外力で偏微分すると，微分の連鎖則（合成関数の微分）より次のようになる．

$$\frac{\partial}{\partial P}\left(\frac{M^2}{2EI}\right) = \frac{\partial}{\partial M}\left(\frac{M^2}{2EI}\right)\cdot\frac{\partial M}{\partial P} = \frac{2M}{2EI}\frac{\partial M}{\partial P} = \frac{M}{EI}\frac{\partial M}{\partial P} \tag{6.43}$$

$$\frac{\partial}{\partial P}\left(\frac{N^2}{2EA}\right) = \frac{\partial}{\partial N}\left(\frac{N^2}{2EA}\right)\cdot\frac{\partial N}{\partial P} = \frac{2N}{2EA}\frac{\partial N}{\partial P} = \frac{N}{EA}\frac{\partial N}{\partial P} \tag{6.44}$$

よって，カステリアノの定理において，変位を求める式は次のように書き換えられる．

$$\begin{aligned} d_i = \frac{\partial U}{\partial P_i} &= \int_L \frac{\partial}{\partial P_i}\left(\frac{M(x)^2}{2EI}\right)dx + \int_L \frac{\partial}{\partial P_i}\left(\frac{N(x)^2}{2EA}\right)dx \\ &= \int_L \frac{M(x)}{EI}\frac{\partial M(x)}{\partial P_i}dx + \int_L \frac{N(x)}{EA}\frac{\partial N(x)}{\partial P_i}dx \end{aligned} \tag{6.45}$$

同様に，カステリアノの定理において，たわみ角を求める式は次のように書き換えられる．

$$\begin{aligned} \theta_i = \frac{\partial U}{\partial M_i} &= \int_L \frac{\partial}{\partial M_i}\left(\frac{M(x)^2}{2EI}\right)dx + \int_L \frac{\partial}{\partial M_i}\left(\frac{N(x)^2}{2EA}\right)dx \\ &= \int_L \frac{M(x)}{EI}\frac{\partial M(x)}{\partial M_i}dx + \int_L \frac{N(x)}{EA}\frac{\partial N(x)}{\partial M_i}dx \end{aligned} \tag{6.46}$$

これらを用いた解析の手順は次のようになる．

① 外力により生じる断面力 $M(x)$, $N(x)$ を求める．

② $M(x)$, $N(x)$ を外力で偏微分する．

③ 式 (6.45), (6.46) より，変位やたわみ角を求める．

$M(x)$ の式が複雑であれば，こちらの解法の方が計算が簡単になる．どちらの解法であっても $M(x)$ の式は必要なので，$M(x)$ を求めてみて項の数が 3 つ以上であれば，解法 2 を適用すると計算量を大幅に減らすことができる[12].

6.3.4　カステリアノの定理を適用する際の注意点

カステリアノの定理において，変位を求める場合は集中荷重で，たわみ角を求める場合はモーメント荷重でひずみエネルギーを偏微分する必要がある．たとえば，下記のような問題では，ひずみエネルギーの偏微分に必要な荷重が問題に存在しないので，カステリアノの定理を単純に適用するだけでは変位やたわみ角を求めることができない．

---

[12] 本書ではカステリアノの定理を用いた解法 1 と解法 2 を区別する．ひずみエネルギーの概念が重要であるので，解法 1 が基本である．解法 2 は計算量を減らすための応用（一種のテクニック）と位置付けておく．

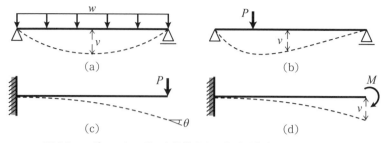

図 6.9 ひずみエネルギーを偏微分する荷重が存在しない問題の例

- **図 6.9** (a)：分布荷重のみが作用する点の変位やたわみ角を求める場合
- **図 6.9** (b)：荷重の作用点とは異なる点の変位やたわみ角を求める場合
- **図 6.9** (c)：集中荷重が作用する点のたわみ角を求める場合
- **図 6.9** (d)：モーメント荷重が作用する点の変位を求める場合

このような問題にカステリアノの定理を適用するには，まず変位やたわみ角を求めたい点に実際には存在しない仮想荷重を作用させる．次に，外力と仮想荷重を作用させた状態でひずみエネルギーを計算し，仮想荷重でひずみエネルギーを偏微分することで，変位やたわみ角を求める．最後に仮想荷重をゼロにする[13]．

例題 6.5 集中荷重が作用する片持ちはりの荷重点でのたわみ

長さ L の片持ちはりの先端に集中荷重 P が作用している．はりのヤング率を E，断面二次モーメントを I とし，カステリアノの定理を用いて，点 B のたわみ v_B を求めよ．

解答・解説

この例題はひずみエネルギーの節における**例題 6.1** (a) と同じであり，式 (6.17)，(6.19) で既にひずみエネルギーを求めている．また，**例題 3.4** と同じ問題である．

カステリアノの定理（解法 1）を用いて集中荷重が作用する点のたわみを求めるには，たわみを求めたい点に作用する集中荷重でひずみエネルギーを偏微分すればよい．よって，カステリアノの定理（解法 1）より，点 B のたわみ v_B は次のようになる．

---

[13] 通常，**図 6.9** のような問題には，次節で述べる**単位荷重法**が適用される．

$$v_{\mathrm{B}} = \frac{\partial U}{\partial P} = \frac{\partial}{\partial P}\left(\frac{P^2 L^3}{6EI}\right) = \frac{PL^3}{3EI} \qquad (6.47)$$

また，偏微分をひずみエネルギーの積分の中に入れるカステリアノの定理（解法2）を用いて，点Bのたわみv_{B}を求めることもできる．式(6.18)より，点Bから位置xにおける曲げモーメント$M(x)$とその偏微分は次式となる．

$$M(x) = -Px, \qquad \frac{\partial M(x)}{\partial P} = -x \qquad (6.48)$$

カステリアノの定理（解法2）より，点Bのたわみv_{B}は次のようになる．

$$v_{\mathrm{B}} = \int_0^L \frac{M(x)}{EI}\frac{\partial M(x)}{\partial P}dx = \int_0^L \frac{(-Px)}{EI}(-x)\,dx = \frac{PL^3}{3EI} \qquad (6.49)$$

v_{B}の値は，弾性曲線方程式で求めた**例題3.4**の式(3.32)と一致していることがわかる．

例題6.6 集中荷重が作用する単純はりの荷重点でのたわみ (1)

長さ$3L$の単純はりの点Cに集中荷重Pが作用している．はりのヤング率をE，断面二次モーメントをIとし，カステリアノの定理を用いて，点Cのたわみv_{C}を求めよ．

解答・解説

　この例題はひずみエネルギーの節における**例題6.2** (a)と同じであり，式(6.23)で既にひずみエネルギーを求めている．また，**例題3.9**と同じ問題である．

　カステリアノの定理（解法1）を用いて集中荷重が作用する点のたわみを求めるには，たわみを求めたい点に作用する集中荷重でひずみエネルギーを偏微分すればよい．よって，カステリアノの定理（解法1）より，点Cのたわみv_{C}は次のようになる．

$$v_{\mathrm{C}} = \frac{\partial U}{\partial P} = \frac{\partial}{\partial P}\left(\frac{2P^2 L^3}{9EI}\right) = \frac{4PL^3}{9EI} \qquad (6.50)$$

また，偏微分をひずみエネルギーの積分の中に入れるカステリアノの定理（解法2）を用いて，点Cのたわみv_{C}を求めることもできる．式(6.22)より，AC間とBC間における曲げモーメントとその偏微分は次式となる．

$$M_{\mathrm{AC}}(x_1) = \frac{1}{3}Px_1, \qquad \frac{\partial M_{\mathrm{AC}}(x_1)}{\partial P} = \frac{1}{3}x_1 \qquad (6.51)$$

$$M_{\mathrm{BC}}(x_2) = \frac{2}{3}Px_2, \qquad \frac{\partial M_{\mathrm{BC}}(x_2)}{\partial P} = \frac{2}{3}x_2 \qquad (6.52)$$

カスティリアノの定理（解法 2）より，点 C のたわみ v_C は次のようになる．

$$\begin{aligned}v_\mathrm{C} &= \int_0^{2L} \frac{M_{\mathrm{AC}}(x_1)}{EI}\frac{\partial M_{\mathrm{AC}}(x_1)}{\partial P}dx_1 + \int_0^L \frac{M_{\mathrm{BC}}(x_2)}{EI}\frac{\partial M_{\mathrm{BC}}(x_2)}{\partial P}dx_2 \\ &= \int_0^{2L}\frac{1}{EI}\left(\frac{1}{3}Px_1\right)\left(\frac{1}{3}x_1\right)dx_1 + \int_0^L \frac{1}{EI}\left(\frac{2}{3}Px_2\right)\left(\frac{2}{3}x_2\right)dx_2 = \frac{4PL^3}{9EI}\end{aligned}$$
$$(6.53)$$

v_C の値は，弾性曲線方程式で求めた**例題 3.9** の式 (3.83) と一致しており，弾性曲線方程式よりもカスティリアノの定理を用いた方が簡単に計算できることがわかる．

例題 6.7　集中荷重が作用する単純はりの荷重点でのたわみ (2)

長さ L の単純はりの中央点 C に集中荷重 P が作用している．はりのヤング率を E，断面二次モーメントを I とし，カスティリアノの定理を用いて，点 C のたわみ v_C を求めよ（この問題を例に，せん断力の影響について考察する）．

解答・解説

この例題は**例題 6.6** と同じように解くことができるが，対称性を利用して計算を簡単にすることができる．また，**例題 3.10** と同じ問題である．

まず，支点反力は荷重 P を 2 点で均等に支えるので，上向きに $P/2$ ずつとなる．対称性から，はり内部の曲げモーメント分布はどちらから x 軸を設けても次式となる．

$$M(x) = \frac{P}{2}x \qquad (6.54)$$

対称性を考慮して，ひずみエネルギー U は次のように計算することができる．

$$U = 2\times\int_0^{L/2}\frac{M(x)^2}{2EI}dx = 2\times\int_0^{L/2}\frac{1}{2EI}\left(\frac{P}{2}x\right)^2 dx = \frac{P^2L^3}{96EI} \qquad (6.55)$$

よって，カスティリアノの定理（解法 1）より，点 C のたわみ v_C は次のようになる．

$$v_\mathrm{C} = \frac{\partial U}{\partial P} = \frac{\partial}{\partial P}\left(\frac{P^2L^3}{96EI}\right) = \frac{PL^3}{48EI} \qquad (6.56)$$

カステリアノの定理(解法2)を用いる場合も，対称性を考慮して次のように v_C を計算することができる．

$$v_C = 2 \times \int_0^{L/2} \frac{M(x)}{EI} \frac{\partial M(x)}{\partial P} dx = 2 \times \int_0^{L/2} \frac{1}{EI} \left(\frac{P}{2}x\right)\left(\frac{1}{2}x\right) dx = \frac{PL^3}{48EI} \tag{6.57}$$

v_C の値は，例題 3.10 で求めた式 (3.93) と一致しており，弾性曲線方程式よりもカステリアノの定理を用いた方が簡単に計算できることがわかる．

ここで，この単純はりの問題を例に，せん断力による影響について考察する．はりに生じるせん断力は AC 間において $P/2$，BC 間において $-P/2$ となる．よって，せん断力に関するひずみエネルギー U_S は式 (6.13) より次式となる．

$$U_S = \int_0^{L/2} \frac{\kappa(P/2)^2}{2GA} dx + \int_0^{L/2} \frac{\kappa(-P/2)^2}{2GA} dx = \frac{\kappa P^2 L}{8GA} \tag{6.58}$$

曲げに関するひずみエネルギーは式 (6.55) で求めてあるので，曲げとせん断力による点 C のたわみ v'_C はカステリアノの定理(解法1)より次のようになる．

$$v'_C = \frac{\partial}{\partial P}\left(\frac{P^2 L^3}{96EI}\right) + \frac{\partial}{\partial P}\left(\frac{\kappa P^2 L}{8GA}\right) = \frac{PL^3}{48EI} + \frac{\kappa PL}{4GA} \tag{6.59}$$

ここで，単純はりの断面を幅 20 mm，高さ 10 mm の矩形断面，材料を鋼材とし，$L = 1$ m，$E = 200$ GPa，$G = 80$ GPa，$P = 160$ N，$\kappa = 1.2$ とすると，点 C のたわみ v'_C は次のようになる．

$$v'_C = \frac{160 \cdot 10^9}{48 \cdot 200 \cdot 10^3 \cdot \frac{20 \cdot 10^3}{12}} + \frac{1.2 \cdot 160 \cdot 10^3}{4 \cdot 80 \cdot 10^3 \cdot 20 \cdot 10} = 10 + 0.003 = 10.003 \text{ mm} \tag{6.60}$$

この計算結果を見てわかるように，たわみに及ぼすせん断力の影響は無視できるほど小さく，この例では曲げモーメントの影響のわずか 0.03% に過ぎない．

例題 6.8　モーメント荷重が作用する片持はりの荷重点でのたわみ角

長さ L の片持はりの先端にモーメント荷重 M が作用している．はりの曲げ剛性を EI とし，カステリアノの定理を用いて，点 B のたわみ角 θ_B を求めよ．

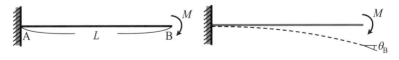

118　第6章　エネルギー原理とエネルギー法

解答・解説

この例題はひずみエネルギーの節における**例題 6.1** (b) と同じであり，式 (6.21) で既にひずみエネルギーを求めている．また，**例題 3.5** と同じ問題である．

カステリアノの定理（解法 1）を用いてモーメント荷重が作用する点のたわみ角を求めるには，たわみ角を求めたい点に作用するモーメント荷重でひずみエネルギーを偏微分すればよい．よって，点 B のたわみ角 θ_B は次のようになる．

$$\theta_B = \frac{\partial U}{\partial M} = \frac{\partial}{\partial M}\left(\frac{M^2 L}{2EI}\right) = \frac{ML}{EI} \tag{6.61}$$

また，カステリアノの定理（解法 2）を用いて点 B のたわみ角 θ_B を求めることもできる．式 (6.20) より，曲げモーメントとその偏微分は次式となる．

$$M(x) = -M, \quad \frac{\partial M(x)}{\partial M} = -1 \tag{6.62}$$

カステリアノの定理（解法 2）より，点 B のたわみ角 θ_B は次のようになる．

$$\theta_B = \int_0^L \frac{M(x)}{EI}\frac{\partial M(x)}{\partial M}dx = \int_0^L \frac{(-M)}{EI}(-1)\,dx = \frac{ML}{EI} \tag{6.63}$$

θ_B の値は，弾性曲線方程式で求めた**例題 3.5** の式 (3.46) と一致していることがわかる．

例題 6.9　モーメント荷重が作用する単純はりの荷重点でのたわみ角

長さ L の単純はりの点 B にモーメント荷重 M が作用している．はりの曲げ剛性を EI とし，カステリアノの定理を用いて，点 B のたわみ角 θ_B を求めよ．

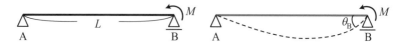

解答・解説

この例題はひずみエネルギーの節における**例題 6.2** (b) と同じであり，式 (6.27) で既にひずみエネルギーを求めている．また，**例題 3.7** と同じ問題である．

カステリアノの定理（解法 1）を用いてモーメント荷重が作用する点のたわみ角を求めるには，たわみ角を求めたい点に作用するモーメント荷重でひずみエネルギーを偏微分すればよい．よって，点 B のたわみ角 θ_B は次のようになる．

$$\theta_B = \frac{\partial U}{\partial M} = \frac{\partial}{\partial M}\left(\frac{M^2 L}{6EI}\right) = \frac{ML}{3EI} \tag{6.64}$$

また，カステリアノの定理（解法 2）を用いて点 B のたわみ角 θ_B を求めることもできる．式 (6.26) より，曲げモーメントとその偏微分は次式となる．

$$M(x) = \frac{M}{L}x, \quad \frac{\partial M(x)}{\partial M} = \frac{1}{L}x \tag{6.65}$$

カステリアノの定理（解法2）より，点Bのたわみ角 θ_B は次のようになる．

$$\theta_B = \int_0^L \frac{M(x)}{EI}\frac{\partial M(x)}{\partial M}dx = \int_0^L \frac{1}{EI}\left(\frac{M}{L}x\right)\left(\frac{1}{L}x\right)dx = \frac{ML}{3EI} \tag{6.66}$$

θ_B の値は，弾性曲線方程式で求めた**例題 3.7** の式 (3.63) と一致していることがわかる．

例題 6.10　曲げ剛性が一定でない片持はりのたわみ

点 C を境に曲げ剛性の異なる片持はりがあり，先端に集中荷重 P が作用している．AC 間の曲げ剛性を $2EI$，BC 間の曲げ剛性を EI とし，点 B のたわみ v_B を求めよ．

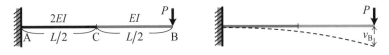

解答・解説

　曲げ剛性は曲げ変形に対する抵抗の大きさである．たとえば，曲げ剛性 EI の部材に曲げモーメント M が作用したときの変位を v とすると，曲げ剛性 $2EI$ の部材に曲げモーメント M が作用したときの変位は $v/2$ となる．曲げ剛性が大きいと変形が小さくなるだけであり，力やモーメントのつり合いに曲げ剛性は関係ないので，曲げ剛性が大きくても小さくても，部材に作用する内力の大きさは同じである．このことは，はりの断面力図を描く際に曲げ剛性（ヤング率や断面二次モーメント）が必要なかったことからも理解できる．よって，曲げモーメント分布を求める際は曲げ剛性の違いを考える必要はなく，ひずみエネルギーや変形を求める際に曲げ剛性の違いを考慮すればよい．

　図 6.10 に示すように，点 B から x 軸をとる．部材を仮想的に切断すると，点 B から位置 x における曲げモーメント $M(x)$ は曲げ剛性によらず次式で表される．

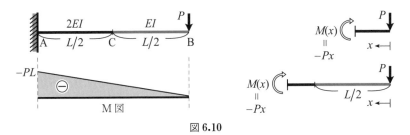

図 6.10

$$M(x) = -Px \tag{6.67}$$

曲げモーメント図を描くと同図のようになる．曲げモーメント $M(x)$ は曲げ剛性の影響を受けないが，ひずみエネルギーを計算する際は BC 間と AC 間の曲げ剛性の違いを考慮して，次式のように積分区間を分けて計算する必要がある．

$$\begin{aligned} U &= \int_0^{L/2} \frac{M(x)^2}{2EI} dx + \int_{L/2}^L \frac{M(x)^2}{2 \cdot 2EI} dx \\ &= \int_0^{L/2} \frac{(-Px)^2}{2EI} dx + \int_{L/2}^L \frac{(-Px)^2}{4EI} dx = \frac{3P^2 L^3}{32EI} \end{aligned} \tag{6.68}$$

カステリアノの定理（解法 1）より，点 B のたわみ v_B は次のようになる．

$$v_\mathrm{B} = \frac{\partial U}{\partial P} = \frac{\partial}{\partial P}\left(\frac{3P^2 L^3}{32EI}\right) = \frac{3PL^3}{16EI} \tag{6.69}$$

例題 6.11　断面形状が変化する片持はりのたわみ

断面の幅が固定端に近づくにつれて大きくなる片持はりがあり，先端に集中荷重 P が作用している．はりのヤング率 E を一定とし，先端のたわみ v_B を求めよ．

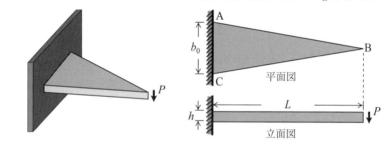

解答・解説

　はりのヤング率 E は一定であるが，断面の幅が変化するので断面二次モーメント I が変化する．すなわち，曲げ剛性 EI は一定ではない．前の例題と同様に，力のつり合いは曲げ剛性と関係がなく，部材に生じる曲げモーメントも曲げ剛性に関係しない．よって図 6.11 に示すように，点 B から x 軸をとり部材を仮想的に切断すると，点 B から位置 x における曲げモーメント $M(x)$ は通常の片持はりと同様に次式となる．

$$M(x) = -Px \tag{6.70}$$

ひずみエネルギーを計算する前に，断面の幅が変化することによる断面二次モーメントの変化を表す必要がある．点 B から位置 x における断面の幅を $b(x)$ とすると，点 B

6.3 カステリアノの定理

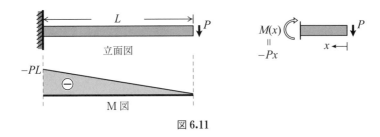

図 6.11

では $b(0) = 0$, 点 A では $b(L) = b_0$ であるので, $b(x)$ は次式のように x の 1 次関数で表される.

$$b(x) = \frac{b_0}{L} x \tag{6.71}$$

断面形状は, 幅 $b(x)$, 高さ h の矩形断面であるので, 点 B から位置 x における断面二次モーメント $I(x)$ は次式で表される.

$$I(x) = \frac{b(x)h^3}{12} = \frac{b_0 h^3}{12L} x \tag{6.72}$$

これを用いて, ひずみエネルギー U は次のようになる.

$$U = \int_0^L \frac{M(x)^2}{2EI(x)} dx = \int_0^L \frac{(-Px)^2}{2E} \frac{12L}{b_0 h^3 x} dx = \int_0^L \frac{6P^2 L}{b_0 h^3 E} x \, dx = \frac{3P^2 L^3}{b_0 h^3 E} \tag{6.73}$$

カステリアノの定理 (解法 1) より, 点 B のたわみ v_B は次のようになる.

$$v_B = \frac{\partial U}{\partial P} = \frac{\partial}{\partial P}\left(\frac{3P^2 L^3}{b_0 h^3 E}\right) = \frac{6PL^3}{b_0 h^3 E} \tag{6.74}$$

例題 6.12 集中荷重が作用する逆 L 字ラーメンの変位

逆 L 字ラーメンの先端 C に集中荷重 P が作用している. 曲げ剛性を EI, 軸剛性を EA とし, 曲げだけでなく軸力の影響も考慮して, 点 C の鉛直変位 v_C を求めよ.

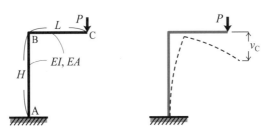

解答・解説

この例題はひずみエネルギーの節における**例題 6.3** と同じであり，式 (6.30) で既にひずみエネルギーを求めている．これを用いて，カステリアノの定理（解法 1）より点 C の鉛直変位 v_C は次のようになる[14]．

$$v_\mathrm{C} = \frac{\partial U}{\partial P} = \frac{\partial}{\partial P}\left(\frac{P^2 L^3}{6EI} + \frac{P^2 H}{2EA} + \frac{P^2 L^2 H}{2EI}\right) = \frac{PL^3}{3EI} + \frac{PH}{EA} + \frac{PL^2 H}{EI} \tag{6.75}$$

仮に軸力の影響を考慮しない場合，曲げモーメントの影響のみを考慮したひずみエネルギー U は式 (6.31) で既に求めている．これを用いて，カステリアノの定理（解法 1）より点 C の鉛直変位 v_C は次のようになる．

$$v_\mathrm{C} = \frac{\partial U}{\partial P} = \frac{\partial}{\partial P}\left(\frac{P^2 L^3}{6EI} + \frac{P^2 L^2 H}{2EI}\right) = \frac{PL^3}{3EI} + \frac{PL^2 H}{EI} \tag{6.76}$$

例題 6.13　トラスの変位

トラス構造の節点 A に下向きの集中荷重 P が作用している．すべての部材の軸剛性を EA とし，節点 A の鉛直変位 v_A を求めよ．

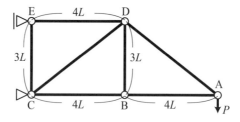

解答・解説

この例題はひずみエネルギーの節における**例題 6.4** と同じであり，式 (6.33) で既にひずみエネルギーを求めている．これを用いて，カステリアノの定理（解法 1）より節点 A の鉛直変位 v_A は次のようになる．

$$v_\mathrm{A} = \frac{\partial U}{\partial P} = \frac{\partial}{\partial P}\left(\frac{317 P^2 L}{9EA}\right) = \frac{634 PL}{9EA} \tag{6.77}$$

---

[14] 計算しなくても，点 A が固定端，点 B が剛結であることから，例題図のような変形図を描くことができる．変形図が描ければ曲げモーメントが大きくなる箇所がわかり，曲げモーメント図の概略を知ることができる．例題を通じてこのようなイメージトレーニングをすることは重要である．

図 6.12 (a) つり合い状態にある単純はり, (b) さらに仮想外力 δP_k を加えた状態

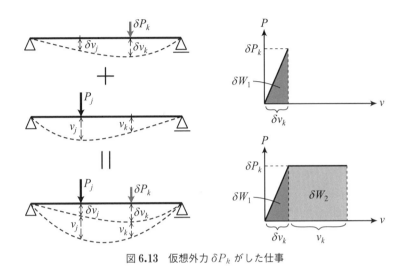

図 6.13 仮想外力 δP_k がした仕事

6.4 仮想仕事の原理と単位荷重法

6.4.1 仮想仕事の原理

つり合い状態を保っている弾性構造物に，仮想外力を作用させて，微小な仮想変位を生じさせて仕事をさせたとき，既存の外力による仮想外力仕事と内部の応力による仮想内力仕事の大きさは等しい．これを弾性体における**仮想仕事の原理**（principle of virtual work）という．以下では単純はりを例に，仮想外力がなす仮想仕事を考えることにより，仮想仕事の原理について示す．

図 6.12 に示すように点 j に外力 P_j が作用し，つり合い状態にある単純はりに，さらに任意の仮想外力 δP_k を点 k に加える．弾性構造物の場合，仕事の総量は荷重の順序に関係しないので[15]，はじめに仮想外力 δP_k を作用させ，その後に外力 P_j を作用させる．

図 6.13 に示すように，δP_k の作用によって点 k に変位 δv_k が生じる．この間に δP_k

---
[15] 1.8 節の重ね合わせの原理を参照．

124 第6章 エネルギー原理とエネルギー法

がした仕事 δW_1 は次式で与えられる.

$$\delta W_1 = \frac{1}{2}\delta P_k \cdot \delta v_k \tag{6.78}$$

δP_k を一定に保ったまま,外力 P_j を作用させる.外力 P_j によって点 k の変位は v_k だけ増加する.この間に δP_k がした仕事 δW_2 は次式で与えられる.

$$\delta W_2 = \delta P_k \cdot v_k \tag{6.79}$$

一方,仮想外力 δP_k の作用によって,部材内部には曲げモーメント $\delta M(x)$ が生じる.断面二次モーメントを I,中立軸からの距離を y とすると,断面に生じる曲げ応力 $\delta\sigma$ は次式で与えられる[16].

$$\delta\sigma = \frac{\delta M(x)}{I}y \tag{6.80}$$

δP_k を一定に保ったまま,外力 P_j の作用によって内部で増加する曲げモーメントを $M(x)$ とすると,断面に生じる曲げひずみ ε は次式で与えられる.

$$\varepsilon = \frac{M(x)}{EI}y \tag{6.81}$$

仮想外力 δP_k によって生じる応力 $\delta\sigma$ が,外力 P_j によって生じる増加ひずみ ε に対してする仮想内力仕事 δU_2 は,次のようになる[17].

$$\delta U_2 = \int_V \delta\sigma \cdot \varepsilon\, dV = \int_L \int_A \delta\sigma \cdot \varepsilon\, dA\, dx$$
$$= \int_L \int_A \frac{M(x)\delta M(x)}{EI^2}y^2 dA\, dx = \int_L \frac{M(x)\delta M(x)}{EI^2}\int_A y^2 dA\, dx \tag{6.82}$$

ここで,$\int_A y^2 dA = I$ であるので[18],仮想内力仕事 δU_2 は次式となる.

$$\delta U_2 = \int_L \frac{M(x)\delta M(x)}{EI}\, dx \tag{6.83}$$

構造物がつり合い状態にあれば,仮想外力仕事と仮想内力仕事は等しいので,$\delta W_2 = \delta U_2$ となる.これより次の関係式が得られる.

$$\delta P_k \cdot v_k = \int_L \frac{M(x)\delta M(x)}{EI}\, dx \tag{6.84}$$

軸力が生じる場合も同様に考えることができ,軸力と曲げモーメントに関する仮想仕事の式は次式で表される.

---

[16] 曲げ応力と曲げひずみついては 3.4 節の式 (3.8), (3.9) を参照.
[17] ひずみ ε が生じる間に応力 $\delta\sigma$ は一定であるので,式 (6.79) と同様に 1/2 が付かない.
[18] 断面二次モーメントの定義式については 3.4 節の式 (3.7) と 4.3 節の式 (4.18) を参照.

$$\delta P_k \cdot v_k = \int_L \frac{N(x)\delta N(x)}{EA} \, dx + \int_L \frac{M(x)\delta M(x)}{EI} \, dx \qquad (6.85)$$

また，左辺の仮想仕事は集中荷重と変位の積であるが，この関係はモーメント荷重とた
わみ角の積であっても成立する．式で表すと次のようになる．

$$\delta M_k \cdot \theta_k = \int_L \frac{N(x)\delta N(x)}{EA} \, dx + \int_L \frac{M(x)\delta M(x)}{EI} \, dx \qquad (6.86)$$

6.4.2 単位荷重法

仮想外力は任意であるので，$\delta P_k = 1$，$\delta M_k = 1$とし，また変位は鉛直方向とは限
らないので，一般的な表記としてd_kとすると，仮想仕事式 (6.85), (6.86) は次のよう
になる．

$$1 \cdot d_k = \int_L \frac{N(x)\bar{N}(x)}{EA} \, dx + \int_L \frac{M(x)\bar{M}(x)}{EI} \, dx \qquad (6.87)$$

$$1 \cdot \theta_k = \int_L \frac{N(x)\bar{N}(x)}{EA} \, dx + \int_L \frac{M(x)\bar{M}(x)}{EI} \, dx \qquad (6.88)$$

ここで，大きさ1の仮想外力によって生じる軸力を$\bar{N}(x)$，曲げモーメントを$\bar{M}(x)$
とする．

鉛直変位を求めたい場合は求めたい位置に大きさ1の鉛直荷重を，水平変位を求めた
い場合は求めたい位置に大きさ1の水平荷重を作用させ，式 (6.87) を計算することに
より単位荷重の向きを正とする変位を求めることができる．また，たわみ角を求めたけ
れば，求めたい位置に大きさ1のモーメント荷重を作用させ，式 (6.88) を計算するこ
とにより，単位モーメント荷重の向きを正とするたわみ角を求めることができる．これ
を**単位荷重法**または**単位外力法**（unit load method）という．

単位荷重法を用いれば，**図 6.9** に示したような，カステリアノの定理を直接適用する
ことができない問題でも解くことができる．単位荷重法では，外力の作用点とは異な
る位置に単位荷重を作用させることにより，外力の作用点とは異なる位置の変位を求
めることができる．外力と単位荷重の作用位置が異なる際の注意点として，$M(x)$と
$\bar{M}(x)$における位置xの定義は同じでないといけない．つまり，$M(x)$と$\bar{M}(x)$を求
める際に別々にx軸を設けてはいけない．共通のx軸を定義する必要がある．

せん断力の影響を無視して考えると，単位荷重法の解析手順は次のようになる．

① 外力により生じる断面力 $M(x)$，$N(x)$ を求める．

② 変位やたわみ角を求めたい位置に単位荷重を作用させる．

③ 単位荷重により生じる断面力 $\bar{M}(x)$，$\bar{N}(x)$ を求める．

④ 仮想仕事の式 (6.87), (6.88) を計算し，変位やたわみ角を求める．

例題 6.14 集中荷重が作用する片持はりのたわみ

長さ L の片持はりの先端 B に集中荷重 P が作用している．はりの曲げ剛性を EI とし，単位荷重法を用いて，点 B のたわみ v_B を求めよ．

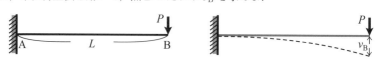

解答・解説

この例題はカステリアノの定理に関する**例題 6.5**，および弾性曲線方程式に関する**例題 3.4** と同じであり，各例題において既に点 B のたわみ v_B を求めている．

まず，荷重 P によって部材に生じる曲げモーメント $M(x)$ を求める．図 6.14 左のように点 B から x 軸をとり部材を仮想的に切断すると，点 B から位置 x における曲げモーメント $M(x)$ は次式で表される．

$$M(x) = -Px \tag{6.89}$$

次に，単位荷重によって部材に生じる曲げモーメント $\bar{M}(x)$ を求める．点 B のたわみを求めたいので，図 6.14 右のように点 B に下向きの単位集中荷重を作用させる．部材を仮想的に切断すると，点 B から位置 x における曲げモーメント $\bar{M}(x)$ は次式で表される．

$$\bar{M}(x) = -x \tag{6.90}$$

M 図と $\bar{M}$ 図を描くと図 6.14 のようになる．単位荷重法の適用においては M 図や $\bar{M}$ 図を描く必要はないが，$M(x)$ や $\bar{M}(x)$ の関数形を可視化することにより，積分の場合分けが必要か否かを確認するのに便利である．

$M(x)$ と $\bar{M}(x)$ を用いて，式 (6.87) より点 B のたわみ v_B は次のようになる．

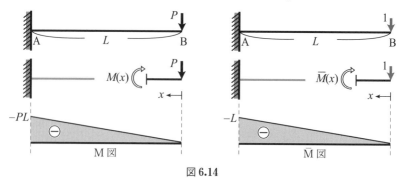

図 6.14

$$1 \cdot v_{\mathrm{B}} = \int_0^L \frac{M(x)\bar{M}(x)}{EI}dx = \int_0^L \frac{(-Px)(-x)}{EI}dx = \frac{PL^3}{3EI} \qquad (6.91)$$

カステリアノの定理を用いて計算した式 (6.47) と式 (6.49),弾性曲線方程式を用いて計算した式 (3.32) と式 (3.41) の結果と一致していることがわかる.

例題 6.15 集中荷重が作用する単純はりのたわみ (1)

長さ $3L$ の単純はりの点 C に集中荷重 P が作用している.はりの曲げ剛性を EI とし,単位荷重法を用いて点 C のたわみ v_{C} を求めよ.

解答・解説

この例題はカステリアノの定理に関する**例題 6.6**,および弾性曲線方程式に関する**例題 3.9** と同じであり,各例題において既に点 C のたわみ v_{C} を求めている.

まず,荷重 P によって部材に生じる曲げモーメント $M(x)$ を求める.図 **6.15** 左に示すように,点 A から x_1 軸,点 B から x_2 軸をとり,AC 間と BC 間とで場合分けする.部材を仮想的に切断すると,AC 間と BC 間の曲げモーメント分布は次式で表される.

$$M_{\mathrm{AC}}(x_1) = \frac{1}{3}Px_1 \ , \qquad M_{\mathrm{BC}}(x_2) = \frac{2}{3}Px_2 \qquad (6.92)$$

次に,単位荷重によって部材に生じる曲げモーメント $\bar{M}(x)$ を求める.点 C のたわみを求めたいので,図 **6.15** 右のように点 C に下向きの単位集中荷重を作用させる.部材を仮想的に切断すると,単位荷重による曲げモーメント分布は次式で表される.

$$\bar{M}_{\mathrm{AC}}(x_1) = \frac{1}{3}x_1 \ , \qquad \bar{M}_{\mathrm{BC}}(x_2) = \frac{2}{3}x_2 \qquad (6.93)$$

積分区間に注意して,点 C のたわみ v_{C} は次のようになる.

$$\begin{aligned}
1 \cdot v_{\mathrm{C}} &= \int_0^{2L} \frac{M_{\mathrm{AC}}(x_1)\bar{M}_{\mathrm{AC}}(x_1)}{EI}dx_1 + \int_0^L \frac{M_{\mathrm{BC}}(x_2)\bar{M}_{\mathrm{BC}}(x_2)}{EI}dx_2 \\
&= \int_0^{2L} \frac{1}{EI}\left(\frac{1}{3}Px_1\right)\left(\frac{1}{3}x_1\right)dx_1 + \int_0^L \frac{1}{EI}\left(\frac{2}{3}Px_2\right)\left(\frac{2}{3}x_2\right)dx_2 \\
&= \frac{4PL^3}{9EI}
\end{aligned} \qquad (6.94)$$

カステリアノの定理を用いて計算した式 (6.50) と式 (6.53),弾性曲線方程式を用いて計算した式 (3.83) の結果と一致していることがわかる.

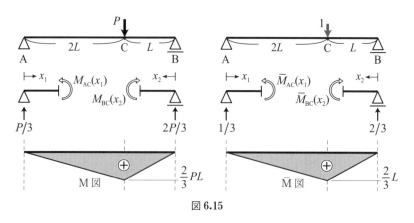

図 6.15

例題 6.16 集中荷重が作用する単純はりのたわみ (2)

長さ L の単純はりの中央点 C に集中荷重 P が作用している．はりの曲げ剛性を EI とし，単位荷重法を用いて，点 C のたわみ v_C を求めよ．

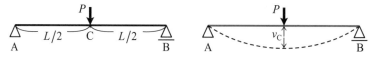

解答・解説

この例題はカスティリアノの定理に関する**例題 6.7**，および弾性曲線方程式に関する**例題 3.10** と同じであり，各例題では対称性を利用して点 C のたわみ v_C を求めている．

まず，支点反力は荷重 P を 2 点で均等に支えるので，上向きにそれぞれ $P/2$ となる．点 C のたわみを求めたいので，点 C に下向きの単位集中荷重を与える．左右に対称な問題であるので，荷重 P によって部材に生じる曲げモーメント $M(x)$ と単位集中荷重によって部材に生じる曲げモーメント $\bar{M}(x)$ は，どちらから x 軸を定義しても次式となる．

$$M(x) = \frac{P}{2}x, \quad \bar{M}(x) = \frac{1}{2}x \tag{6.95}$$

対称性を考慮して，単位荷重法により，点 C のたわみ v_C は次のようになる．

$$1 \cdot v_C = 2 \times \int_0^{L/2} \frac{1}{EI}\left(\frac{P}{2}x\right)\left(\frac{1}{2}x\right)dx = \frac{PL^3}{48EI} \tag{6.96}$$

カスティリアノの定理を用いて計算した式 (6.57)，弾性曲線方程式を用いて計算した式 (3.93) の結果と一致していることがわかる．

例題 6.17　モーメント荷重が作用する片持ちはりのたわみ

長さ L の片持ちはりの先端 B にモーメント荷重 M が作用している。はりの曲げ剛性を EI とし、単位荷重法を用いて、点 B のたわみ v_B を求めよ。

解答・解説

　この例題は、図 6.9 に示したようにカステリアノの定理を単純に適用することができない問題である。しかし、単位荷重法を適用することにより、以下のように解くことができる。

　図 6.16 に示すように、点 B から x 軸をとり、点 B から位置 x における曲げモーメント $M(x)$ と $\bar{M}(x)$ を求める。まず外力 M によって、部材に生じる曲げモーメント $M(x)$ は次式で表される。

$$M(x) = -M \tag{6.97}$$

点 B のたわみを求めたいので、図 6.16 右のように点 B に下向きの単位集中荷重を作用させる。外力はモーメントであるが、単位荷重は集中荷重であることに注意する。単位集中荷重により、部材に生じる曲げモーメント $\bar{M}(x)$ は次式で表される。

$$\bar{M}(x) = -x \tag{6.98}$$

M 図と $\bar{M}$ 図は図 6.16 のように形状が異なる。$M(x)$ と $\bar{M}(x)$ の違いに注意して、単位荷重法により、点 B のたわみ v_B は次のようになる。

$$1 \cdot v_B = \int_0^L \frac{M(x)\bar{M}(x)}{EI} dx = \int_0^L \frac{(-M)(-x)}{EI} dx = \frac{ML^2}{2EI} \tag{6.99}$$

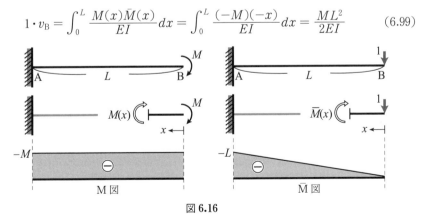

図 6.16

この例題は弾性曲線方程式により解くことができ，弾性曲線方程式を用いて求めた**例題 3.5** の式 (3.47) の結果と一致していることがわかる．

例題 6.18　集中荷重が作用する片持はりのたわみ角

長さ L の片持はりの先端 B に集中荷重 P が作用している．はりの曲げ剛性を EI とし，単位荷重法を用いて，点 B のたわみ角 θ_B を求めよ．

解答・解説

この例題も，図 **6.9** に示したようにカステリアノの定理を単純に適用することができない問題である．しかし，単位荷重法を適用することにより，以下のように解くことができる．

図 **6.17** に示すように，点 B から x 軸をとり，点 B から位置 x における曲げモーメント $M(x)$ と $\bar{M}(x)$ を求める．まず外力 P によって，部材に生じる曲げモーメント $M(x)$ は次式で表される．

$$M(x) = -Px \tag{6.100}$$

点 B のたわみ角を求めたいので，図 **6.17** 右のように点 B に単位モーメント荷重を作用させる．外力は集中荷重であるが，単位荷重はモーメント荷重であることに注意する．単位モーメント荷重を作用させた際に，部材に生じる曲げモーメント $\bar{M}(x)$ は次式で表される．

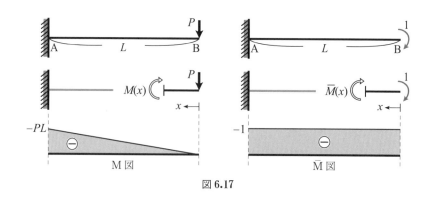

図 **6.17**

$$\bar{M}(x) = -1 \tag{6.101}$$

M 図と $\bar{M}$ 図は**図 6.17** のように形状が異なる．$M(x)$ と $\bar{M}(x)$ の違いに注意して，単位荷重法により，点 B のたわみ角 θ_B は次のようになる．

$$1 \cdot \theta_B = \int_0^L \frac{M(x)\bar{M}(x)}{EI} dx = \int_0^L \frac{(-Px)(-1)}{EI} dx = \frac{PL^2}{2EI} \tag{6.102}$$

この例題は弾性曲線方程式により解くことができ，弾性曲線方程式を用いて求めた**例題 3.4** の式 (3.31) と式 (3.40) の結果と一致していることがわかる．

例題 6.19 分布荷重が作用する片持はりのたわみとたわみ角

長さ L の片持はりの全域にわたって等分布荷重 w が作用している．w は単位長さあたりの荷重である．はりの曲げ剛性を EI とし，単位荷重法を用いて，点 B のたわみ v_B とたわみ角 θ_B を求めよ．

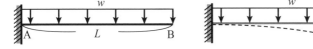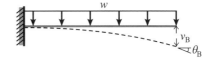

解答・解説

この例題も，**図 6.9** に示したようにカステリアノの定理を単純に適用することができない問題であるが，単位荷重法を適用することで以下のように解くことができる．

まず，**図 6.18** 上に示すように点 B から x 軸をとり，分布外力 w に関する計算を行う．分布外力 w によって部材に生じる曲げモーメント $M(x)$ は次式で表される．

$$M(x) = -\frac{w}{2}x^2 \tag{6.103}$$

次に，**図 6.18** 下に示すように，点 B から x 軸をとった際の単位荷重に関する計算を行う．点 B のたわみを求めるには点 B に単位集中荷重を作用させ，点 B のたわみ角を求めるには点 B に単位モーメント荷重を作用させる．それぞれの単位荷重によって，部材に生じる曲げモーメント $\bar{M}_v(x)$ と $\bar{M}_\theta(x)$ は次式で表される．

$$\bar{M}_v(x) = -x, \quad \bar{M}_\theta(x) = -1 \tag{6.104}$$

M 図と $\bar{M}$ 図は**図 6.18** のようになる．$M(x)$ と $\bar{M}_v(x)$ を用いて，単位荷重法により点 B のたわみ v_B は次のようになる．

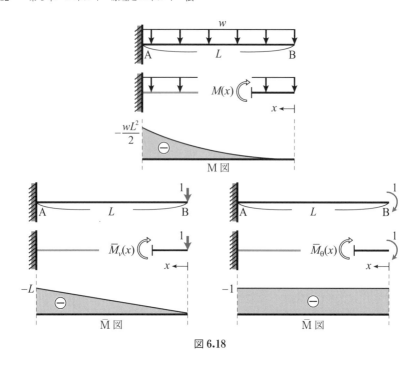

図 6.18

$$1 \cdot v_B = \int_0^L \frac{M(x)\bar{M}_v(x)}{EI}dx = \int_0^L \frac{1}{EI}\left(-\frac{w}{2}x^2\right)(-x)\,dx = \frac{wL^4}{8EI} \quad (6.105)$$

$M(x)$ と $\bar{M}_\theta(x)$ を用いて，単位荷重法により点 B のたわみ角 θ_B は次のようになる．

$$1 \cdot \theta_B = \int_0^L \frac{M(x)\bar{M}_\theta(x)}{EI}dx = \int_0^L \frac{1}{EI}\left(-\frac{w}{2}x^2\right)(-1)\,dx = \frac{wL^3}{6EI} \quad (6.106)$$

この例題は弾性曲線方程式により解くことができ，弾性曲線方程式を用いて求めた**例題 3.6** の式 (3.54) と式 (3.55) の結果と一致していることがわかる．

例題 6.20　分布荷重が作用する単純はりのたわみとたわみ角

長さ L の単純はりの全域にわたって等分布荷重 w が作用している．w は単位長さあたりの荷重である．はりの曲げ剛性を EI とし，単位荷重法を用いて，点 C のたわみ v_C と点 B のたわみ角 θ_B を求めよ．

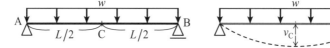

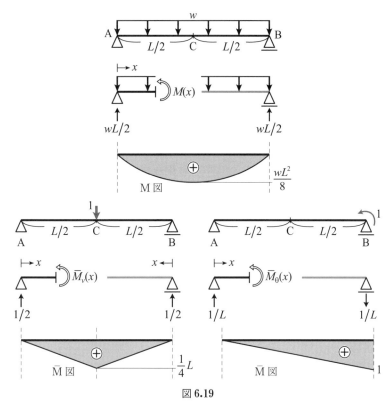

図 6.19

解答・解説

この例題も図 6.9 に示したように，カステリアノの定理を単純に適用することができない問題であるが，単位荷重法を適用することで以下のように解くことができる．

まず，点 C のたわみ v_C を計算する．点 C のたわみを求めたいので，図 6.19 左下のように点 C の下向きに単位集中荷重を作用させる．支点反力をそれぞれ求めた後，分布外力 w によって部材に生じる曲げモーメント $M(x)$ と単位荷重によって部材に生じる曲げモーメント $\bar{M}_v(x)$ は，左右どちらから x 軸をとっても同じ式で表され，次のようになる．

$$M(x) = -\frac{w}{2}x^2 + \frac{wL}{2}x, \quad \bar{M}_v(x) = \frac{1}{2}x \tag{6.107}$$

対称性を利用して積分すると，点 C のたわみ v_C は次のようになる．

$$1 \cdot v_C = 2 \times \int_0^{L/2} \frac{M(x)\bar{M}_v(x)}{EI}dx = \frac{2}{EI}\int_0^{L/2}\left(-\frac{w}{2}x^2 + \frac{wL}{2}x\right)\left(\frac{1}{2}x\right)dx$$
$$= \frac{5wL^4}{384EI} \tag{6.108}$$

次に，点 B のたわみ角 θ_B を計算する．点 B のたわみ角を求めたいので，図 **6.19** 右下のように点 B に単位モーメント荷重を作用させる．支点反力をそれぞれ求めた後，点 A から x 軸をとり部材を仮想的に切断すると，$M(x)$ と $\bar{M}_\theta(x)$ は次式で表される．

$$M(x) = -\frac{w}{2}x^2 + \frac{wL}{2}x, \quad \bar{M}_\theta(x) = \frac{1}{L}x \tag{6.109}$$

$M(x)$ は左右対称であるが，$\bar{M}_\theta(x)$ は対称ではないので，0 から L まで積分することにより，点 B のたわみ角 θ_B は次のようになる．

$$1 \cdot \theta_B = \int_0^L \frac{M(x)\bar{M}_\theta(x)}{EI}dx = \frac{1}{EI}\int_0^L \left(-\frac{w}{2}x^2 + \frac{wL}{2}x\right)\left(\frac{1}{L}x\right)dx = \frac{wL^3}{24EI} \tag{6.110}$$

この例題は弾性曲線方程式により解くことができ，弾性曲線方程式を用いて求めた**例題 3.8** の式 (3.72) と式 (3.73) の結果と一致していることがわかる．

例題 6.21　逆 L 字ラーメンの鉛直変位・水平変位・たわみ角

逆 L 字ラーメンの先端 C に集中荷重 P が作用している．曲げ剛性を EI，軸剛性を EA とする．曲げだけでなく軸力の影響も考慮し，単位荷重法を用いて，点 C の鉛直変位 v_C，水平変位 u_C，たわみ角 θ_C を求めよ．

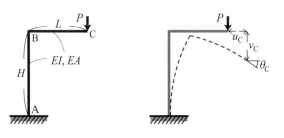

解答・解説

まず，点 C の鉛直変位 v_C を計算する．点 C の鉛直変位を求めたいので，図 **6.20** (b) に示すように点 C に鉛直方向の単位集中荷重を作用させる．水平部材 BC に関して点 C から x 軸をとると，外力 P によって部材に生じる軸力 $N(x)$ と曲げモーメント $M(x)$，鉛直方向の単位集中荷重によって部材に生じる軸力 $\bar{N}_v(x)$ と曲げモーメント

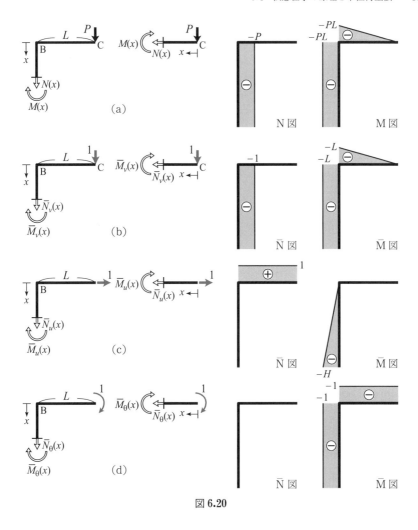

図 6.20

$\bar{M}_v(x)$ は,それぞれ次式で表される.

$$N(x) = 0, \quad M(x) = -Px, \quad \bar{N}_v(x) = 0, \quad \bar{M}_v(x) = -x \quad (6.111)$$

鉛直部材 AB に関して点 B から x 軸をとると,外力 P によって部材に生じる軸力 $N(x)$ と曲げモーメント $M(x)$,鉛直方向の単位集中荷重によって部材に生じる軸力 $\bar{N}_v(x)$ と曲げモーメント $\bar{M}_v(x)$ は,それぞれ次式で表される.

$$N(x) = -P, \quad M(x) = -PL, \quad \bar{N}_v(x) = -1, \quad \bar{M}_v(x) = -L \quad (6.112)$$

136 第6章 エネルギー原理とエネルギー法

軸力図と曲げモーメント図を描くと図 **6.20** (a), (b) のようになる. 単位荷重法より, 点 C の鉛直変位 $v_{\rm C}$ は次のようになり, カステリアノの定理を用いて求めた**例題 6.12** の式 (6.75) の結果と一致していることがわかる.

$$1 \cdot v_{\rm C} = 0 + \int_0^L \frac{(-Px)(-x)}{EI}dx + \int_0^H \frac{(-P)(-1)}{EA}dx + \int_0^H \frac{(-PL)(-L)}{EI}dx$$
$$= \frac{PL^3}{3EI} + \frac{PH}{EA} + \frac{PL^2H}{EI} \tag{6.113}$$

次に, 点 C の水平変位 $u_{\rm C}$ を計算する. 点 C の水平変位を求めたいので, 図 **6.20** (c) に示すように点 C に水平方向の単位集中荷重を作用させる. 水平部材 BC に関して点 C から x 軸をとると, 外力 P によって部材に生じる軸力 $N(x)$ と曲げモーメント $M(x)$, 水平方向の単位集中荷重によって部材に生じる軸力 $\bar{N}_u(x)$ と曲げモーメント $\bar{M}_u(x)$ はそれぞれ次式で表される.

$$N(x) = 0 , \quad M(x) = -Px , \quad \bar{N}_u(x) = 1 , \quad \bar{M}_u(x) = 0 \tag{6.114}$$

鉛直部材 AB に関して点 B から x 軸をとると, 外力 P によって部材に生じる軸力 $N(x)$ と曲げモーメント $M(x)$, 水平方向の単位集中荷重によって部材に生じる軸力 $\bar{N}_u(x)$ と曲げモーメント $\bar{M}_u(x)$ は, それぞれ次式で表される.

$$N(x) = -P , \quad M(x) = -PL , \quad \bar{N}_u(x) = 0 , \quad \bar{M}_u(x) = -x \tag{6.115}$$

軸力図と曲げモーメント図を描くと図 **6.20** (a), (c) のようになる. 単位荷重法より, 点 C の水平変位 $u_{\rm C}$ は次のようになる.

$$1 \cdot u_{\rm C} = 0 + 0 + 0 + \int_0^H \frac{(-PL)(-x)}{EI}dx = \frac{PLH^2}{2EI} \tag{6.116}$$

さらに, 点 C のたわみ角 $\theta_{\rm C}$ を計算する. 点 C のたわみ角を求めたいので, 図 **6.20** (d) に示すように, 点 C に単位モーメント荷重を作用させる. 水平部材 BC に関して点 C から x 軸をとると, 外力 P によって部材に生じる軸力 $N(x)$ と曲げモーメント $M(x)$, 単位モーメント荷重によって部材に生じる軸力 $\bar{N}_\theta(x)$ と曲げモーメント $\bar{M}_\theta(x)$ はそれぞれ次式となる.

$$N(x) = 0 , \quad M(x) = -Px , \quad \bar{N}_\theta(x) = 0 , \quad \bar{M}_\theta(x) = -1 \tag{6.117}$$

鉛直部材 AB に関して点 B から x 軸をとると, 外力 P によって部材に生じる軸力 $N(x)$ と曲げモーメント $M(x)$, 単位モーメント荷重によって部材に生じる軸力 $\bar{N}_\theta(x)$ と曲げモーメント $\bar{M}_\theta(x)$ はそれぞれ次式で表される.

$$N(x) = -P, \quad M(x) = -PL, \quad \bar{N}_\theta(x) = 0, \quad \bar{M}_\theta(x) = -1 \quad (6.118)$$

軸力図と曲げモーメント図を描くと図 **6.20** (a), (d) のようになる. 単位荷重法より, 点 C のたわみ角 θ_C は次のようになる.

$$\begin{aligned} 1 \cdot \theta_C &= 0 + \int_0^L \frac{(-Px)(-1)}{EI} dx + 0 + \int_0^H \frac{(-PL)(-1)}{EI} dx \\ &= \frac{PL^2}{2EI} + \frac{PLH}{EI} \end{aligned} \quad (6.119)$$

例題 6.22　トラスの変位

トラス構造の節点 A に下向きの集中荷重 P が作用している. すべての部材の軸剛性を EA とし, 単位荷重法を用いて, 節点 A の鉛直変位 v_A を求めよ.

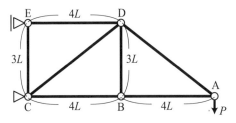

解答・解説

　この例題の軸力は**例題 6.4** の図 **6.6** で既に求めており, カステリアノの定理を用いて, 節点 A の鉛直変位を式 (6.77) で求めている.

　節点 A の鉛直変位を求めたいので, 節点 A に鉛直方向の単位集中荷重を作用させる. 節点 A に単位集中荷重を作用させた際に各部材に生じる軸力は, 図 **6.6** の結果に $P = 1$ を代入すればよいので, 結果は図 **6.21** のようになる.

　外力 P によって部材に生じる軸力を N, 単位荷重によって部材に生じる軸力を $\bar{N}$ とする. 単位荷重法を用いて節点 A の鉛直変位 v_A を計算する式は, 軸力がゼロとなる部材を除いて次式で与えられる[19].

---

[19] 仕事やエネルギーの定義を強調するために積分記号を用いているが, トラスの場合は各部材の軸力が一定になるので, 部材 i の軸力を N_i として次のようにしても構わない.

$$1 \cdot v_A = \sum_{i=1}^{7} \frac{N_i \bar{N}_i}{EA} L_i = \cdots = \frac{634 PL}{9EA}$$

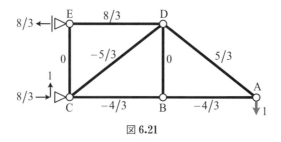

図 **6.21**

$$1 \cdot v_A = \int_0^{4L} \frac{N_{AB}\bar{N}_{AB}}{EA}dx + \int_0^{4L} \frac{N_{BC}\bar{N}_{BC}}{EA}dx$$
$$+ \int_0^{5L} \frac{N_{AD}\bar{N}_{AD}}{EA}dx + \int_0^{5L} \frac{N_{CD}\bar{N}_{CD}}{EA}dx + \int_0^{4L} \frac{N_{DE}\bar{N}_{DE}}{EA}dx \quad (6.120)$$

図 **6.6** と図 **6.21** に示した軸力の値を上式に代入すると，v_A は次のようになる．

$$1 \cdot v_A = \left(-\frac{4}{3}P\right)\left(-\frac{4}{3}\right) \cdot \frac{4L}{EA} + \left(-\frac{4}{3}P\right)\left(-\frac{4}{3}\right) \cdot \frac{4L}{EA} + \left(\frac{5}{3}P\right)\left(\frac{5}{3}\right) \cdot \frac{5L}{EA}$$
$$+ \left(-\frac{5}{3}P\right)\left(-\frac{5}{3}\right) \cdot \frac{5L}{EA} + \left(\frac{8}{3}P\right)\left(\frac{8}{3}\right) \cdot \frac{4L}{EA} = \frac{634PL}{9EA} \quad (6.121)$$

カステリアノの定理を用いて計算した式 (6.77) の結果と一致していることがわかる．

6.5 相反定理

図 **6.22** に示すように，集中荷重 P_1, P_2 が作用し，つり合い状態にある単純はりを考える．この単純はりが弾性構造物であれば，仕事の総量は荷重の載荷順序に関係しない[20]．この特性を利用して，はじめに P_1 を与えて次に P_2 を与える載荷経路 I と，はじめに P_2 を与えて次に P_1 を与える載荷経路 II を考える．

載荷経路 I における変位（たわみ）と外力 P_1, P_2 がなす仕事の様子を図 **6.23** に示す．荷重と変位のグラフにおけるグレーの部分の面積が外力による仕事である．これらを合計すると，載荷経路 I による外力仕事 W_1 は次式で与えられる．

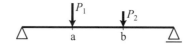

図 **6.22** 集中荷重 P_1, P_2 が作用する単純はり

---

[20] 1.8 節の重ね合わせの原理を参照．

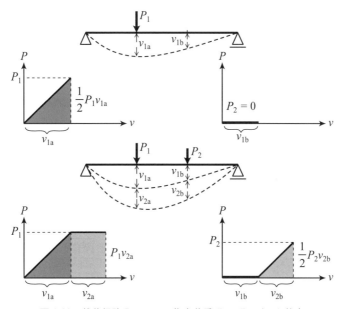

図 6.23 載荷経路 I において集中荷重 P_1, P_2 がした仕事

$$W_\mathrm{I} = \frac{1}{2} P_1 v_\mathrm{1a} + 0 + P_1 v_\mathrm{2a} + \frac{1}{2} P_2 v_\mathrm{2b} \tag{6.122}$$

同様に，載荷経路 II における変位（たわみ）と外力 P_1, P_2 がなす仕事の様子は，図 **6.24** のようになる．外力による仕事は荷重と変位のグラフにおけるグレーの部分の面積で表され，これらを合計すると載荷経路 II による外力仕事 W_II は次式で与えられる．

$$W_\mathrm{II} = 0 + \frac{1}{2} P_2 v_\mathrm{2b} + \frac{1}{2} P_1 v_\mathrm{1a} + P_2 v_\mathrm{1b} \tag{6.123}$$

載荷経路 I と載荷経路 II は載荷順序が異なるだけで，仕事の総量は同じである．すなわち，$W_\mathrm{I} = W_\mathrm{II}$ より次の関係式が得られる．

$$\frac{1}{2} P_1 v_\mathrm{1a} + P_1 v_\mathrm{2a} + \frac{1}{2} P_2 v_\mathrm{2b} = \frac{1}{2} P_2 v_\mathrm{2b} + \frac{1}{2} P_1 v_\mathrm{1a} + P_2 v_\mathrm{1b}$$
$$P_1 v_\mathrm{2a} = P_2 v_\mathrm{1b} \tag{6.124}$$

これをベッティの相反定理（Betti's reciprocal theorem）という．また，$P_1 = P_2 = 1$ とすると，次の関係式が得られる．

$$v_\mathrm{2a} = v_\mathrm{1b} \tag{6.125}$$

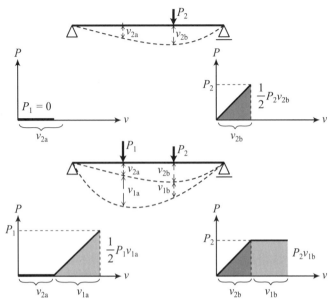

図 6.24 載荷経路 II において集中荷重 P_1, P_2 がした仕事

これをマクスウェルの相反定理（Maxwell's reciprocal theorem）という．相反定理は相反作用の定理とも呼ばれ，単位荷重法を用いて証明することもできる．荷重の大きさが同じである場合，相反定理は「点 b に荷重をかけたときの点 a の変位は，点 a に荷重をかけたときの点 b の変位に等しい」ことを示している．

例題 6.23　片持はりにおける相反定理

図に示すような長さ $2L$ の片持はりを考え，点 a に外力 P_1 を作用させたときの点 b のたわみ v_{1b} と，点 b に外力 P_2 を作用させたときの点 a のたわみ v_{2a} を計算し，相反定理 $P_1 v_{2a} = P_2 v_{1b}$ が成り立つかどうかを確認せよ．

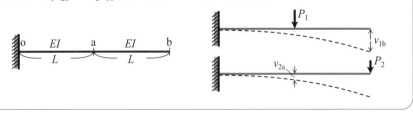

解答・解説

まず，単位荷重法を用いて，外力 P_1 による点 b のたわみ v_{1b} を求める．点 b のたわ

6.5 相反定理 141

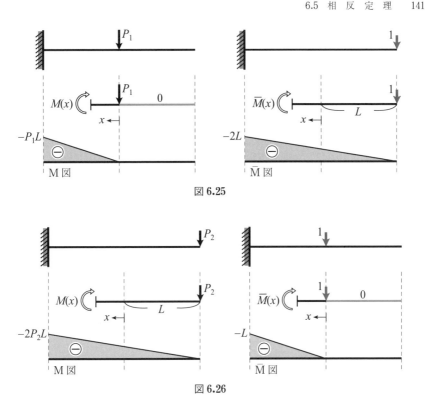

図 6.25

図 6.26

みを求めたいので，点 b に単位集中荷重を作用させる．ab 間には外力による曲げモーメントが生じないので，図 6.25 に示すように点 a から x 軸を設ける．ao 間で部材を仮想的に切断すると，点 a から位置 x における曲げモーメント $M(x)$ と $\bar{M}(x)$ は次式で表される．

$$M(x) = -P_1 x, \quad \bar{M}(x) = -(x+L) \tag{6.126}$$

積分区間に注意して，外力 P_1 による点 b のたわみ v_{1b} は次のようになる．

$$1 \cdot v_{1b} = \int_0^L \frac{M(x)\bar{M}(x)}{EI} dx = \int_0^L \frac{P_1 x(x+L)}{EI} dx = \frac{5P_1 L^3}{6EI} \tag{6.127}$$

次に，単位荷重法を用いて，外力 P_2 による点 a のたわみ v_{2a} を求める．点 a のたわみを求めたいので，点 a に単位集中荷重を作用させる．ab 間では単位荷重による曲げモーメント分布がゼロになるので，図 6.26 に示すように点 a から x 軸を設ける．ao 間で部材を仮想的に切断すると，点 a から位置 x における曲げモーメント $M(x)$ と $\bar{M}(x)$ は次式で表される．

142 第6章 エネルギー原理とエネルギー法

$$M(x) = -P_2(x+L), \quad \bar{M}(x) = -x \tag{6.128}$$

積分区間に注意して，外力 P_2 による点 a のたわみ v_{2a} は次のようになる．

$$1 \cdot v_{2a} = \int_0^L \frac{M(x)\bar{M}(x)}{EI}dx = \int_0^L \frac{P_2(x+L)x}{EI}dx = \frac{5P_2L^3}{6EI} \tag{6.129}$$

v_{2a} と v_{1b} が求まったので，v_{2a} に P_1 を掛け，v_{1b} に P_2 を掛けると次のようになる．

$$P_1v_{2a} = P_1\frac{5P_2L^3}{6EI} = \frac{5P_1P_2L^3}{6EI}, \quad P_2v_{1b} = P_2\frac{5P_1L^3}{6EI} = \frac{5P_1P_2L^3}{6EI} \tag{6.130}$$

以上より，相反定理 $P_1v_{2a} = P_2v_{1b}$ が成り立っていることがわかる．

第**7**章
不静定構造の解法

7.1 静定問題と不静定問題

　これまでの問題では，水平方向と鉛直方向の力のつり合いとモーメントのつり合いから支点反力をすべて求めることができた．さらに，トラスにおいては節点における力のつり合いから，はりやラーメンにおいては仮想的に切断した部分構造における力とモーメントのつり合いから部材内部に生じる断面力（軸力，せん断力，曲げモーメント）をすべて求めることができた．このように，力とモーメントのつり合い条件から支点反力や断面力を求めることのできる問題を**静定問題**（statically-determinate problem）という．静定問題では，断面力の分布から構造物の変形（たわみ，たわみ角）も難なく求めることができる[1].

　しかし実際には，力とモーメントのつり合い計算だけでは支点反力や断面力を求められない問題もある．それは未知量である支点反力や断面力の数が力とモーメントのつり合い式の数よりも多くなる場合であり，これを**不静定問題**（statically-indeterminate problem）という．以下では，不静定問題を解くための方法について示す．

7.2 不静定問題とは

7.2.1 外的不静定問題

　たとえば，**図 7.1** に示す構造物の支点反力を求めるとする．図に示すように，点 A の支点反力を H_A, V_A, M_A とし，点 B の支点反力を V_B とする．水平方向の力のつり合い，鉛直方向の力のつり合い，点 A におけるモーメントのつり合いは次式で表される．

$$H_A = 0, \quad V_A + V_B - P = 0, \quad M_A + P \cdot 2L - V_B \cdot 3L = 0 \quad (7.1)$$

---

[1] 2 章～6 章までに扱った問題はすべて静定問題である．たとえば単純支持された構造物や固定支点のみの構造物は，支点反力の数がそれぞれ 3 つであり，水平方向と鉛直方向の力のつり合い，モーメントのつり合いの 3 式から支点反力をすべて求めることができる．また，仮想的に部材を切断した際に断面力の総数が 3 つ以下であれば，力とモーメントのつり合いから断面力の分布を求めることができる．

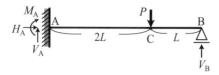

図 7.1　外的不静定問題の例

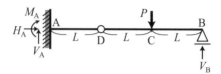

図 7.2　不静定構造のようなゲルバーはりの例

静定問題の場合は，これらの3式を連立させて解くことにより支点反力を求めることができる．しかし，上の3式には未知変数である支点反力が4つ含まれており，未知変数4つに対して式の数が3つであるのでこの連立方程式は解けない．つまり，力とモーメントのつり合いの式から支点反力を求めることができない．このように，支点の数が多く，力とモーメントのつり合いだけで支点反力が求まらない問題を **外的不静定問題** (externally statically-indeterminate problem)，またそのような構造を **外的不静定構造** という．

図 7.1 の不静定構造に似た構造として，図 7.2 のようなゲルバーはりがある．ゲルバーはりも不静定構造と同様に支点反力の数は4つ以上になるが，ゲルバーはりは静定構造である．その理由は，中間ヒンジの存在によって，つり合いに関する3式に加えてモーメントのつり合いに関する条件式が中間ヒンジの数だけ加わるからである．具体的に，図 7.2 の例ではまず，力とモーメントのつり合いは式 (7.1) の3式で表される．これに加えて，中間ヒンジのある点 D では，点 D まわりのモーメントがゼロになる．ヒンジから右側の構造に対して，この条件を式にすると次のようになる．

$$V_B \cdot 2L - P \cdot L = 0 \tag{7.2}$$

上式は，点 D におけるモーメントのつり合いの式でもある．これで条件式が4つになったので，4つの支点反力をすべて求めることができる．結局，支点反力を求めるのに利用した条件は力とモーメントのつり合いのみで，ゲルバーはりは静定問題となる．

7.2.2　内的不静定問題

一方，図 7.3 のような構造物の場合，灰色の部材がなければ (a) は静定トラス，(b) は静定ラーメン，(c) は片持はりとなり，力とモーメントのつり合いの式から支点反力や断面力を求めることができる．しかし，灰色の部材があると，未知の断面力の数が

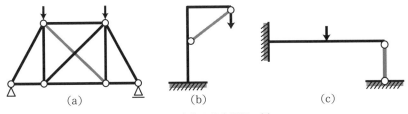

図 7.3 内的不静定問題の例

増えて力とモーメントのつり合い式の数よりも多くなり，力とモーメントのつり合い条件だけですべての断面力を求めることができない．このように，つり合いの式だけで断面力が求まらない問題を**内的不静定問題**（internally statically-indeterminate problem），またそのような構造を**内的不静定構造**という[2]．

7.2.3 不静定次数

図 7.1 は支点反力が 4 つのケースであるが，支点反力の数は 4 つを超えるケースもある．支点による拘束の数が増えれば支点反力の数も増える．また，内的不静定のように構造内部を支える部材の数が増えると断面力の数が増える．しかし，つり合いに関する式の数には限界があるので，拘束数が多ければ多いほど求めるべき支点反力や断面力の数が増え，解析するのが困難になる．

不静定次数（degree of indeterminacy）とは，不静定構造物において，安定を保つための最小限必要な拘束数よりもどれだけ多くの拘束が与えられているかを表す数である．静定構造物の不静定次数はゼロである．たとえば，不静定次数が 2 であれば，静定構造物よりも拘束の数が 2 つ多いことを意味する．図 7.1 の例では静定構造である片持ちはりの先端 B に鉛直変位の拘束が 1 つ加わっているので，不静定次数は 1 となる．静定構造はつり合いに関する式の数と支点反力の数が同じであるので，不静定次数が 2 であればつり合いの式の数よりも支点反力や断面力の数が 2 つ多く，すべてを求めるにはあと 2 つ条件式が必要であることを意味する．

外的不静定問題では，つり合いに関する式の数と支点反力の数がわかれば，不静定次数を容易に計算することができる[3]．通常，つり合いに関する式の数は，水平方向・鉛直方向・モーメントの 3 つである．ただしゲルバーはりの例で示したように，中間ヒンジの数だけつり合いに関する条件式が増える．中間ヒンジの数を n_H とすると，つり合

---

[2] (c) は支点反力も求められないので，外的不静定構造でもある．
[3] 内的不静定問題では，外的不静定問題に比べて不静定次数の計算は複雑になる．図 7.3 の例では灰色の部材に軸力が 1 つ余計に発生するので，不静定次数は 1 となる．不静定次数が 2 以上となる内的不静定問題に対しては，本章で述べる解法ではなく，8 章で述べる**マトリックス構造解析**を適用するケースがほとんである．

いに関する式の数は $3+n_H$ となる．よって，支点反力の数を n_R とすると，外的不静定問題の不静定次数 n_I は次式により計算することができる．

$$n_I = n_R - (3+n_H) \tag{7.3}$$

$n_I < 0$ の場合は外的に不安定[4]，$n_I = 0$ の場合は外的に静定，$n_I > 0$ の場合は外的に不静定な構造となる．

7.3 外的不静定問題の解法

図 **7.4** (a) に示すような単純はりに $3P$ の集中荷重を与えた場合，支点反力は図のように P と $2P$ になる．これは，見方を変えると図 **7.4** (b) のように，両端に荷重として P と $2P$ を与えれば，支点がなくてもはりを支えられることを意味している．不静定問題はこのような考え方を利用することにより解くことができる．

例として，図 **7.5** (a) のような1次不静定問題を解くことを考える．上の考え方を利用すれば，この1次不静定構造は，図 **7.5** (b) のように静定な片持はりに荷重 R が加わった問題と見ることができる．ただし，本来の点 B は支点であるので，片持はりに荷重 R を与えることによって，点 B の鉛直変位（たわみ）はゼロでなければならない．すなわち，点 B のたわみを v_B とすると，$v_B = 0$ という条件式が1つ加わったことになる．ここで未知変数と条件式の数を整理すると，未知変数は支点反力 H_A，V_A，M_A と荷重 R の計4つ，得られる条件式はつり合いの式が3つと $v_B = 0$ の計4つとなり，連立方程式を解くことができる．つまり，支点反力がすべて求まり，外的不静定問題が解けることになる．

図 **7.5** の例では，1次不静定構造を静定な片持はりに置き換えた．このように，不静定構造物から不静定次数に相当する拘束数を取り除いて得られる静定構造物を**静定基本系** (statically determinate primal structure) といい，支点の代わりに作用させた荷重 R を**不静定力** (redundant force) という．

つり合いを表す式は力とモーメントに関する式であり，構造物の変位・変形とは無関

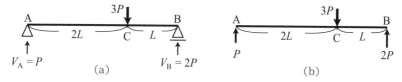

図 **7.4** 支点で支えられたはりと荷重で支えられたはり

---
[4] 不静定次数がゼロ未満となる構造を**不安定構造**といい，実際には存在しない構造である．

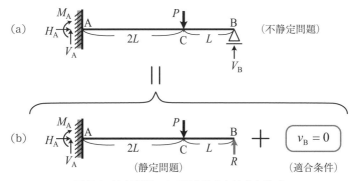

図 7.5 静定問題による置き換えと適合条件式

係に成り立つ条件式である．よって，つり合い条件のみで解析が可能な静定問題において支点反力を求めるのに，変位や変形を考える必要はない．一方，不静定問題を解く際に必要な $v_B = 0$ という条件式は，変位に関する式である．これを変位（変形）の**適合条件式**（compatibility condition）という．適合条件式は不静定力の大きさを規定する条件式となっている．たとえば，$v_B = 0$ という適合条件式は，不静定力 R の大きさがたわみ v_B をゼロにする大きさであることを示している．

以上のように，不静定問題を解くには力とモーメントのつり合いの式に加えて，変位や変形に関する適合条件式が必要になる．本章で扱う不静定問題の多くは不静定次数が 1 の 1 次不静定問題である[5]．不静定問題に対して，不静定力を作用させて適合条件式を解く主な方法として，**重ね合わせの原理に基づく解法**と**エネルギー原理に基づく解法**がある．

7.3.1 重ね合わせの原理に基づく解法

図 **7.6** の 1 次不静定構造を例に，重ね合わせの原理に基づく解法の考え方や手順について述べる．まず図 **7.6** に示すように，静定基本系として片持はりを考え，支点反力に相当する不静定力 R を点 B に作用させる．実際の点 B は支点であるので，適合条件式は $v_B = 0$ である．

重ね合わせの原理に基づく解法では，不静定構造を分布荷重 w が作用する静定問題と集中荷重（不静定力）R が作用する静定問題の重ね合わせと考える．分布荷重 w による点 B の鉛直変位（たわみ）を v_w，不静定力 R による点 B の鉛直変位（たわみ）を v_R とし，重ね合わせの原理[6]を利用して，$v_B = 0$，すなわち $v_w = v_R$ を解けばよい．

---
[5] 2 次以上の不静定問題の場合には，計算量が膨大になるため，8 章で述べる**マトリックス構造解析法**が一般に用いられる．
[6] 1.8 節の重ね合わせの原理を参照．

148   第7章　不静定構造の解法

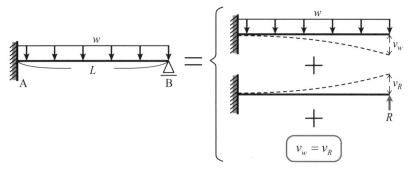

図 7.6　重ね合わせの原理と適合条件式

v_w と v_R はそれぞれ静定問題のたわみ計算により容易に求めることができる．たわみの計算には弾性曲線方程式（3章），カステリアノの定理（6章），単位荷重法（6章）のうち，どの方法を用いても構わない[7]．v_w と v_R がわかれば，適合条件式から点Bの支点反力に相当する不静定力 R が求まり，残りの支点反力は，力とモーメントのつり合い条件から求めることができる[8]．

例題 7.1　分布荷重が作用する1次不静定問題 (1)

長さ L の1次不静定はりの全域にわたって等分布荷重 w が作用している．w は単位長さあたりの荷重である．はりの曲げ剛性を一定とし，重ね合わせの原理に基づく解法を用いて，支点反力を求め，せん断力図と曲げモーメント図を描け．

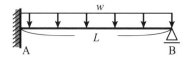

解答・解説

上で説明した問題を重ね合わせの原理に基づく解法で解く．片持はりを静定基本系とし，不静定構造を図 7.6 のように分布荷重が作用する片持はりの静定問題と集中荷重（不静定力）が作用する片持はりの静定問題に分解する．そして，点Bでのそれぞれのたわみ v_w と v_R を計算し，適合条件式 $v_B = 0$，すなわち $v_w = v_R$ を解けばよい．

重ね合わせの原理に基づく解法を適用する場合，図 7.6 のように，静定問題のたわみ

---
[7] 付録Bに示す弾性荷重法（モールの定理）を用いても構わない．
[8] たわみの計算方法として単位荷重法を採用し，不静定力の代わりに単位荷重を作用させ，単位荷重によるたわみと外力によるたわみを求めれば，不静定力を定める方程式を作ることができる．この式を**弾性方程式**という．

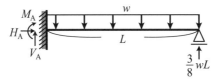

図 7.7

を 2 回計算することになる．たわみの計算には，3 章の弾性曲線方程式，6 章のカステリアノの定理または単位荷重法から，解きやすい方法を適用すればよい[9]．

まず v_w を求める．v_w は等分布荷重が作用する長さ L の片持はりの先端でのたわみであり，既に 2 回，例題 3.6 の式 (3.55) と例題 6.18 の式 (6.105) で求めている．

$$v_w = \frac{wL^4}{8EI} \tag{7.4}$$

次に v_R を求める．v_R は集中荷重が作用する長さ L の片持はりの先端でのたわみであり，既に 3 回，例題 3.4 の式 (3.32)，例題 6.5 の式 (6.47)，例題 6.14 の式 (6.91) で求めている．荷重の方向は逆ではあるが，たわみの大きさは同じである．

$$v_R = \frac{RL^3}{3EI} \tag{7.5}$$

適合条件式を解くことにより，不静定力 R は次のようになる．

$$v_B = 0 \quad \rightarrow \quad v_w = v_R \quad \rightarrow \quad \frac{wL^4}{8EI} = \frac{RL^3}{3EI} \quad \rightarrow \quad R = \frac{3}{8}wL \tag{7.6}$$

不静定力 R は不静定構造における点 B の支点反力に等しいので，これを図示すると図 7.7 のようになる．点 B の支点反力がわかったので，図 7.7 における残り 3 つの支点反力は力とモーメントのつり合いの 3 式から求めることができる．

$$H_A = 0, \quad V_A + \frac{3}{8}wL - wL = 0, \quad M_A + wL \cdot \frac{L}{2} - \frac{3}{8}wL \cdot L = 0 \tag{7.7}$$

これらを解くことにより，残りの支点反力は次のようになる．

$$H_A = 0, \quad V_A = \frac{5}{8}wL, \quad M_A = -\frac{1}{8}wL^2 \tag{7.8}$$

正の値になるよう結果を図示すると，図 7.8 のようになる．支点反力がわかれば断面力の分布を求めることができ，断面力図を描くことができる．図 7.8 に示すように，点 B から x 軸をとり，部材を仮想的に切断すると，位置 x におけるせん断力 $S(x)$ と曲げモーメント $M(x)$ は次式で表される．

---

[9] 一般には，適用性の観点からカステリアノの定理または単位荷重法が用いられる．

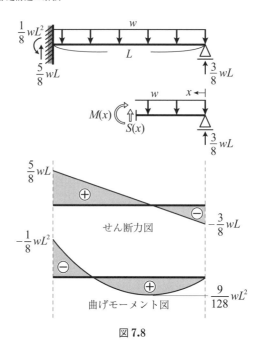

図7.8

$$S(x) = wx - \frac{3}{8}wL, \quad M(x) = -\frac{1}{2}wx^2 + \frac{3}{8}wLx = -\frac{1}{2}wx\left(x - \frac{3}{4}L\right) \quad (7.9)$$

せん断力 $S(x)$ と曲げモーメント $M(x)$ がゼロになる位置に注意して[10]せん断力図と曲げモーメント図を描くと，**図7.8**のようになる．このように，不静定問題は考え方さえ理解すれば，これまで勉強した方法を組み合わせるだけで解くことができる[11]．

上の解答例では，片持はりを静定基本系として点 B に不静定力 R を作用させ，$v_B = 0$ を適合条件式としたが，単純はりを静定基本系として点 A に不静定力としてモーメント荷重 M を反時計まわりに作用させ，$\theta_A = 0$ を適合条件式としても構わない．等分布荷重 w が作用する単純はりの支点におけるたわみ角 θ_w は**例題3.8**と**例題6.20**で求めており，$\theta_w = wL^3/24EI$ である．また，支点にモーメント荷重 M が作用する単純はりの支点におけるたわみ角 θ_M は**例題3.7**と**例題6.9**で求めており，$\theta_M = ML/3EI$ である．これらを用いて適合条件式を解くことにより，不静定力としてのモーメント荷重 M は次式となる．

---

[10] せん断力 $S(x)$ がゼロになる位置が曲げモーメントが最大になる位置であり，曲げモーメント $M(x)$ がゼロになる位置がたわみ曲線の変曲点になる．
[11] 解答を導く過程で曲げ剛性 EI を用いているが，支点反力や断面力の式に EI は含まれないので，問題では「曲げ剛性は一定である」という条件のみを与えている．以降の例題でも同様である．

$$\theta_A = 0 \quad \rightarrow \quad \theta_w = \theta_M \quad \rightarrow \quad \frac{wL^3}{24EI} = \frac{ML}{3EI} \quad \rightarrow \quad M = \frac{1}{8}wL^2 \quad (7.10)$$

適合条件式から求めた M は点 A のモーメント反力に等しく図 **7.8** の結果と一致する.

例題 7.2 分布荷重が作用する 1 次不静定問題 (2)

全長 L の 1 次不静定はりの全域にわたって等分布荷重 w が作用している. w は単位長さあたりの荷重である. はりの曲げ剛性を一定とし, 重ね合わせの原理に基づく解法を用いて, 支点反力を求め, せん断力図と曲げモーメント図を描け.

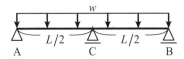

解答・解説

例題図のようなはりを連続はりという. 単純はりを静定基本系とし, 不静定構造を図 **7.9** に示すように, 分布荷重が作用する単純はりの静定問題と集中荷重 (不静定力) が作用する単純はりの静定問題に分解する. そして, 点 C でのそれぞれのたわみ v_w と v_R を計算し, 適合条件式 $v_C = 0$, すなわち $v_w = v_R$ を解けばよい. 前の例題と同様に v_w と v_R を求めることができれば, どのような手法を用いてもよい.

まず v_w を求める. v_w は等分布荷重が作用する長さ L の単純はりの中央でのたわみであり, 既に 2 回, **例題 3.8** の式 (3.73) と**例題 6.20** の式 (6.108) で求めている.

$$v_w = \frac{5wL^4}{384EI} \quad (7.11)$$

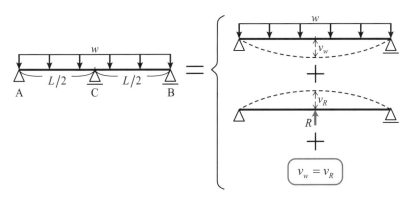

図 **7.9**

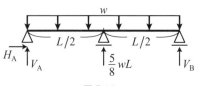

図 **7.10**

次に v_R を求める．v_R は集中荷重が作用する長さ L の単純はりの中央でのたわみで，例題 **3.10** の式 (3.93)，例題 **6.7** の式 (6.57)，例題 **6.16** の式 (6.96) で求めている．

$$v_R = \frac{RL^3}{48EI} \tag{7.12}$$

適合条件式を解くことにより，不静定力 R は次のようになる．

$$v_C = 0 \quad \rightarrow \quad v_w = v_R \quad \rightarrow \quad \frac{5wL^4}{384EI} = \frac{RL^3}{48EI} \quad \rightarrow \quad R = \frac{5}{8}wL \tag{7.13}$$

不静定力 R は不静定構造における点 C の支点反力に等しいので，これを図示すると図 **7.10** のようになる．点 C の支点反力がわかったので，図 **7.10** における残り 3 つの支点反力は，力とモーメントのつり合いの式から求めることができる．真面目につり合いの式を解いてもよいが，問題の対称性を利用した方が簡単に解ける．問題の対称性から明らかに $V_A = V_B$ であるので，鉛直方向の力のつり合いの式は次のようになる．

$$V_A + V_A + \frac{5}{8}wL - wL = 0 \tag{7.14}$$

よって点 A と点 B の支点反力は次式となり，結果を図示すると図 **7.11** のようになる．

$$H_A = 0, \quad V_A = V_B = \frac{3}{16}wL \tag{7.15}$$

次に，断面力の分布を求め，断面力図を描く．図 **7.11** に示すように，点 A から x 軸をとり AC 間で部材を仮想的に切断すると，点 A から位置 x におけるせん断力 $S(x)$ と曲げモーメント $M(x)$ は次式で表される．

$$S(x) = -wx + \frac{3}{16}wL, \quad M(x) = -\frac{1}{2}wx^2 + \frac{3}{16}wLx = -\frac{1}{2}wx\left(x - \frac{3}{8}L\right) \tag{7.16}$$

図 **7.11** に示すように，点 B から x 軸をとり BC 間で部材を仮想的に切断すると，点 B から位置 x におけるせん断力 $S(x)$ と曲げモーメント $M(x)$ は次式で表される．

$$S(x) = wx - \frac{3}{16}wL, \quad M(x) = -\frac{1}{2}wx^2 + \frac{3}{16}wLx = -\frac{1}{2}wx\left(x - \frac{3}{8}L\right) \tag{7.17}$$

せん断力と曲げモーメントがゼロになる位置に注意して，せん断力図と曲げモーメント

7.3 外的不静定問題の解法　153

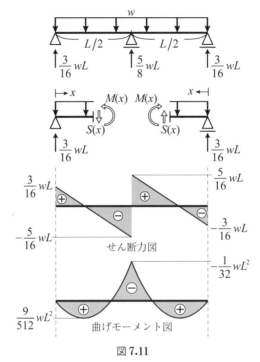

図 7.11

図を描くと図 **7.11** のようになる．

例題 7.3　集中荷重が作用する 1 次不静定問題

長さ $2L$ の 1 次不静定はりの点 C に集中荷重 P が作用している．はりの曲げ剛性を EI とし，以下の問に答えよ．

- 重ね合わせの原理に基づく解法を用いて，支点反力を求め，結果を図示せよ．
- せん断力図と曲げモーメント図を描け．
- 点 C のたわみ v_C を求めよ．

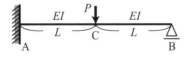

解答・解説

片持はりを静定基本系とし[12]，不静定構造を図 **7.12** のように集中荷重が作用する静

---
[12] 単純はりを静定基本系とし，不静定力として点 A にモーメント荷重を作用させても構わない．

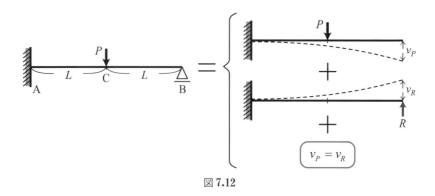

図 7.12

定問題と不静定力が作用する静定問題に分解する．そして，点 B でのそれぞれのたわみ v_P と v_R を計算し，適合条件式 $v_B = 0$，すなわち $v_P = v_R$ を解けばよい．v_P と v_R を求められる方法であれば，どの方法を用いてもよい．

まず v_P を求める．変数名は異なるが，v_P は単位荷重法を用いた**例題 6.23** の式 (6.127) で 1 回求めている．

$$v_P = \frac{5PL^3}{6EI} \tag{7.18}$$

次に v_R を求める．どの方法でもよいが，ここではカステリアノの定理を適用する．点 B から x 軸を定義すると，集中荷重 R により部材に生じる曲げモーメント分布は $M(x) = Rx$ となる．カステリアノの定理（解法 1）を用いて，v_R は次のようになる．

$$U_R = \int_0^{2L} \frac{M(x)^2}{2EI} dx = \int_0^{2L} \frac{(Rx)^2}{2EI} dx = \frac{8R^2 L^3}{6EI} \quad \rightarrow \quad v_R = \frac{\partial U}{\partial R} = \frac{8RL^3}{3EI} \tag{7.19}$$

適合条件式を解くことにより，不静定力 R は次のようになる．

$$v_B = 0 \quad \rightarrow \quad v_P = v_R \quad \rightarrow \quad \frac{5PL^3}{6EI} = \frac{8RL^3}{3EI} \quad \rightarrow \quad R = \frac{5}{16}P \tag{7.20}$$

不静定力 R は不静定構造における点 B の支点反力に等しい．これを図示すると**図 7.13** のようになる．点 B の支点反力がわかったので，残り 3 つの支点反力は力とモーメントのつり合いの式から求めることができる．水平方向と鉛直方向の力のつり合い，および点 A におけるモーメントのつり合いの式は次のようになる．

$$H_A = 0, \quad V_A + \frac{5}{16}P - P = 0, \quad M_A + P \cdot L - \frac{5}{16}P \cdot 2L = 0 \tag{7.21}$$

これらを解くことにより残りの支点反力は次のようになり，結果を図示すると**図 7.14** のようになる．

7.3 外的不静定問題の解法 155

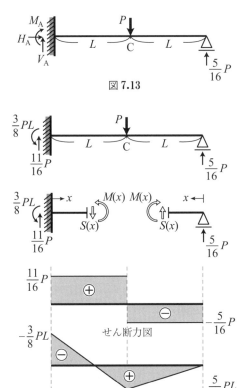

図 7.14

$$H_A = 0, \quad V_A = \frac{11}{16}P, \quad M_A = -\frac{3}{8}PL \tag{7.22}$$

断面力の分布を求め，断面力図を描く．図 7.14 に示すように AC 間と BC 間で部材を仮想的に切断して，断面力の分布を求める．AC 間について点 A から x 軸をとると，点 A から位置 x におけるせん断力 $S(x)$ と曲げモーメント $M(x)$ は次式で表される．

$$S(x) = \frac{11}{16}P, \quad M(x) = \frac{11}{16}Px - \frac{3}{8}PL \tag{7.23}$$

BC 間について点 B から x 軸をとると，点 B から位置 x におけるせん断力 $S(x)$ と曲げモーメント $M(x)$ は次式で表される．

$$S(x) = -\frac{5}{16}P, \quad M(x) = \frac{5}{16}Px \tag{7.24}$$

せん断力と曲げモーメントがゼロになる位置に注意して，せん断力図と曲げモーメント図を描くと図 7.14 のようになる．

156   第 7 章 不静定構造の解法

点 C のたわみ v_C を求める．部材内部の曲げモーメント分布は式 (7.23) と式 (7.24) で表されるので，部材全体に蓄えられるひずみエネルギー U_P は次のようになる．

$$U_P = \int_0^L \frac{1}{2EI}\left(\frac{11}{16}Px - \frac{3}{8}PL\right)^2 dx + \int_0^L \frac{1}{2EI}\left(\frac{5}{16}Px\right)^2 dx = \frac{7P^2L^3}{192EI} \tag{7.25}$$

カステリアノの定理（解法 1）より，点 C のたわみ v_C は次式となる．

$$v_C = \frac{\partial U_P}{\partial P} = \frac{7PL^3}{96EI} \tag{7.26}$$

7.3.2 エネルギー原理に基づく解法

最小仕事の原理（principle of least work）とは「つり合い状態にある構造物のひずみエネルギーを不静定力の関数として表した場合に，この不静定力はひずみエネルギーを最小にするように働く」という原理である．荷重と不静定力 R が作用する構造物のひずみエネルギーを U とすると，ひずみエネルギーは非負の関数であるので，次式が成り立つことを最小仕事の原理という．

$$\frac{\partial U}{\partial R} = 0 \tag{7.27}$$

図 7.15 (a) に示すように，支点反力の代わりに作用させる不静定力を R とすると，最小仕事の原理 (7.27) によって求まる不静定力 R が点 B の支点反力となる．

別の見方をすると，式 (7.27) における $\partial U/\partial R$ はひずみエネルギーを集中荷重で偏微分しているので，カステリアノの定理から $\partial U/\partial R$ は R が作用する点での R 方向の変位が求まることになる．つまり，式 (7.27) はひずみエネルギー U の極小値[13]を表す式であると同時に，次式に示すように不静定力 R によって生じる変位 v_B がゼロであることを示すカステリアノの定理と同一である．

$$\frac{\partial U}{\partial R} = v_B = 0 \tag{7.28}$$

$v_B = 0$ であることは点 B が支点であることと同じなので，**図 7.15** に示すように，最小仕事の原理 (7.27) から求まる不静定力 R は点 B の支点反力になって当然である．

一方，**図 7.15** (b) に示すような 1 次の不静定問題を解くには，片持はりを静定基本系とし，支点に代わる不静定力を点 B に作用させる．つまり，**図 7.15** (b) を (a) のように変換して考えて，$v_B = 0$ の適合条件式を解けばよい．ひずみエネルギーを U とし

---

[13]

$$\frac{\partial^2 U}{\partial R^2} = \int_L \frac{1}{EA}\left(\frac{\partial N}{\partial R}\right)^2 dx + \int_L \frac{1}{EI}\left(\frac{\partial M}{\partial R}\right)^2 dx + \int_L \frac{\kappa}{GA}\left(\frac{\partial S}{\partial R}\right)^2 dx > 0$$

となることから，極小となることがわかる．

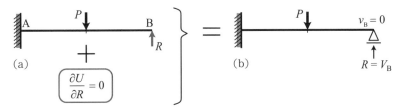

図 7.15 エネルギー原理（最小仕事の原理）に基づく不静定問題の考え方

て，これをカステリアノの定理（解法 1）で表すと，

$$v_\mathrm{B} = \frac{\partial U}{\partial R} = 0 \tag{7.29}$$

となり，最小仕事の原理を表した式 (7.27) と等価であることがわかる．式 (7.29) はカステリアノの定理（解法 1）により表されているが，たわみ v_B を求められるのであれば，カステリアノの定理（解法 2），あるいは単位荷重法を適用しても構わない[14]．

図 7.15 を例に，考え方と手順を説明する．まず静定基本系を定義し，支点の代わりに不静定力を作用させる．そして，エネルギー法（カステリアノの定理，単位荷重法）を用いて，不静定力が作用する点 B の変位 v_B を求める式をたてる．点 B は実際は支点であるので，$v_\mathrm{B} = 0$ を解けば不静定力 R を求めることができる．不静定力 R は点 B の支点反力であるので，R が求まれば，残りの支点反力は力とモーメントのつり合い条件から求めることができる．

例題 7.4 分布荷重が作用する 1 次不静定問題 (3)

長さ L の 1 次不静定はりの全域にわたって等分布荷重 w が作用している．w は単位長さあたりの荷重である．はりの曲げ剛性を一定とし，エネルギー原理に基づく解法を用いて，すべての支点反力を求めよ．

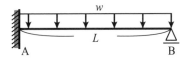

解答・解説

この問題は重ね合わせの原理に基づく解法で解いた**例題 7.1** と同様である．**図 7.16** に示すように，片持はりを静定基本系とし，点 B に不静定力 R を作用させる．点 B の

---
[14] 一般には**最小仕事の原理**による**解法**と呼ばれることが多いが，結局はエネルギー原理に基づく解法（エネルギー法）はすべて適用できる．

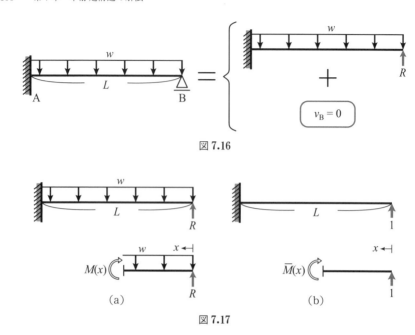

図 7.16

図 7.17

鉛直変位（たわみ）を v_B とすると，適合条件式は $v_B = 0$ である．重ね合わせの原理に基づく解法との違いは不静定力 R の求め方のみであり，R を求めた後の計算は同様である．したがって，以下では不静定力 R の計算例のみを示す．

はじめに，カステリアノの定理（解法 1）を用いて v_B を求める．図 7.17 (a) に示すように点 B から x 軸をとり，部材を仮想的に切断すると，位置 x における曲げモーメント分布 $M(x)$ は次式で表される．

$$M(x) = Rx - \frac{w}{2}x^2 \tag{7.30}$$

ひずみエネルギー U を計算すると次のようになる．

$$U = \int_0^L \frac{M(x)^2}{2EI} dx = \int_0^L \frac{1}{2EI}\left(Rx - \frac{w}{2}x^2\right)^2 dx = \frac{R^2 L^3}{6EI} - \frac{wRL^4}{8EI} + \frac{w^2 L^5}{40EI} \tag{7.31}$$

カステリアノの定理（解法 1）より，適合条件式は次のようになる．

$$v_B = \frac{\partial U}{\partial R} = \frac{RL^3}{3EI} - \frac{wL^4}{8EI} = 0 \tag{7.32}$$

適合条件式を解くと，不静定力 R は次のようになり，重ね合わせの原理に基づく解法で解いた式 (7.6) と一致していることがわかる．

$$R = \frac{3}{8}wL \tag{7.33}$$

カステリアノの定理（解法 2）を用いて次のように計算することもできる．図 **7.17** (a) より，位置 x における曲げモーメント分布 $M(x)$ とその偏微分は次式で表される．

$$M(x) = Rx - \frac{w}{2}x^2, \quad \frac{\partial M(x)}{\partial R} = x \tag{7.34}$$

カステリアノの定理（解法 2）より，適合条件式は次のようになる．

$$v_{\mathrm{B}} = \frac{\partial U}{\partial R} = \int_0^L \frac{\partial}{\partial R}\left(\frac{M(x)^2}{2EI}\right)dx = \int_0^L \frac{M(x)}{EI}\frac{\partial M(x)}{\partial R}dx = 0 \tag{7.35}$$

これを解くと，次のように，上で求めた式 (7.33) と一致する．

$$\int_0^L \frac{1}{EI}\left(Rx - \frac{w}{2}x^2\right)x\,dx = \frac{RL^3}{3EI} - \frac{wL^4}{8EI} = 0 \quad \rightarrow \quad R = \frac{3}{8}wL \tag{7.36}$$

次に，単位荷重法を用いた計算例を示す．単位荷重法を用いて v_{B} を求め，適合条件式 $v_{\mathrm{B}} = 0$ を解けばよい．**図 7.17** に示すように，点 B から x 軸をとり，部材を仮想的に切断すると，位置 x における曲げモーメント分布 $M(x)$ と $\bar{M}(x)$ は次式で表される．

$$M(x) = Rx - \frac{w}{2}x^2, \quad \bar{M}(x) = x \tag{7.37}$$

単位荷重法より，v_{B} は次のようになる．

$$1 \cdot v_{\mathrm{B}} = \int_0^L \frac{M(x)\bar{M}(x)}{EI}dx = \int_0^L \frac{1}{EI}\left(Rx - \frac{w}{2}x^2\right)x\,dx = \frac{RL^3}{3EI} - \frac{wL^4}{8EI} \tag{7.38}$$

適合条件式 $v_{\mathrm{B}} = 0$ を解くと，不静定力 R は次のようになり，カステリアノの定理を用いて求めた式 (7.33), (7.36) と一致していることがわかる．

$$v_{\mathrm{B}} = \frac{RL^3}{3EI} - \frac{wL^4}{8EI} = 0 \quad \rightarrow \quad R = \frac{3}{8}wL \tag{7.39}$$

式 (7.34) と式 (7.37)，および式 (7.36) と式 (7.38) を見てわかるように，カステリアノの定理（解法 2）と単位荷重法は同じ計算をしていることになる[15].

---

[15] 単位荷重法を適用する場合，単位荷重を作用させる問題を別途考えないといけないので，その必要がないカステリアノの定理（解法 2）を適用するのが最も効率の良い解き方といえる．なお，最も基本的な解き方は最小仕事の原理と等価なカステリアノの定理（解法 1）を適用する方法である．

例題 7.5　分布荷重が作用する 1 次不静定問題 (4)

全長 L の 1 次不静定はり（連続はり）の全域にわたって等分布荷重 w が作用している．w は単位長さあたりの荷重である．はりの曲げ剛性を一定とし，エネルギー原理に基づく解法を用いて，すべての支点反力を求めよ．

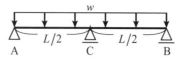

解答・解説

この問題も重ね合わせの原理に基づく解法で解いた例題と同様であるので，不静定力 R の計算例のみを示す．図 7.18 に示すように単純はりを静定基本系とし，点 C に不静定力 R を作用させる．点 C の鉛直変位（たわみ）を v_C とすると，適合条件式は $v_C = 0$ である．また，曲げモーメント分布を求めるには支点反力が必要である．不静定力 R を集中荷重と考えて支点反力を求めると，図 7.19 のようになる．

はじめに，カステリアノの定理（解法 1）を用いて v_C を求める．図 7.20 (a) に示すように，点 A から x 軸をとり，部材を仮想的に切断すると，位置 x における曲げモーメント分布 $M(x)$ は次式で表される．

$$M(x) = \frac{wL}{2}x - \frac{R}{2}x - \frac{w}{2}x^2 \tag{7.40}$$

問題の対称性を利用して，ひずみエネルギー U を計算すると次のようになる．

$$\begin{aligned}
U &= 2 \times \int_0^{L/2} \frac{M(x)^2}{2EI} dx = \int_0^{L/2} \frac{1}{EI}\left(\frac{wL}{2}x - \frac{R}{2}x - \frac{w}{2}x^2\right)^2 dx \\
&= \frac{w^2 L^5}{160EI} + \frac{R^2 L^3}{96EI} - \frac{5wRL^4}{384EI}
\end{aligned} \tag{7.41}$$

カステリアノの定理（解法 1）より，適合条件式は次のようになる．

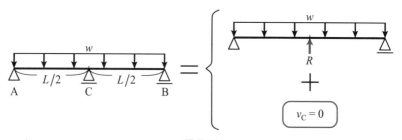

図 7.18

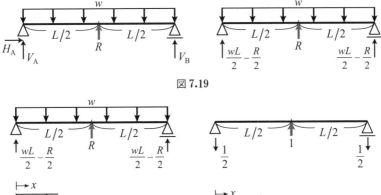

図 7.19

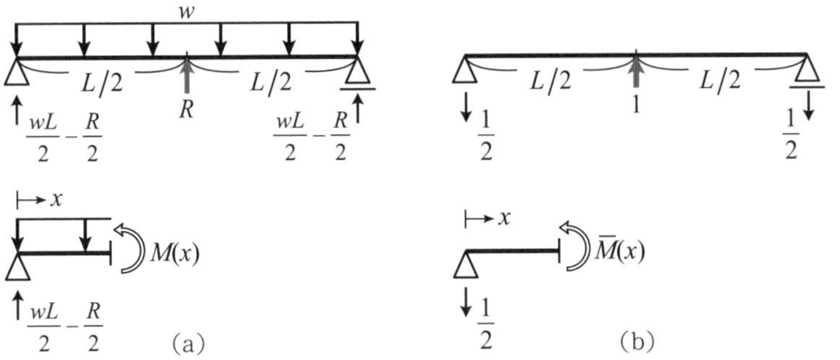

図 7.20

$$v_C = \frac{\partial U}{\partial R} = \frac{RL^3}{48EI} - \frac{5wL^4}{384EI} = 0 \tag{7.42}$$

適合条件式を解くと不静定力 R は次のようになり，重ね合わせの原理に基づく解法で求めた式 (7.13) と一致していることがわかる．

$$R = \frac{5}{8}wL \tag{7.43}$$

カステリアノの定理（解法 2）を用いて，次のように計算することもできる．図 **7.20** (a) より，位置 x における曲げモーメント分布 $M(x)$ とその偏微分は次式で表される．

$$M(x) = \frac{wL}{2}x - \frac{R}{2}x - \frac{w}{2}x^2, \quad \frac{\partial M(x)}{\partial R} = -\frac{1}{2}x \tag{7.44}$$

カステリアノの定理（解法 2）より，適合条件式は次のようになる．

$$v_C = \frac{\partial U}{\partial R} = 2 \times \int_0^{L/2} \frac{\partial}{\partial R}\left(\frac{M(x)^2}{2EI}\right)dx = 2 \times \int_0^{L/2} \frac{M(x)}{EI}\frac{\partial M(x)}{\partial R}dx = 0 \tag{7.45}$$

これを解くと，次のようになり，上で求めた式 (7.43) と一致する．

$$v_C = 2 \times \int_0^{L/2} \frac{1}{EI}\left(\frac{wL}{2}x - \frac{R}{2}x - \frac{w}{2}x^2\right)\left(-\frac{1}{2}x\right) dx = 0 \tag{7.46}$$

$$-\frac{wL^4}{48EI} + \frac{RL^3}{48EI} + \frac{wL^4}{128EI} = 0 \quad \rightarrow \quad R = \frac{5}{8}wL \tag{7.47}$$

次に，単位荷重法を用いた計算例を示す．単位荷重法を用いて v_C を求め，適合条件式 $v_C = 0$ を解けばよい．図 **7.20** (a), (b) に示すように，点 A から x 軸をとり，部材を仮想的に切断すると，位置 x における曲げモーメント分布 $M(x)$ と $\bar{M}(x)$ は次式で表される．

$$M(x) = \frac{wL}{2}x - \frac{R}{2}x - \frac{w}{2}x^2, \quad \bar{M}(x) = -\frac{1}{2}x \tag{7.48}$$

単位荷重法より，v_C は次のようになる．

$$1 \cdot v_C = 2 \times \int_0^{L/2} \frac{M(x)\bar{M}(x)}{EI} dx = \int_0^L \frac{1}{EI}\left(\frac{wL}{2}x - \frac{R}{2}x - \frac{w}{2}x^2\right)\left(-\frac{1}{2}x\right) dx$$
$$= -\frac{wL^4}{48EI} + \frac{RL^3}{48EI} + \frac{wL^4}{128EI} \tag{7.49}$$

適合条件式 $v_C = 0$ を解くと不静定力 R は次のようになり，カステリアノの定理を用いて解いた式 (7.43), (7.47) と一致していることがわかる．

$$v_C = -\frac{wL^4}{48EI} + \frac{RL^3}{48EI} + \frac{wL^4}{128EI} = 0 \quad \rightarrow \quad R = \frac{5}{8}wL \tag{7.50}$$

例題 7.6　分布荷重が作用する 1 次不静定問題 (5)

全長 $2L$ の 1 次不静定はり（連続はり）の AC 間に等分布荷重 w が作用している．w は単位長さあたりの荷重である．はりの曲げ剛性を一定とし，エネルギー原理に基づく解法を用いて，すべての支点反力を求めよ．

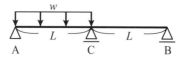

解答・解説

図 **7.21** に示すように単純はりを静定基本系とし，点 C に不静定力 R を作用させる．点 C の鉛直変位（たわみ）を v_C とすると，適合条件式は $v_C = 0$ である．以下では，カステリアノの定理（解法 2）を適用して解くこととする．

まず，図 **7.22** (a) に示すように不静定力 R を作用させた状態で，静定基本系におけ

7.3 外的不静定問題の解法   163

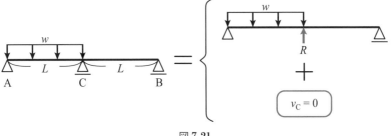

図 7.21

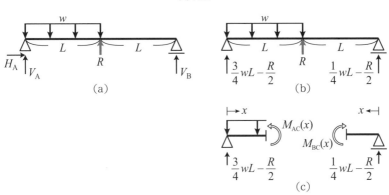

図 7.22

る支点反力を求める．水平方向と鉛直方向の力のつり合い，点 A におけるモーメントのつり合いは次式で表される．

$$H_A = 0, \quad V_A + V_B + R - wL = 0, \quad RL + 2V_B L - \frac{1}{2}wL^2 = 0 \quad (7.51)$$

3 式より，静定基本系における支点反力を図示すると，図 7.22 (b) のようになる．

図 7.22 (c) に示すように AC 間と BC 間に場合分けし，AC 間については点 A から，BC 間については点 B から x 軸をとる．AC 間で部材を仮想的に切断すると，点 A から位置 x における曲げモーメント $M_{AC}(x)$ と R による偏微分は次式で表される．

$$M_{AC}(x) = \left(\frac{3wL}{4} - \frac{R}{2}\right)x - \frac{w}{2}x^2, \quad \frac{\partial M_{AC}(x)}{\partial R} = -\frac{1}{2}x \quad (7.52)$$

BC 間で部材を仮想的に切断すると，点 B から位置 x における曲げモーメント $M_{BC}(x)$ と R による偏微分は次式で表される．

$$M_{BC}(x) = \left(\frac{wL}{4} - \frac{R}{2}\right)x, \quad \frac{\partial M_{BC}(x)}{\partial R} = -\frac{1}{2}x \quad (7.53)$$

カスティリアノの定理（解法 2）より，v_C は次のようになる．

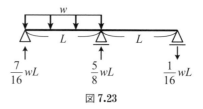

図 7.23

$$v_\text{C} = \frac{\partial U}{\partial R} = \int_0^L \frac{M_\text{AC}(x)}{EI}\frac{\partial M_\text{AC}(x)}{\partial R}dx + \int_0^L \frac{M_\text{BC}(x)}{EI}\frac{\partial M_\text{BC}(x)}{\partial R}dx$$
$$= \int_0^L \frac{1}{EI}\left(\frac{3wL}{4}x - \frac{R}{2}x - \frac{w}{2}x^2\right)\left(-\frac{1}{2}x\right)dx$$
$$+ \int_0^L \frac{1}{EI}\left(\frac{wL}{4}x - \frac{R}{2}x\right)\left(-\frac{1}{2}x\right)dx$$
$$= \frac{RL^3}{6EI} - \frac{5wL^4}{48EI} \tag{7.54}$$

適合条件式 $v_\text{C} = 0$ を解くと，不静定力 R は次のようになる．

$$v_\text{C} = \frac{RL^3}{6EI} - \frac{5wL^4}{48EI} = 0 \quad \rightarrow \quad R = \frac{5}{8}wL \tag{7.55}$$

これを図 7.22 (b) の R に戻せば，不静定構造における支点反力は次のようになる．

$$H_\text{A} = 0, \quad V_\text{A} = \frac{7}{16}wL, \quad V_\text{B} = -\frac{1}{16}wL \tag{7.56}$$

V_B の向きに注意して正の値になるよう結果を図示すると，図 7.23 のようになる．

7.3.3 高次の外的不静定問題

本節では，不静定次数が 2 以上となる高次の外的不静定問題を対象とする．1 次不静定問題では静定基本系に不静定力を 1 つ作用させ，変位・変形に関する適合条件式を 1 つ導出した．2 次以上の不静定問題では，不静定次数の次数分だけ不静定力を作用させ，それと同数の適合条件式を導出することになる．たとえば 2 次不静定問題であれば，静定基本系に不静定力を 2 つ作用させ，適合条件式を 2 つ導けばよい[16]．

ただし，構造や境界条件に対称性がある場合は不静定力の数を減らすことができ，適合条件式の数も減らすことができる．また，1 次の不静定問題では理解の助けとして静定基本系を設定したが，高次の不静定問題では静定基本系の設定に固執するとかえって問題がわかりにくくなることがある．その場合は静定基本系を設定せずに，不静定力の

---

[16] 高次の不静定問題の解法として，最近ではコンピュータの利用を前提として 8 章で述べる**マトリクス構造解析法**が一般に用いられる．その他に，コンピュータを用いなくてもよい方法として，3 連モーメント法やたわみ角法という解法もある．

みを考えて適合条件式を導出すればよい[17].

1次不静定問題の解法として重ね合わせの原理に基づく解法とエネルギー原理に基づく解法を示したが，2次以上の不静定問題ではエネルギー原理を利用して解くことが多い．以下では具体的な例題を対象に，高次の外的不静定問題の計算例について示す．

例題 7.7 集中荷重を受ける両端固定はりの 3 次不静定問題 (1)

全長 $2L$ の両端固定はりの中央点 C に集中荷重 P が作用している．はりの曲げ剛性 EI を一定とし，すべての支点反力と点 C の鉛直変位 v_C を求めよ．

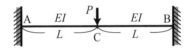

解答・解説

この両端固定はりの不静定次数は 3 であり，図 **7.24** (a) に示すように支点反力は全部で 6 つとなる．定義にしたがえば不静定力の数は 3 つになる．しかし，問題の対称性から次の関係があることは明らかである．

$$H_A = H_B = 0, \quad V_A = V_B = \frac{1}{2}P, \quad M_A = M_B \tag{7.57}$$

したがって，未知の支点反力は固定端における曲げモーメントのみとなるので，図 **7.24** (b) に示すように $M = M_A = M_B$ を不静定力（不静定モーメント）とし，支点における適合条件式を考えればよい[18]．点 A と点 B ともに固定端なので，不静定モーメント M によって，点 A と点 B のたわみ角がゼロになる必要がある．すなわち，$\theta_A = \theta_B = 0$ が適合条件式となる．対称な問題であるので，$\theta_A = 0$ のみを求めればよい．

カステリアノの定理（解法 1）を用いて θ_A を求める．図 **7.25** (a) に示すように点 A から x 軸をとると，位置 x における曲げモーメント分布 $M(x)$ は次式で表される．

$$M(x) = M + \frac{P}{2}x \tag{7.58}$$

問題の対称性を利用して，ひずみエネルギー U は次のようになる．

$$U = 2 \times \int_0^L \frac{M(x)^2}{2EI}dx = \int_0^L \frac{1}{EI}\left(M + \frac{P}{2}x\right)^2 dx = \frac{M^2 L}{EI} + \frac{PML^2}{2EI} + \frac{P^2 L^3}{12EI} \tag{7.59}$$

---

[17] 高次の外的不静定構造に対しては，問題によって解き方を変えたり，工夫したりする必要がある．
[18] 単純はりや片持はりを静定基本系として考えても構わない．

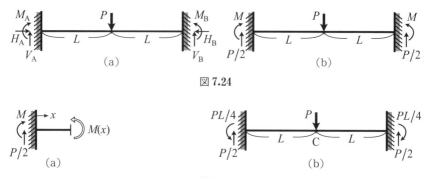

図 7.24

図 7.25

カステリアノの定理（解法 1）より適合条件式を解くと，不静定モーメント M は次のようになる．

$$\theta_A = \frac{\partial U}{\partial M} = \frac{2ML}{EI} + \frac{PL^2}{2EI} = 0 \quad \rightarrow \quad M = -\frac{PL}{4} \tag{7.60}$$

M の向きに注意してこの問題の支点反力を図示すると，図 7.25 (b) のようになる．

点 C の鉛直変位 v_C を求める．不静定モーメント $M = -PL/4$ をひずみエネルギーの式 (7.59) に戻すと，ひずみエネルギー U は次のようになる．

$$U = \frac{L}{EI}\left(-\frac{PL}{4}\right)^2 + \frac{PL^2}{2EI}\left(-\frac{PL}{4}\right) + \frac{P^2L^3}{12EI} = \frac{P^2L^3}{48EI} \tag{7.61}$$

カステリアノの定理（解法 1）より，点 C の鉛直変位 v_C は次のようになる．

$$v_C = \frac{\partial U}{\partial P} = \frac{PL^3}{24EI} \tag{7.62}$$

例題 7.8　集中荷重を受ける両端固定はりの 3 次不静定問題 (2)

全長 $3L$ の両端固定はりの点 C に集中荷重 P が作用している．はりの曲げ剛性を一定とし，すべての支点反力を求め，せん断力図と曲げモーメント図を描け．

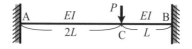

解答・解説

エネルギー原理に基づく解法を用いて，集中荷重の載荷位置が中央でない両端固定はりの不静定問題を解く．前の例題と同様，この問題の不静定次数は 3 であり，図 **7.26** (a) に示すように支点反力は 6 つとなる．定義にしたがえば不静定力の数は 3 とな

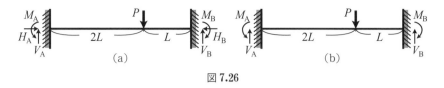

図 7.26

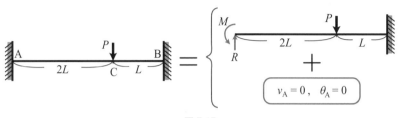

図 7.27

るが,水平方向には荷重が作用しない問題であるので,水平方向の支点反力はゼロとなり,未知の支点反力は図 **7.26** (b) のようになる.

点 B を固定端とする片持はりを静定基本系とし,点 A から点 B に向けて x 軸を設ければ,点 B の支点反力を考えずに計算を進めることができる.すなわち,図 **7.27** のように片持はりの先端 A に不静定力 R と不静定モーメント M を作用させて[19],点 A での適合条件式を考えればよい.点 A は固定端であるので,R と M によって,点 A の鉛直変位とたわみ角がゼロでないといけない.すなわち,$v_A = 0$ と $\theta_A = 0$ が適合条件式となる.

カステリアノの定理(解法 2)を用いて v_A と θ_A を求める.はり全体を AC 間と BC 間に場合分けし,図 **7.28** (a) のように AC 間は点 A から,図 **7.28** (b) のように BC 間は点 C から x 軸をとる.AC 間で部材を仮想的に切断すると,点 A から位置 x における曲げモーメント $M_{AC}(x)$ と不静定力による偏微分は次式で表される.

$$M_{AC}(x) = Rx - M, \quad \frac{\partial M_{AC}(x)}{\partial R} = x, \quad \frac{\partial M_{AC}(x)}{\partial M} = -1 \quad (7.63)$$

BC 間で部材を仮想的に切断すると,点 C から位置 x における曲げモーメント $M_{BC}(x)$ と不静定力による偏微分は次式で表される.

$$M_{BC}(x) = R(2L + x) - Px - M, \quad \frac{\partial M_{BC}(x)}{\partial R} = x + 2L, \quad \frac{\partial M_{BC}(x)}{\partial M} = -1 \quad (7.64)$$

積分区間に注意して,カステリアノの定理(解法 2)より点 A のたわみ v_A は次のよう

---

[19] 力とモーメントを区別するために,R を不静定力,M を不静定モーメントとしている.総称は不静定力である.

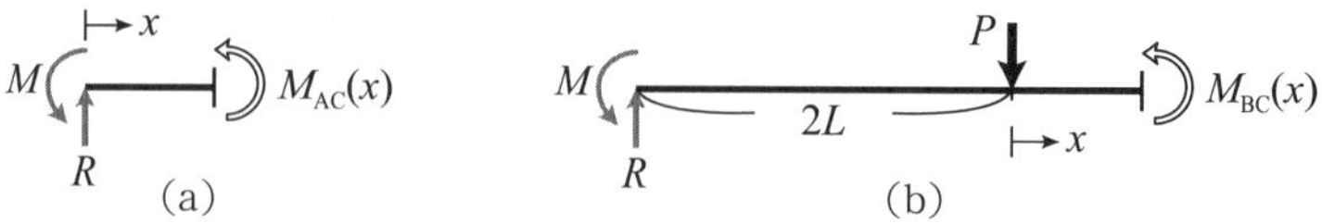

168　第7章　不静定構造の解法

図 7.28

になる.

$$
\begin{aligned}
v_{\mathrm{A}} &= \frac{\partial U}{\partial R} = \int_0^{2L} \frac{M_{\mathrm{AC}}(x)}{EI}\frac{\partial M_{\mathrm{AC}}(x)}{\partial R}dx + \int_0^L \frac{M_{\mathrm{BC}}(x)}{EI}\frac{\partial M_{\mathrm{BC}}(x)}{\partial R}dx \\
&= \int_0^{2L} \frac{(Rx - M)x}{EI}dx + \int_0^L \frac{(Rx - Px + 2RL - M)(x + 2L)}{EI}dx \\
&= \frac{9RL^3}{EI} - \frac{9ML^2}{2EI} - \frac{4PL^3}{3EI}
\end{aligned}
\tag{7.65}
$$

カステリアノの定理（解法 2）より，点 A のたわみ角 θ_{A} は次のようになる.

$$
\begin{aligned}
\theta_{\mathrm{A}} &= \frac{\partial U}{\partial M} = \int_0^{2L} \frac{M_{\mathrm{AC}}(x)}{EI}\frac{\partial M_{\mathrm{AC}}(x)}{\partial M}dx + \int_0^L \frac{M_{\mathrm{BC}}(x)}{EI}\frac{\partial M_{\mathrm{BC}}(x)}{\partial M}dx \\
&= \int_0^{2L} \frac{(Rx - M)(-1)}{EI}dx + \int_0^L \frac{(Rx - Px + 2RL - M)(-1)}{EI}dx \\
&= -\frac{9RL^2}{2EI} + \frac{3ML}{EI} + \frac{PL^2}{2EI}
\end{aligned}
\tag{7.66}
$$

適合条件式より，R と M に関する次の連立方程式が得られる.

$$
\begin{cases} v_{\mathrm{A}} = 0 \\ \theta_{\mathrm{A}} = 0 \end{cases}
\quad \rightarrow \quad
\begin{cases} \dfrac{9RL^3}{EI} - \dfrac{9ML^2}{2EI} - \dfrac{4PL^3}{3EI} = 0 \\[2mm] -\dfrac{9RL^2}{2EI} + \dfrac{3ML}{EI} + \dfrac{PL^2}{2EI} = 0 \end{cases}
\tag{7.67}
$$

この連立方程式を解くと，不静定力 R と不静定モーメント M は次のようになる.

$$
R = \frac{7}{27}P, \quad M = \frac{2}{9}PL
\tag{7.68}
$$

よって，この問題の支点反力を図示すると，図 **7.29** のようになる.

　この不静定構造のせん断力図と曲げモーメント図を描く. 支点反力がすべて求まったので，図 **7.29** に示すように AC 間と BC 間で部材を仮想的に切断して，せん断力分布と曲げモーメント分布を求めればよい. AC 間において，点 A から x 軸をとると，点 A から位置 x におけるせん断力 $S(x)$ と曲げモーメント $M(x)$ は次式で表される.

$$
S(x) = \frac{7}{27}P, \quad M(x) = \frac{7}{27}Px - \frac{2}{9}PL
\tag{7.69}
$$

BC 間において点 B から x 軸をとると，点 B から位置 x におけるせん断力 $S(x)$ と曲げモーメント $M(x)$ は次式で表される.

7.3 外的不静定問題の解法

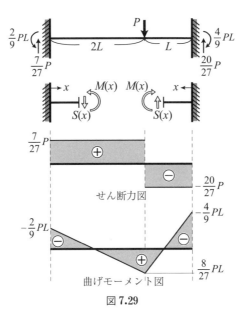

図 7.29

$$S(x) = -\frac{20}{27}P, \quad M(x) = \frac{20}{27}Px - \frac{4}{9}PL \tag{7.70}$$

はりの引張側に曲げモーメント図を描くことに注意して，せん断力図と曲げモーメント図を描くと，図 7.29 のようになる．

例題 7.9　分布荷重が作用する 3 次不静定ラーメン

不静定ラーメンの BC 間に等分布荷重 w が作用している．w は単位長さあたりの荷重である．すべての支点反力を求め，断面力図を描け．曲げ剛性を一定とし，曲げの影響のみを考慮することとする．

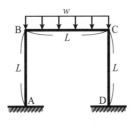

170   第7章 不静定構造の解法

解答・解説

はじめに,エネルギー原理に基づく解法を用いて支点反力を求める.図 **7.30** (a) に示すように支点反力は全部で6つあるが,問題の対称性から次のような関係がある.

$$H_A = H_D, \quad V_A = V_D = \frac{wL}{2}, \quad M_A = M_D \tag{7.71}$$

したがって,図 **7.30** (b) に示すように,H を不静定力,M を不静定モーメントとすればよい.H と M は点 A と点 D が固定端となるように作用するので,H と M が作用することによって,点 A と点 D の水平変位とたわみ角がゼロでなければいけない.すなわち,適合条件式は $u_A = u_D = 0$ と $\theta_A = \theta_D = 0$ となる.

カステリアノの定理(解法 2)を用いて,点 A における水平変位 u_A とたわみ角 θ_A を求める.図 **7.31** に示すように,対称性を考慮して AB 間と BC 間について考え,AB 間については点 A から,BC 間については点 B から x 軸をとる.AB 間で部材を仮想的に切断すると,点 A から位置 x における曲げモーメント $M_{AB}(x)$ と不静定力による偏微分は次式で表される.

$$M_{AB}(x) = M - Hx, \quad \frac{\partial M_{AB}(x)}{\partial H} = -x, \quad \frac{\partial M_{AB}(x)}{\partial M} = 1 \tag{7.72}$$

BC 間で部材を仮想的に切断すると,点 B から位置 x における曲げモーメント $M_{BC}(x)$ と不静定力による偏微分は次式で表される.

$$M_{BC}(x) = M - HL + \frac{wL}{2}x - \frac{w}{2}x^2, \quad \frac{\partial M_{BC}(x)}{\partial H} = -L, \quad \frac{\partial M_{BC}(x)}{\partial M} = 1 \tag{7.73}$$

CD 間は AB 間と同様である.対称性を考慮して,カステリアノの定理(解法 2)より点 A での水平変位 u_A は次のようになる.

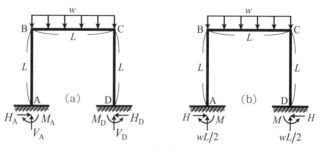

図 **7.30**

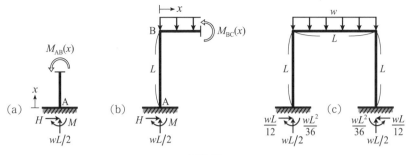

図 7.31

$$u_A = \frac{\partial U}{\partial H} = 2 \times \int_0^L \frac{M_{AB}}{EI} \frac{\partial M_{AB}}{\partial H} dx + \int_0^L \frac{M_{BC}}{EI} \frac{\partial M_{BC}}{\partial H} dx$$
$$= \int_0^L \frac{2}{EI}(M - Hx)(-x)\, dx$$
$$+ \int_0^L \frac{1}{EI}\left(M - HL + \frac{wL}{2}x - \frac{w}{2}x^2\right)(-L)\, dx$$
$$= -\frac{2ML^2}{EI} + \frac{5HL^3}{3EI} - \frac{wL^4}{12EI} \tag{7.74}$$

点 A でのたわみ角 θ_A は，カステリアノの定理（解法 2）より次のようになる．

$$\theta_A = \frac{\partial U}{\partial M} = 2 \times \int_0^L \frac{M_{AB}}{EI} \frac{\partial M_{AB}}{\partial M} dx + \int_0^L \frac{M_{BC}}{EI} \frac{\partial M_{BC}}{\partial M} dx$$
$$= \int_0^L \frac{2}{EI}(M - Hx)\, dx + \int_0^L \frac{1}{EI}\left(M - HL + \frac{wL}{2}x - \frac{w}{2}x^2\right) dx$$
$$= \frac{3ML}{EI} - \frac{2HL^2}{EI} + \frac{wL^3}{12EI} \tag{7.75}$$

適合条件式より，H と M に関する次の連立方程式が得られる．

$$\begin{cases} u_A = 0 \\ \theta_A = 0 \end{cases} \rightarrow \begin{cases} -\dfrac{2ML^2}{EI} + \dfrac{5HL^3}{3EI} - \dfrac{wL^4}{12EI} = 0 \\ \dfrac{3ML}{EI} - \dfrac{2HL^2}{EI} + \dfrac{wL^3}{12EI} = 0 \end{cases} \tag{7.76}$$

この連立方程式を解くと，不静定力 H と不静定モーメント M は次のようになり，支点反力を図示すると図 7.31 (c) のようになる．

$$H = \frac{1}{12}wL, \quad M = \frac{1}{36}wL^2 \tag{7.77}$$

断面力図を描くため，図 7.32 に示す 3 か所の断面を考え，AB 間については点 A から，BC 間については点 B から，CD 間については点 D からそれぞれ x 軸をとる．位置 x における軸力を $N(x)$，せん断力を $S(x)$，曲げモーメントを $M(x)$ とする．図

172   第7章 不静定構造の解法

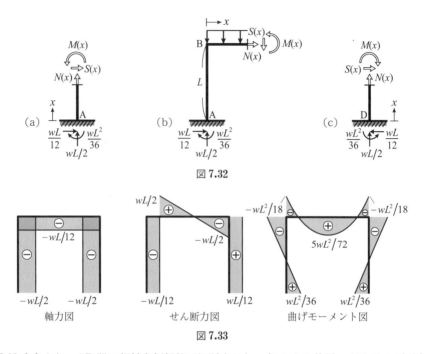

図 7.32

図 7.33

7.32 (a) より，AB 間で部材を仮想的に切断すると，点 A から位置 x における断面力 $N(x)$, $S(x)$, $M(x)$ は次式で表される．

$$N(x) = -\frac{1}{2}wL\,, \quad S(x) = -\frac{1}{12}wL\,, \quad M(x) = -\frac{1}{12}wLx + \frac{1}{36}wL^2 \tag{7.78}$$

図 **7.32** (b) より，BC 間で部材を仮想的に切断すると，点 B から位置 x における断面力 $N(x)$, $S(x)$, $M(x)$ は次式で表される．

$$N(x) = -\frac{1}{12}wL\,, \quad S(x) = -wx + \frac{1}{2}wL\,,$$
$$M(x) = -\frac{1}{2}wx^2 + \frac{1}{2}wLx - \frac{1}{18}wL^2 \tag{7.79}$$

図 **7.32** (c) より，CD 間で部材を仮想的に切断すると，点 D から位置 x における断面力 $N(x)$, $S(x)$, $M(x)$ は次式で表される．

$$N(x) = -\frac{1}{2}wL\,, \quad S(x) = \frac{1}{12}wL\,, \quad M(x) = -\frac{1}{12}wLx + \frac{1}{36}wL^2 \tag{7.80}$$

これらを図示すると，断面力図は図 **7.33** のようになる．

7.4 内的不静定問題の解法

これまでは支点の数が多いことにより，つり合いの式だけでは支点反力が求められない外的不静定構造が対象であった．以下では，つり合いの式だけでは断面力を求められない内的不静定構造を対象とし，その考え方と解析方法について示す[20]．

7.4.1 バネによるモデル化

構造物において，はりや桁のような水平部材は，図 7.34 (a) に示すように柱やケーブルによって支えられていることが多い．柱やケーブルは，主に軸方向の荷重を受けて軸方向に伸び縮みする部材であるので，バネにより単純化（モデル化）することができる．両端ヒンジのトラス部材も同様に，軸力のみが作用して伸び縮みする部材であるので，バネで置換することができる．また，軸方向の剛性があり，軸方向に変位が生じる条件であれば，図 7.34 (b) に示すように構造物を支える支承（弾性支承），地盤，土構造物もバネに置き換えて考えることができる．内的不静定問題では構造物の一部をバネで置換して考えたり，計算したりすることがある．

柱やケーブル，トラス部材などの伸縮部材をバネでモデル化できるならば，伸縮部材とバネの関係式を導出することができる．まず，バネに作用する力（軸力）を F，伸縮を δ，バネ定数を k とすると，バネに関するフックの法則は次式で表される．

$$F = k\delta \tag{7.81}$$

一方，部材の長さを h，断面積を A，ヤング率を E とすると，部材に生じる応力 σ，ひずみ ε は次のように表される．

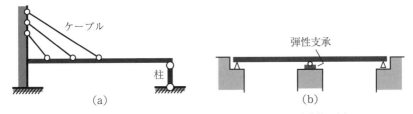

図 7.34 バネによるモデル化（単純化）が可能な構造物の例

---

[20] 8章で述べる**マトリックス構造解析法**は，静定，不静定に関係なく，さらに外的不静定，内的不静定の区別もなく，構造解析が行える方法である．ただし，マトリックス構造解析法はコンピュータによる計算に向く方法であり，本章で述べる解法は手計算に適した方法である．

$$\sigma = \frac{F}{A}, \quad \varepsilon = \frac{\delta}{h} \tag{7.82}$$

これらをフックの法則 $\sigma = E\varepsilon$ に代入すると，次のようになる．

$$\frac{F}{A} = E\frac{\delta}{h} \quad \rightarrow \quad F = \frac{EA}{h}\delta \tag{7.83}$$

上式と式 (7.81) より，バネ定数 k は次式で表すことができる．

$$k = \frac{EA}{h} \tag{7.84}$$

また，軸力 F に関するひずみエネルギーは，バネ定数 k を用いて次式で表される[21]．

$$\int_0^h \frac{F^2}{2EA}dx = \frac{F^2 h}{2EA} = \frac{F^2}{2k} \tag{7.85}$$

これらの関係式より，構造物の一部をバネで単純化（置換）することができる．

7.4.2 はりとバネの内的不静定問題

図 **7.35** (a) のような，はりとバネの不静定構造について考える．この問題における未知変数は，図 **7.35** (b) のように点 A の支点反力 3 つとバネに作用する力 R の計 4 つである．R は，はりとバネの接合部に作用する内力（断面力）であり，はりに着目すると R はバネから受ける反力でもある．点 D の反力と考えてもよい．

はりとバネの内的不静定問題では，この R を不静定力とする．図 **7.35** (b) より，水平方向と鉛直方向の力のつり合い，点 A まわりのモーメントのつり合いの式をたてると次のようになる．

$$H_A = 0, \quad V_A + R - P = 0, \quad M_A + R \cdot 2L - P \cdot L = 0 \tag{7.86}$$

上式は 4 つの未知変数に対して式の数が 3 つであるので，解くことができない．力と

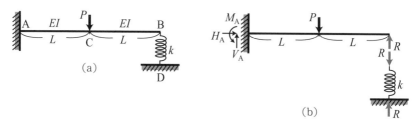

図 **7.35** はりとバネの内的不静定問題と不静定力による置き換え

---

[21] バネのフックの法則 $F = k\delta$ より，バネに生じるひずみエネルギー U は次式で表される．
$$U = \frac{1}{2}F\delta = \frac{1}{2}k\delta^2 = \frac{F^2}{2k}$$

モーメントのつり合いの式だけで未知変数を求められないので，この種の構造は**不静定問題**となる[22]．

このような不静定問題を解くには，これまでと同様につり合いに関する3式に変位の適合条件式を加えて式の数を4つにすることで，すべての未知変数を求めることができる．この問題における適合条件は，はりとバネの接合部においてはりとバネの変位が同じ，すなわち相対変位がゼロになることである．はりの先端のたわみを v_b，バネの縮みを δ とすると，$v_b = \delta$ が適合条件式となる．

7.4.3 トラスの内的不静定問題

図 **7.36** (a) に示すような不静定トラスについて考える．トラス構造全体は単純支持されているので，支点反力は力とモーメントのつり合いから求めることができる[23]．次に，各部材の軸力を求める．図 **7.36** (b) のように節点 D まわりで部材を切断すると，水平方向と鉛直方向の力のつり合いは次式となる．

$$N_1 + \frac{4}{5}N_2 = 0, \quad \frac{3}{5}N_2 + N_3 = 0 \tag{7.87}$$

上式は式の数よりも未知変数の数の方が多いため，方程式を解くことができず，したがって軸力を求めることができない[24]．他の節点を選んでも同様である．つり合いの式だけでは軸力（断面力）を求められないので，この問題は**内的に不静定**であることがわかる．

このような内的不静定問題を解くには，まず図 **7.36** (c) のように部材を1本切り離して内的に静定構造とし，その代わりに実際に生じる軸力に相当する不静定力 R を節点に作用させる．そして，変位の適合条件式を解くことにより不静定力を求めることが

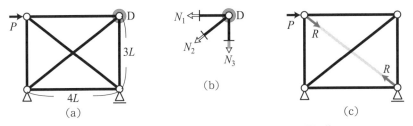

図 **7.36** トラスの内的不静定問題と不静定力による置き換え

---

[22] 不静定力 R は内力なので内的不静定であるが，支点反力も求められないので，外的不静定でもある．
[23] これを**外的に静定**という．
[24] トラスの軸力解析法のひとつである節点法では，節点における水平方向と鉛直方向の力のつり合いから軸力を求めるので，節点において軸力が未知の部材は2本以下でないといけない．節点法については 5.2.1 項を参照．

176　第7章　不静定構造の解法

できる．求めた不静定力は，切り離した部材の軸力であり，残りの部材の軸力は力のつり合いから求めることができる．

7.4.4　解析の手順（最小仕事の原理）

はりとバネの不静定構造を例に説明する．内的不静定問題を解く方法は主に2つあり，図 **7.35** のように，はりとバネを切り離して静定構造とし，不静定力 R を作用させるところまでは同じである．

1つ目の方法は，適合条件式を直接的に解く方法である．はりとバネの接合部において，はりのたわみ v_b とバネの伸縮 δ を簡単に求められる場合は，これらを求めて，$v_b = \delta$ を解けばよい．不静定力 R が求まれば，力とモーメントのつり合いから，支点反力や内力（断面力）を求めることができる．

2つ目の方法は，**最小仕事の原理**[25]を適用する方法である．はりに生じるひずみエネルギーを U_b，バネに生じるひずみエネルギーを U_s，全ひずみエネルギーを $U = U_b + U_s$ とし，カステリアノの定理（解法1）を用いて適合条件式を書き換えると次のようになる[26]．ひずみエネルギーの式が複雑になる場合は，カステリアノの定理（解法2）を用いても構わない．

$$v_b = \delta \quad \rightarrow \quad \delta - v_b = 0 \quad \rightarrow \quad \frac{\partial U_s}{\partial R} + \frac{\partial U_b}{\partial R} = \frac{\partial (U_s + U_b)}{\partial R} = \frac{\partial U}{\partial R} = 0$$

$$(7.88)$$

上式は最小仕事の原理により，はりとバネの接合部における相対変位を求める式になっている．この関係を用いて，以下の手順で不静定力 R を求めることができる．

① バネに蓄えられるひずみエネルギー U_s を不静定力 R の関数として求める．

② はりに蓄えられるひずみエネルギー U_b を不静定力 R の関数として求める．

③ 全ひずみエネルギー $U = U_s + U_b$ を求める．

④ 最小仕事の原理 $\dfrac{\partial U}{\partial R} = 0$ より不静定力 R を求める．

トラスの内的不静定問題の場合も同様に，部材を切り離して静定構造とし，不静定力 R を作用させる．そして，全ひずみエネルギー U を求めて最小仕事の原理（カステリアノの定理）を適用すれば，不静定力を求めることができる．部材の数が多く，ひずみエネルギーの計算が大変な場合は，カステリアノの定理（解法2）を用いればよい．

---

[25] 最小仕事の原理については 7.3.2 項を参照．
[26] 不静定力 R の向きと変位の向きに注意する．バネの方は変位の向きと不静定力の向きが同じであるが，はりの方は変位の向きと不静定力の向きが逆であるので，カステリアノの定理を適用するとバネの変位は正，はりのたわみは負となる．

7.4 内的不静定問題の解法　177

例題 7.10　集中荷重が作用する片持はりとバネの内的不静定問題

バネで支持された片持はりの先端に集中荷重 P が作用している．はりの曲げ剛性を EI，バネの剛性を k とする．以下の問に答えよ．

- 点 B のたわみ v_B を求めよ．
- $L = 10\,\text{m}$, $P = 600\,\text{kN}$, $E = 200\,\text{GPa}$, $I = 0.005\,\text{m}^4$, $k = 12\,\text{kN/mm}$ のとき，v_B の値を計算せよ．

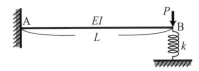

解答・解説

7.4.4項で説明した2パターンの方法で，点 B のたわみ v_B を求める．不静定力 R を用いてこの問題を表すと，図 **7.37** のようになる．はりに着目すると，先端に集中荷重 $P - R$ が作用する片持はりになるので，はりのたわみ v_b を簡単に求めることができる．

先端に集中荷重 P が作用する長さ L の片持はりの先端のたわみは，例題 **3.4**，例題 **6.5**，例題 **6.14** で何度も求めており，$PL^3/3EI$ である．いま集中荷重は $P - R$ であるので，点 B におけるはりのたわみ v_b は次のようになる．

$$v_b = \frac{(P-R)L^3}{3EI} \tag{7.89}$$

バネの縮み δ は，バネのフックの法則 $R = k\delta$ より，次のようになる．

$$\delta = \frac{R}{k} \tag{7.90}$$

適合条件式 $v_b = \delta$ より，不静定力 R は次式となる．

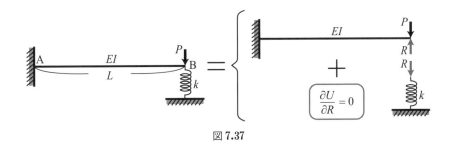

図 **7.37**

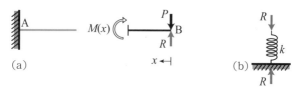

図 **7.38**

$$\frac{(P-R)L^3}{3EI} = \frac{R}{k} \quad \to \quad R = \frac{P}{1+3EI/kL^3} \tag{7.91}$$

よって，点 B のたわみ v_B は次のようになる．はりのたわみから計算してもよいが，バネの縮みを計算した方が圧倒的に簡単である．

$$v_B = v_b = \delta = \frac{R}{k} = \frac{P}{k+3EI/L^3} \tag{7.92}$$

問題で与えられた数値を用いて v_B の値を計算する．荷重の単位を N，長さの単位を mm に統一する．そして，与えられた数値を上式に代入すると，v_B の値は次のようになる．

$$v_B = \frac{600 \cdot 10^3}{12 \cdot 10^3 + \dfrac{3 \cdot 200 \cdot 10^3 \cdot 0.005 \cdot 10^{12}}{(10 \cdot 10^3)^3}} = \frac{600 \cdot 10^3}{15 \cdot 10^3} = 40 \text{ mm} \tag{7.93}$$

次に，最小仕事の原理を適用した際の解答例を示す．式 (7.85) より，バネに生じるひずみエネルギー U_s を R の関数として表すと，次のようになる．

$$U_s = \frac{R^2}{2k} \tag{7.94}$$

はりに生じるひずみエネルギー U_b を R の関数として表す．図 **7.38** (a) のように点 B から x 軸をとり，部材を仮想的に切断すると，点 B から位置 x における曲げモーメント $M(x)$ は次式で表される．点 B から x 軸を設ければ，支点反力は必要ない．

$$M(x) = Rx - Px = (R-P)x \tag{7.95}$$

はりに生じるひずみエネルギー U_b は次のようになる．

$$\begin{aligned} U_b &= \int_0^L \frac{M(x)^2}{2EI} dx \\ &= \int_0^L \frac{(R-P)^2 x^2}{2EI} dx = \frac{L^3}{6EI}\left(R^2 - 2RP + P^2\right) \end{aligned} \tag{7.96}$$

式 (7.94)，(7.96) より，全ひずみエネルギー U は次のようになる．

$$U = U_s + U_b$$
$$= \frac{R^2}{2k} + \frac{L^3}{6EI}\left(R^2 - 2RP + P^2\right) \tag{7.97}$$

最小仕事の原理より，R は次のようになり，式 (7.91) と一致することがわかる[27]．

$$\frac{\partial U}{\partial R} = \frac{L^3}{3EI}(R-P) + \frac{R}{k} = 0 \quad \rightarrow \quad R = \frac{P}{1 + 3EI/kL^3} \tag{7.98}$$

例題 7.11　集中荷重が作用する単純はりとバネの内的不静定問題

バネで支持された単純はりの中央に集中荷重 P が作用している．はりの曲げ剛性を EI，バネの剛性を k とする．点 C のたわみ v_C を求めよ．

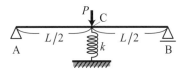

解答・解説

この問題も，まずは適合条件式を直接的に解く方法から示す．バネの反力を不静定力 R とし，はりに着目すると，中央に集中荷重 $P - R$ が作用する長さ L の単純はりとなり，はりのたわみ v_b を簡単に求めることができる．中央に集中荷重 P が作用する長さ L の単純はりの中央のたわみは，**例題 3.10**，**例題 6.7**，**例題 6.16** で何度も求めており，$PL^3/48EI$ である．いま集中荷重は $P - R$ であるので，はりのたわみ v_b は次のようになる．

$$v_b = \frac{(P-R)L^3}{48EI} \tag{7.99}$$

バネの縮み δ は，バネのフックの法則 $R = k\delta$ より次のようになる．

$$\delta = \frac{R}{k} \tag{7.100}$$

適合条件式 $v_b = \delta$ より，不静定力 R は次式となる．

---

[27] カステリアノの定理（解法 2）を用いて次のようにしても構わない．

$$\frac{\partial U}{\partial R} = \frac{\partial U_s}{\partial R} + \frac{\partial U_b}{\partial R} = \frac{R}{k} + \int_0^L \frac{M(x)}{EI}\frac{\partial M(x)}{\partial R}dx = \frac{R}{k} + \int_0^L \frac{(R-P)x}{EI}x\,dx$$
$$= \frac{R}{k} + \frac{(R-P)L^3}{3EI} = 0$$

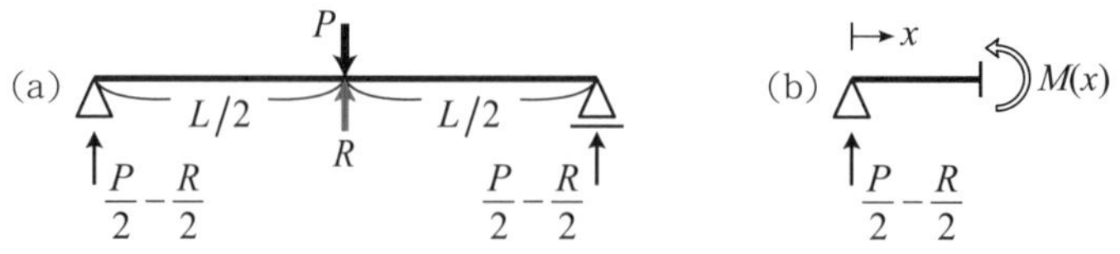

180 第7章 不静定構造の解法

図 7.39

$$\frac{(P-R)L^3}{48EI} = \frac{R}{k} \quad \rightarrow \quad R = \frac{P}{1 + 48EI/kL^3} \tag{7.101}$$

よって，点 C のたわみ v_C は次のようになる.

$$v_C = v_b = \delta = \frac{R}{k} = \frac{P}{k + 48EI/L^3} \tag{7.102}$$

次に，最小仕事の原理を適用した際の解答例を示す. 式 (7.85) より，R を用いて，バネに生じるひずみエネルギー U_s は次のようになる.

$$U_s = \frac{R^2}{2k} \tag{7.103}$$

はりに生じるひずみエネルギー U_b を R の関数として表す. 図 7.39 に示すように，R を上向きの集中荷重と考えて，支点反力を求める. 点 A から x 軸をとり部材を仮想的に切断すると，点 A から位置 x における曲げモーメント $M(x)$ は次式で表される.

$$M(x) = \left(\frac{P}{2} - \frac{R}{2}\right)x \tag{7.104}$$

対称性を考慮して，はりに生じるひずみエネルギー U_b は次のようになる.

$$\begin{aligned} U_b &= 2 \times \int_0^{L/2} \frac{M(x)^2}{2EI}dx = 2 \times \int_0^{L/2} \frac{(P-R)^2 x^2}{4 \cdot 2EI}\,dx \\ &= \frac{L^3}{96EI}\left(R^2 - 2RP + P^2\right) \end{aligned} \tag{7.105}$$

式 (7.103), (7.105) より，全ひずみエネルギー U は次のようになる.

$$\begin{aligned} U &= U_s + U_b \\ &= \frac{R^2}{2k} + \frac{L^3}{96EI}\left(R^2 - 2RP + P^2\right) \end{aligned} \tag{7.106}$$

最小仕事の原理より，R は次のようになり，式 (7.101) と一致することがわかる.

$$\frac{\partial U}{\partial R} = \frac{R}{k} + \frac{L^3}{48EI}(R-P) = 0 \quad \rightarrow \quad R = \frac{P}{1 + 48EI/kL^3} \tag{7.107}$$

7.4 内的不静定問題の解法

例題 7.12　分布荷重が作用する片持ちはりとバネの内的不静定問題

バネで支持された片持ちはりに等分布荷重 w が作用している. w は単位長さあたりの荷重である. はりの曲げ剛性を EI, バネの剛性を k とする. 点 B のたわみ v_B を求めよ.

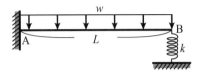

解答・解説

最小仕事の原理を適用した際の解答例を示す. バネからはりに作用する不静定力を R, バネの縮みを δ とすると, バネに生じるひずみエネルギー U_s は次のようになる.

$$U_s = \frac{1}{2}R\delta = \frac{R^2}{2k} \tag{7.108}$$

はりに生じるひずみエネルギー U_b を求める. 図 **7.40** に示すように, 点 B から x 軸をとり部材を仮想的に切断すると, 点 B から位置 x における曲げモーメント $M(x)$ は次式で表される. 点 B から x 軸を設ければ, 支点反力を求める必要はない.

$$M(x) = Rx - \frac{w}{2}x^2 \tag{7.109}$$

はりに生じるひずみエネルギー U_b は次のようになる.

$$\begin{aligned}U_b &= \int_0^L \frac{M(x)^2}{2EI}dx = \int_0^L \frac{1}{2EI}\left(Rx - \frac{w}{2}x^2\right)^2 dx \\ &= \frac{L^3}{EI}\left(\frac{1}{6}R^2 - \frac{1}{8}wRL + \frac{1}{40}w^2L^2\right)\end{aligned} \tag{7.110}$$

式 (7.108), (7.110) より, 全ひずみエネルギー U は次のようになる.

$$U = U_s + U_b = \frac{R^2}{2k} + \frac{L^3}{EI}\left(\frac{1}{6}R^2 - \frac{1}{8}wRL + \frac{1}{40}w^2L^2\right) \tag{7.111}$$

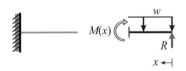

図 **7.40**

最小仕事の原理より，不静定力 R は次のようになる[28]．

$$\frac{\partial U}{\partial R} = \frac{R}{k} + \frac{L^3}{EI}\left(\frac{1}{3}R - \frac{1}{8}wL\right) = 0 \quad \rightarrow \quad R = \frac{3wL}{8 + 24EI/kL^3} \tag{7.112}$$

点 B のたわみ v_B はバネの縮みと同じである．単純はりに着目して点 B のたわみ v_B を計算してもよいが，バネの縮みを計算した方が簡単に v_B を求めることができる．バネのフックの法則より，v_B は次式で表される．

$$v_\mathrm{B} = \delta = \frac{R}{k} = \frac{3wL}{8k + 24EI/L^3} \tag{7.113}$$

例題 7.13　分布荷重が作用する単純はりとバネの内的不静定問題

中央をバネで支持された単純はりに等分布荷重 w が作用している．w は単位長さあたりの荷重である．はりの曲げ剛性を EI，バネの剛性を k とする．

- 点 C のたわみ v_C を求めよ．
- $L = 10\,\mathrm{m}$, $w = 64\,\mathrm{kN/m}$, $E = 25\,\mathrm{GPa}$, $I = 0.002\,\mathrm{m}^4$, $k = 1.6\,\mathrm{kN/mm}$ のとき，v_C の値を計算せよ．

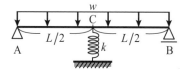

解答・解説

最小仕事の原理を適用した際の解答例を示す．バネからはりに作用する不静定力を R，バネの縮みを δ とすると，バネに生じるひずみエネルギー U_s は次のようになる．

$$U_\mathrm{s} = \frac{1}{2}R\delta = \frac{R^2}{2k} \tag{7.114}$$

R を単純はりに作用させると，両端の支点反力は R を用いて図 7.41 (a) のようになる．図 7.41 (b) に示すように，点 A から x 軸をとり，部材を仮想的に切断すると点 A から位置 x における曲げモーメント $M(x)$ と不静定力 R による偏微分は次式で表される．

$$M(x) = \left(\frac{wL}{2} - \frac{R}{2}\right)x - \frac{w}{2}x^2, \quad \frac{\partial M(x)}{\partial R} = -\frac{1}{2}x \tag{7.115}$$

はりに生じるひずみエネルギーを U_b とし，左右の対称性を利用すると，カスティリアノ

---

[28] もし仮に点 B がバネではなく支点であった場合，すなわち $k = \infty$ のとき，$R = 3wL/8$ となり，**例題 7.1** の式 (7.6)，**例題 7.4** の式 (7.33), (7.36), (7.39) の結果と一致する．

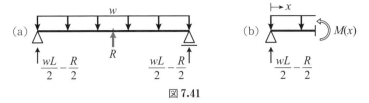

図 **7.41**

の定理（解法 2）より

$$\frac{\partial U}{\partial R} = \frac{\partial U_\mathrm{s}}{\partial R} + \frac{\partial U_\mathrm{b}}{\partial R} = \frac{R}{k} + 2 \times \int_0^{L/2} \frac{M(x)}{EI} \frac{\partial M(x)}{\partial R} dx$$
$$= \frac{R}{k} + \frac{2}{EI} \int_0^{L/2} \left(-\frac{w}{2}x^2 + \frac{wL}{2}x - \frac{R}{2}x \right) \cdot \left(-\frac{1}{2}x \right) dx = 0 \quad (7.116)$$

となり，不静定力 R は次のようになる[29]．

$$\frac{R}{k} + \frac{L^3}{EI}\left(\frac{1}{48}R - \frac{5}{384}wL\right) = 0 \quad \rightarrow \quad R = \frac{5wL}{8 + 384EI/kL^3} \quad (7.117)$$

点 C のたわみ v_C を計算する．ここでは，$v_\mathrm{C} = \delta$ でもあるので，バネの縮みを計算した方が圧倒的に簡単である．バネのフックの法則より，v_C は次式で表される．

$$v_\mathrm{C} = \delta = \frac{R}{k} = \frac{5wL}{8k + 384EI/L^3} \quad (7.118)$$

問題で与えられた数値を用いて，v_C の値を計算する．荷重の単位を N，長さの単位を m に統一して，与えられた数値を上式に代入すると，v_C の値は次のようになる．

$$v_\mathrm{C} = \frac{5 \cdot 64 \cdot 10^3 \cdot 10}{8 \cdot 1.6 \cdot 10^6 + \dfrac{384 \cdot 25 \cdot 10^9 \cdot 2 \cdot 10^{-3}}{10^3}} = \frac{1}{10} \text{ m} = 100 \text{ mm} \quad (7.119)$$

―― 例題 **7.14**　はりとケーブルの内的不静定問題 ――――――――――――

ケーブルで吊られた片持はりの先端に集中荷重 P が作用している．はりの曲げ剛性を EI，ケーブルの剛性（バネ定数）を k とする．ケーブルに生じる軸力を求めよ．

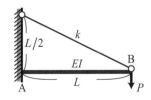

―――――――――――――――――――――――――――――

[29] もし仮に点 C がバネではなく支点であった場合，すなわち $k = \infty$ のとき，$R = 5wL/8$ となり，**例題 7.2** の式 (7.13)，**例題 7.5** の式 (7.43)，(7.47)，(7.50) の結果と一致する．

184　第7章　不静定構造の解法

解答・解説

　この問題は，**斜張橋**に取り入れられている仕組みと同様である．図**7.42**に示すように，ケーブルに生じる軸力を不静定力 R とし，最小仕事の原理を適用する．

　ケーブルは軸方向の荷重に抵抗する部材であるので，バネと同じように考えることができ，ケーブルに生じるひずみエネルギー U_c は次のようになる．

$$U_c = \frac{R^2}{2k} \tag{7.120}$$

次に，はりに生じるひずみエネルギーを求める．はりに作用する不静定力 R の水平成分は，はりの曲げには寄与しないので，鉛直成分のみを考慮すると，点 B から位置 x における曲げモーメント $M(x)$ は次式で表される．

$$M(x) = \frac{1}{\sqrt{5}}Rx - Px \tag{7.121}$$

はりに生じるひずみエネルギー U_b は次のようになる．

$$U_b = \int_0^L \frac{M(x)^2}{2EI}dx = \frac{L^3}{EI}\left(\frac{1}{30}R^2 - \frac{1}{3\sqrt{5}}RP + \frac{1}{6}P^2\right) \tag{7.122}$$

最小仕事の原理を適用すると，次の関係が得られる[30]．

$$\frac{\partial U}{\partial R} = \frac{\partial (U_c + U_b)}{\partial R} = \frac{R}{k} + \frac{L^3}{EI}\left(\frac{1}{15}R - \frac{1}{3\sqrt{5}}P\right) = 0 \tag{7.123}$$

上式より不静定力 R は次式となり，これがケーブルに生じる軸力になる．

$$R = \frac{\sqrt{5}P}{1 + 15EI/kL^3} \tag{7.124}$$

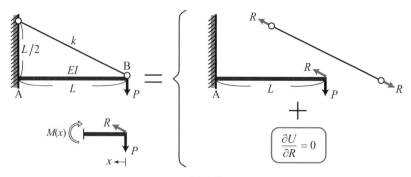

図 **7.42**

---

[30] カステリアノの定理（解法2）を用いると，次のように計算量を減らすことができる．

$$\frac{\partial (U_c + U_b)}{\partial R} = \frac{R}{k} + \int_L \frac{M(x)}{EI}\frac{\partial M(x)}{\partial R}dx = \frac{R}{k} + \int_0^L \frac{1}{EI}\left(\frac{1}{\sqrt{5}}Rx - Px\right)\left(\frac{1}{\sqrt{5}}x\right)dx = 0$$

例題 7.15 トラスの内的不静定問題

図のトラス構造に関して，各部材に生じる軸力と点 A の鉛直変位を求めよ．

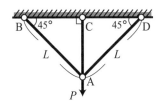

解答・解説

節点 A まわりで部材を仮想的に切断すると未知の軸力が 3 つになるので，水平方向と鉛直方向の力のつり合いから軸力を求められない．また，支点反力を求めることもできない[31]．そこで，図 7.43 (a) に示すように，部材 AC を切り離し，部材 AC の軸力を不静定力 R とし，節点 A と C に作用させる．図 7.43 (b) に示すように節点 A まわりで部材を仮想的に切断すると，節点 A における水平方向と鉛直方向の力のつり合いは次式で表される．

$$\frac{1}{\sqrt{2}}N_{AB} - \frac{1}{\sqrt{2}}N_{AD} = 0, \quad \frac{1}{\sqrt{2}}N_{AB} + \frac{1}{\sqrt{2}}N_{AD} + R - P = 0 \quad (7.125)$$

この 2 式より，N_{AB} と N_{AD} は次のようになる．

$$N_{AB} = N_{AD} = \frac{P-R}{\sqrt{2}} \quad (7.126)$$

トラス構造全体に生じるひずみエネルギー U は，不静定力 R を用いて次式で表される．

$$\begin{aligned} U &= \int_0^L \frac{N_{AB}^2}{2EA}dx + \int_0^L \frac{N_{AD}^2}{2EA}dx + \int_0^{L/\sqrt{2}} \frac{R^2}{2EA}dx \\ &= \frac{L}{EA}\left(\frac{1}{2}R^2 - RP + \frac{1}{2}P^2 + \frac{1}{2\sqrt{2}}R^2\right) \end{aligned} \quad (7.127)$$

最小仕事の原理より，不静定力 R は次式となり，これが部材 AC の軸力になる[32]．

$$\frac{\partial U}{\partial R} = 0 \quad \to \quad R - P + \frac{1}{\sqrt{2}}R = 0 \quad \to \quad R = \frac{\sqrt{2}}{1+\sqrt{2}}P = N_{AC} \quad (7.128)$$

---

[31] 点 B, C, D はヒンジとともに天井に固定されているため，水平変位と鉛直変位は拘束されているが，回転は拘束されていない．すなわち，図 2.3 におけるヒンジ支点と同じである．トラスを拘束する際にはあえてこのように図示することが少なくない．

[32] カステリアノの定理（解法 2）を用いると，次のように計算量を減らすことができる．

$$\frac{\partial U}{\partial R} = \int_L \frac{N}{EA}\frac{\partial N}{\partial R}dx = 2 \times \int_0^L \frac{1}{EA}\left(\frac{P-R}{\sqrt{2}}\right)\left(-\frac{1}{\sqrt{2}}\right)dx + \int_0^{L/\sqrt{2}} \frac{R}{EA}dx = 0$$

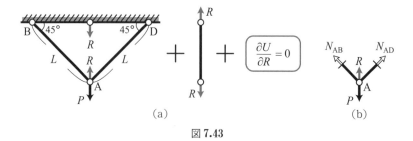

図 7.43

不静定力 R が求まったので，残りの部材の軸力は次のようになる．

$$N_{AB} = N_{AD} = \frac{1}{2+\sqrt{2}}P = \frac{\sqrt{2}}{2+2\sqrt{2}}P \quad \left(=\frac{1}{2}R\right) \tag{7.129}$$

すべての部材の軸力が求まったので，カステリアノの定理（解法 2）より，点 A の鉛直変位 v_A は次のようになる．

$$\begin{aligned}v_A &= \int_0^{L/\sqrt{2}} \frac{R}{EA}\frac{\partial R}{\partial P}dx + \int_0^L \frac{N_{AB}}{EA}\frac{\partial N_{AB}}{\partial P}dx + \int_0^L \frac{N_{AD}}{EA}\frac{\partial N_{AD}}{\partial P}dx \\ &= \frac{PL}{(1+\sqrt{2})EA}\end{aligned} \tag{7.130}$$

第8章
マトリックス構造解析

8.1 変位法

7章で述べた不静定構造物の解法では，支点反力や断面力を未知量（不静定力）として考え，変位や変形の適合条件式を満足するよう未知量を決定した．このような方法を古典的な呼び名で**応力法**（stress method）という．この方法は，不静定次数の低い問題や部材数の少ない問題には，手計算で簡単に解析ができるよう工夫された方法ではあるが，複雑な高次の不静定問題や部材数の多い問題の解析には向いておらず，またコンピュータを用いた構造解析にも適さない．

一方，本章で示す**マトリックス構造解析**（matrix structural analysis）は**変位法**（displacement method）に基づく構造解析である．上で述べた応力法は力を未知変数とするのに対して，変位法は変位を未知変数として変位を求めた後に力の状態を求める方法であり，応力法とは正反対の方法になる．変位法では，まず変位を未知変数として構造物の**剛性方程式**をたてる．そして，剛性方程式（連立方程式）を解き，変位を求めた後に力の状態を求める．剛性方程式とは，フックの法則のように力と変位の関係を表す方程式である．剛性方程式はマトリックス（行列）とベクトルを用いて表されるため，変位法に基づく構造解析をマトリックス構造解析という．マトリックス構造解析は行列とベクトルの演算が膨大になるため，手計算にはあまり向いていない．しかし，行列とベクトルの演算は機械的に計算ができるためコンピュータによる構造解析に適しており，静定・不静定に関係なく，また外的・内的の区別もなく統一した手順で構造解析が行える．

8.2 バネのマトリックス構造解析

まずはマトリックス構造解析の中で最も基本的なバネの問題を取り上げる．主に引張や圧縮の荷重を受けて伸び縮みしかしない部材や構造物は，バネでモデル化（単純化）

図 8.1 バネによる棒材のモデル化（単純化）

することができる[1].

8.2.1 要素，節点，自由度

たとえば図 8.1 に示すように，材料の異なる棒部材を直列につないだ構造は，バネ定数の異なる 2 本のバネでモデル化することができる．ここで，構造物を部分領域の集合として表した際に，部分領域（ここではバネ 2 本）のことを**要素** (element)，要素を構成する点（図中の白丸）を**節点** (node) という[2]．図 8.1 の例では，要素数は 2，節点数は 3 となる．マトリックス構造解析では変位や力は節点で定義され，節点に定義される変位のことを**自由度** (degree of freedom) という．バネは伸び縮みしかしないので，バネの自由度は部材軸方向の変位のみとなり，各節点の自由度数は 1 である．

8.2.2 断面力と材端力

図 8.2 (a) に示すように，つり合い状態にある 1 本のバネを取り出して考える．バネには軸力 N が生じている．この N は引張を正，圧縮を負とする断面力としての軸力である．これまでに示した構造解析の方法では，引張が正となるよう断面に対して外向きの力を正の軸力と定義して，力のつり合いから軸力と伸縮を求めていた．

一方，マトリックス構造解析では，引張を正とするのではなく，部材に設けた座標軸の向きを正として変位や力を定義する．具体的に，バネの場合は伸び縮みのみを考えればよいので，図 8.2 (b) に示すように，バネの左端 a から右端 b の方向に部材軸として x 軸を設け，バネに作用する力として部材軸の方向に N_a と N_b を定義する．この N_a と N_b は引張や圧縮ではなく，座標軸の向きを正とする力であり，このような力を総称

図 8.2 バネにおける軸力と材端力

---

[1] 7 章の 7.4.1 項でもバネによるモデル化を説明している．
[2] 骨組構造における部材と部材の接合点も節点という（5.1.1 項を参照）．漢字で表すと同じであるが，意味や使われ方がやや異なり，英語表記は区別されている．

して**材端力**（end action）という[3].

8.2.3 要素剛性方程式

つり合い状態にあるバネについて考える．材端力と同様に，**図 8.2** (b) に示すように，バネの両端の変位は部材軸（x 軸）の向きを正とする u_a と u_b で表される．変位 u_a, u_b を用いて，バネの伸び（相対変位）δ は次式で表される．

$$\delta = u_b - u_a \tag{8.1}$$

バネ定数を k とすると，フックの法則より，**図 8.2** (a) の軸力 N は次式で表される．

$$N = k\delta = k(u_b - u_a) \tag{8.2}$$

図 8.2 (b) で定義した部材軸方向を正とする材端力 N_a, N_b を用いると，**図 8.2** (a) のつり合い状態における軸力 N は次式で表される．

$$N_a = -N = -k(u_b - u_a) = ku_a - ku_b \tag{8.3}$$

$$N_b = N = k(u_b - u_a) = -ku_a + ku_b \tag{8.4}$$

行列とベクトルを用いて，これらの 2 式を 1 つの式で表すことができる．

$$\begin{Bmatrix} N_a \\ N_b \end{Bmatrix} = \begin{bmatrix} k & -k \\ -k & k \end{bmatrix} \begin{Bmatrix} u_a \\ u_b \end{Bmatrix} \tag{8.5}$$

上式を**要素剛性方程式**（element stiffness equation），または**部材剛性方程式**といい，右辺の $[k]$ を**要素剛性行列**（element stiffness matrix）または**部材剛性行列**という．また，式 (8.5) は力と変位の関係式であることから，**変形条件式**ともいわれている．

8.2.4 全体剛性方程式

以下では，**図 8.3** のような剛性の異なる 2 本のバネを直列につないだ問題を例に考える．節点番号と要素番号は図の通りとし，2 本のバネと 3 つの節点をばらして考える．バネ (1) の両端の変位と材端力を $u_a^{(1)}$, $u_b^{(1)}$, $N_a^{(1)}$, $N_b^{(1)}$，バネ (2) の変位と材端力を $u_a^{(2)}$, $u_b^{(2)}$, $N_a^{(2)}$, $N_b^{(2)}$ とすると，各バネの要素剛性方程式は次式となる．

---

[3] 本章では，N_a, N_b のように a 端，b 端を表す添え字が付されていれば，それは引張を正とする断面力としての軸力ではなく，部材軸方向を正とする材端力であることを意味する．

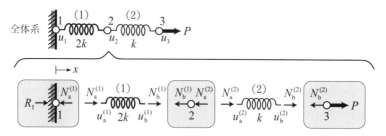

図 8.3 バネにおける材端力と節点での力のつり合い（自由体図）

$$\begin{Bmatrix} N_a^{(1)} \\ N_b^{(1)} \end{Bmatrix} = \begin{bmatrix} 2k & -2k \\ -2k & 2k \end{bmatrix} \begin{Bmatrix} u_a^{(1)} \\ u_b^{(1)} \end{Bmatrix}, \quad \begin{Bmatrix} N_a^{(2)} \\ N_b^{(2)} \end{Bmatrix} = \begin{bmatrix} k & -k \\ -k & k \end{bmatrix} \begin{Bmatrix} u_a^{(2)} \\ u_b^{(2)} \end{Bmatrix} \quad (8.6)$$

図 8.3 に示すように，節点 1, 2, 3 の節点変位を u_1, u_2, u_3 とする．u_1, u_2, u_3 は各要素ではなく，全体構造における変位である．要素剛性方程式は u_a, u_b に対する方程式であり，2×2 の要素剛性行列を用いて表される．同様に，全体系の剛性方程式は u_1, u_2, u_3 に対する方程式となり，3×3 の剛性行列を用いて表される．

バネ (1) は節点 1 と 2，バネ (2) は節点 2 と 3 で構成されるので，各部材の要素剛性方程式 (8.6) を全体系の方程式で書き換えると次のようになる．

$$\begin{Bmatrix} N_a^{(1)} \\ N_b^{(1)} \\ 0 \end{Bmatrix} = \begin{bmatrix} 2k & -2k & 0 \\ -2k & 2k & 0 \\ 0 & 0 & 0 \end{bmatrix} \begin{Bmatrix} u_a^{(1)} \\ u_b^{(1)} \\ 0 \end{Bmatrix}, \quad \begin{Bmatrix} 0 \\ N_a^{(2)} \\ N_b^{(2)} \end{Bmatrix} = \begin{bmatrix} 0 & 0 & 0 \\ 0 & k & -k \\ 0 & -k & k \end{bmatrix} \begin{Bmatrix} 0 \\ u_a^{(2)} \\ u_b^{(2)} \end{Bmatrix} \quad (8.7)$$

変位に関して，当然の条件として次の変位の**適合条件**（連続条件）が成り立つ．

$$u_a^{(1)} = u_1 \, (=0), \quad u_b^{(1)} = u_a^{(2)} = u_2, \quad u_b^{(2)} = u_3 \quad (8.8)$$

この条件式を用いると，式 (8.7) は次のようになる．

$$\begin{Bmatrix} N_a^{(1)} \\ N_b^{(1)} \\ 0 \end{Bmatrix} = \begin{bmatrix} 2k & -2k & 0 \\ -2k & 2k & 0 \\ 0 & 0 & 0 \end{bmatrix} \begin{Bmatrix} u_1 \\ u_2 \\ u_3 \end{Bmatrix}, \quad \begin{Bmatrix} 0 \\ N_a^{(2)} \\ N_b^{(2)} \end{Bmatrix} = \begin{bmatrix} 0 & 0 & 0 \\ 0 & k & -k \\ 0 & -k & k \end{bmatrix} \begin{Bmatrix} u_1 \\ u_2 \\ u_3 \end{Bmatrix} \quad (8.9)$$

さらに，この 2 式を足し合わせると，次のようになる．

$$
\left\{
\begin{array}{c}
N_{\mathrm{a}}^{(1)} \\
N_{\mathrm{b}}^{(1)} + N_{\mathrm{a}}^{(2)} \\
N_{\mathrm{b}}^{(2)}
\end{array}
\right\}
=
\left[
\begin{array}{ccc}
2k & -2k & 0 \\
-2k & 3k & -k \\
0 & -k & k
\end{array}
\right]
\left\{
\begin{array}{c}
u_1 \\
u_2 \\
u_3
\end{array}
\right\}
\tag{8.10}
$$

ここで，各節点における力のつり合いより，次のつり合い条件式が成り立つ．R_1 は部材軸方向を正とする節点 1 における反力である．

$$
N_{\mathrm{a}}^{(1)} = R_1 , \quad N_{\mathrm{b}}^{(1)} + N_{\mathrm{a}}^{(2)} = 0 , \quad N_{\mathrm{b}}^{(2)} = P \tag{8.11}
$$

これと変位の境界条件 $u_1 = 0$ を考慮すると，式 (8.10) は次のようになる．

$$
\left\{
\begin{array}{c}
R_1 \\
0 \\
P
\end{array}
\right\}
=
\left[
\begin{array}{ccc}
2k & -2k & 0 \\
-2k & 3k & -k \\
0 & -k & k
\end{array}
\right]
\left\{
\begin{array}{c}
u_1 \\
u_2 \\
u_3
\end{array}
\right\}
\rightarrow
\left[
\begin{array}{ccc}
2k & -2k & 0 \\
-2k & 3k & -k \\
0 & -k & k
\end{array}
\right]
\left\{
\begin{array}{c}
0 \\
u_2 \\
u_3
\end{array}
\right\}
=
\left\{
\begin{array}{c}
R_1 \\
0 \\
P
\end{array}
\right\}
\tag{8.12}
$$

上式を**全体剛性方程式**（global stiffness equation）といい，左辺の行列を**全体剛性行列**（global stiffness matrix），左辺のベクトルを全体変位ベクトル，右辺のベクトルを全体外力ベクトル（全体荷重ベクトル）という．要素剛性行列と全体剛性行列は**対称行列**となる．また，要素剛性方程式から全体剛性方程式を組み立てることを**アセンブリング**（assembling）といい，全体剛性行列を作ることを全体剛性行列のアセンブリングという．マトリックス構造解析では全体剛性方程式を求め，境界条件を考慮した後，未知変位について連立方程式を解く手順となる[4]．

上式の左辺の変位ベクトルと右辺の外力ベクトルを見ると，節点 1 では変位が既知で力が未知，節点 2 と 3 では変位が未知で力が既知という関係になっている．変位を拘束すれば未知の反力が生じ，外力が与えられると変位が生じるという関係になる．

8.2.5　全体剛性方程式の縮約

式 (8.12) は u_2, u_3, R_1 を未知変数とする 3 元連立一次方程式であり，展開すればこのままでも解くことができる．しかし，マトリックス構造解析では変位の境界条件を利用して，未知変位についてのみ解く形式に変換することが多い．

一般的な説明にするため，全体剛性方程式を次のように置き換える．

---

[4] 全体剛性方程式は変形条件式 (8.5)，力のつり合い条件式 (8.11)，変位の適合条件式 (8.8) により導かれており，つり合い条件と適合条件の両方を考慮しているので，マトリックス構造解析は静定・不静定に関係なく適用可能な方法である．

192 第8章 マトリックス構造解析

$$
\begin{bmatrix} k_{11} & k_{12} & k_{13} \\ k_{21} & k_{22} & k_{23} \\ k_{31} & k_{32} & k_{33} \end{bmatrix} \begin{Bmatrix} \bar{u} \\ u_2 \\ u_3 \end{Bmatrix} = \begin{Bmatrix} R_1 \\ N_2 \\ N_3 \end{Bmatrix} \tag{8.13}
$$

上式における未知変数は u_2, u_3, R_1 である。$\bar{u}$ は変位の境界条件から与えられる既知の変位であり，図 **8.3** の例では $\bar{u} = 0$ である。強制変位が与えられる問題では $\bar{u} \neq 0$ となる。上式を展開して書き下すと次のようになる。

$$
\begin{aligned}
k_{11}\bar{u} + k_{12}u_2 + k_{13}u_3 &= R_1 \\
k_{21}\bar{u} + k_{22}u_2 + k_{23}u_3 &= N_2 \\
k_{31}\bar{u} + k_{32}u_2 + k_{33}u_3 &= N_3
\end{aligned} \tag{8.14}
$$

ここで，これら3式の左辺第1項は未知変数を含まない既知の項である。$\bar{u} = 0$ の場合は消えて，$\bar{u} \neq 0$ の場合は右辺に移行することができるので，次のようになる。

$$
\begin{aligned}
k_{12}u_2 + k_{13}u_3 &= R_1 - k_{11}\bar{u} \\
k_{22}u_2 + k_{23}u_3 &= N_2 - k_{21}\bar{u} \\
k_{32}u_2 + k_{33}u_3 &= N_3 - k_{31}\bar{u}
\end{aligned} \tag{8.15}
$$

ここで未知変位 u_2, u_3 に着目すると，u_2, u_3 について解くならば第2式と第3式の2つでよく，未知変数 R_1 が含まれている第1式はひとまず不要であることがわかる。すなわち，第2式と第3式から u_2, u_3 について解くことができ，未知変位に関する方程式は次のようになる。

$$
\begin{aligned}
k_{22}u_2 + k_{23}u_3 &= N_2 - k_{21}\bar{u} \\
k_{32}u_2 + k_{33}u_3 &= N_3 - k_{31}\bar{u}
\end{aligned} \quad \Rightarrow \quad \begin{bmatrix} k_{22} & k_{23} \\ k_{32} & k_{33} \end{bmatrix} \begin{Bmatrix} u_2 \\ u_3 \end{Bmatrix} = \begin{Bmatrix} N_2 \\ N_3 \end{Bmatrix} - \bar{u} \begin{Bmatrix} k_{21} \\ k_{31} \end{Bmatrix}
$$
$$\tag{8.16}$$

このように，変位の境界条件を考慮して，全体剛性方程式（全体剛性行列）を小さくすることを**全体剛性方程式（全体剛性行列）の縮約**という[5]。縮約する前の全体剛性行列は逆行列をもたない特異行列であるが，変位の境界条件を考慮して縮約した全体剛性行列は逆行列を有する正則行列となる。

　未知変位について解くための剛性方程式に縮約した後は，逆行列を用いるか，あるいは連立一次方程式を解いて未知変位を求めればよい。未知変位が求まれば式 (8.14) の

---

[5] $\bar{u} = 0$ の場合，$\bar{u}$ に関係する行と列を全体剛性方程式から単純に削除すればよい。$\bar{u} \neq 0$ の場合，式 (8.16) のように $\bar{u}$ に関係する全体剛性行列の成分が右辺に残ることに注意する。

第 1 式[6]から R_1 を求めることができる．

図 **8.3** の例では，変位の境界条件を考慮して式 (8.12) を縮約すると次式となる．

$$\begin{bmatrix} 3k & -k \\ -k & k \end{bmatrix} \begin{Bmatrix} u_2 \\ u_3 \end{Bmatrix} = \begin{Bmatrix} 0 \\ P \end{Bmatrix} \tag{8.17}$$

逆行列を用いて，未知の節点変位は次のようになる．

$$\begin{Bmatrix} u_2 \\ u_3 \end{Bmatrix} = \begin{bmatrix} 3k & -k \\ -k & k \end{bmatrix}^{-1} \begin{Bmatrix} 0 \\ P \end{Bmatrix} = \frac{1}{3k^2 - k^2} \begin{bmatrix} k & k \\ k & 3k \end{bmatrix} \begin{Bmatrix} 0 \\ P \end{Bmatrix} = \begin{Bmatrix} P/2k \\ 3P/2k \end{Bmatrix} \tag{8.18}$$

式 (8.12) の第 1 式より，R_1 は次のように求められる．

$$R_1 = 2k \cdot 0 - 2k \cdot u_2 + 0 \cdot u_3 = -P \tag{8.19}$$

R_1 はマイナスなので，部材軸（x 軸）方向とは逆向きという意味である．つまり，節点 1 の反力は左向きに P となり，当然の結果となる．

例題 8.1 バネのマトリックス構造解析

剛性の異なる 2 本のバネを直列につなぎ，先端に圧縮荷重 P を与えた．節点番号と要素番号に注意して，節点 1 と 3 の変位と節点 2 の反力を求めよ．

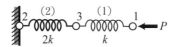

解答・解説

バネの左端を a，右端を b とし，2 本のバネをばらばらにして考える．バネ (1) の両端の変位と材端力を $u_a^{(1)}$, $u_b^{(1)}$, $N_a^{(1)}$, $N_b^{(1)}$ とし，バネ (2) の変位と材端力を $u_a^{(2)}$, $u_b^{(2)}$, $N_a^{(2)}$, $N_b^{(2)}$ とすると，各バネの要素剛性方程式は次式となる．

$$\begin{Bmatrix} N_a^{(1)} \\ N_b^{(1)} \end{Bmatrix} = \begin{bmatrix} k & -k \\ -k & k \end{bmatrix} \begin{Bmatrix} u_a^{(1)} \\ u_b^{(1)} \end{Bmatrix}, \quad \begin{Bmatrix} N_a^{(2)} \\ N_b^{(2)} \end{Bmatrix} = \begin{bmatrix} 2k & -2k \\ -2k & 2k \end{bmatrix} \begin{Bmatrix} u_a^{(2)} \\ u_b^{(2)} \end{Bmatrix} \tag{8.20}$$

バネ (1) は節点 3 と 1，バネ (2) は節点 2 と 3 で構成されることに注意して要素剛性方程式を全体系で書き換えると，次のようになる．

---
[6] 反力方程式とも呼ばれる．

194 第8章 マトリックス構造解析

$$\begin{Bmatrix} N_\mathrm{b}^{(1)} \\ 0 \\ N_\mathrm{a}^{(1)} \end{Bmatrix} = \begin{bmatrix} k & 0 & -k \\ 0 & 0 & 0 \\ -k & 0 & k \end{bmatrix} \begin{Bmatrix} u_\mathrm{b}^{(1)} \\ 0 \\ u_\mathrm{a}^{(1)} \end{Bmatrix}, \qquad \begin{Bmatrix} 0 \\ N_\mathrm{a}^{(2)} \\ N_\mathrm{b}^{(2)} \end{Bmatrix} = \begin{bmatrix} 0 & 0 & 0 \\ 0 & 2k & -2k \\ 0 & -2k & 2k \end{bmatrix} \begin{Bmatrix} 0 \\ u_\mathrm{a}^{(2)} \\ u_\mathrm{b}^{(2)} \end{Bmatrix}$$

(8.21)

変位の適合条件は次式で表される.

$$u_\mathrm{a}^{(2)} = u_2 \, (=0) , \quad u_\mathrm{b}^{(2)} = u_\mathrm{a}^{(1)} = u_3 , \quad u_\mathrm{b}^{(1)} = u_1 \tag{8.22}$$

これより，全体系の方程式は次のようになる.

$$\begin{Bmatrix} N_\mathrm{b}^{(1)} \\ 0 \\ N_\mathrm{a}^{(1)} \end{Bmatrix} = \begin{bmatrix} k & 0 & -k \\ 0 & 0 & 0 \\ -k & 0 & k \end{bmatrix} \begin{Bmatrix} u_1 \\ u_2 \\ u_3 \end{Bmatrix}, \qquad \begin{Bmatrix} 0 \\ N_\mathrm{a}^{(2)} \\ N_\mathrm{b}^{(2)} \end{Bmatrix} = \begin{bmatrix} 0 & 0 & 0 \\ 0 & 2k & -2k \\ 0 & -2k & 2k \end{bmatrix} \begin{Bmatrix} u_1 \\ u_2 \\ u_3 \end{Bmatrix}$$

(8.23)

これらを足し合わせると，次のようになる.

$$\begin{Bmatrix} N_\mathrm{b}^{(1)} \\ N_\mathrm{a}^{(2)} \\ N_\mathrm{a}^{(1)} + N_\mathrm{b}^{(2)} \end{Bmatrix} = \begin{bmatrix} k & 0 & -k \\ 0 & 2k & -2k \\ -k & -2k & 3k \end{bmatrix} \begin{Bmatrix} u_1 \\ u_2 \\ u_3 \end{Bmatrix} \tag{8.24}$$

各節点における力のつり合い条件は次式で表される.

$$N_\mathrm{a}^{(2)} = R_2 , \quad N_\mathrm{a}^{(1)} + N_\mathrm{b}^{(2)} = 0 , \quad N_\mathrm{b}^{(1)} = -P \tag{8.25}$$

これと変位の境界条件 $u_2 = 0$ を考慮すると，全体剛性方程式は次式となる.

$$\begin{Bmatrix} -P \\ R_2 \\ 0 \end{Bmatrix} = \begin{bmatrix} k & 0 & -k \\ 0 & 2k & -2k \\ -k & -2k & 3k \end{bmatrix} \begin{Bmatrix} u_1 \\ u_2 \\ u_3 \end{Bmatrix} \rightarrow \begin{bmatrix} k & 0 & -k \\ 0 & 2k & -2k \\ -k & -2k & 3k \end{bmatrix} \begin{Bmatrix} u_1 \\ 0 \\ u_3 \end{Bmatrix} = \begin{Bmatrix} -P \\ R_2 \\ 0 \end{Bmatrix}$$

(8.26)

変位の境界条件を考慮すると，全体剛性方程式は次のように縮約される.

$$\begin{bmatrix} k & -k \\ -k & 3k \end{bmatrix} \begin{Bmatrix} u_1 \\ u_3 \end{Bmatrix} = \begin{Bmatrix} -P \\ 0 \end{Bmatrix} \tag{8.27}$$

この方程式を解くと，節点1と節点3の変位は次のようになる.

$$\begin{Bmatrix} u_1 \\ u_3 \end{Bmatrix} = \begin{bmatrix} k & -k \\ -k & 3k \end{bmatrix}^{-1} \begin{Bmatrix} -P \\ 0 \end{Bmatrix} = \begin{Bmatrix} -3P/2k \\ -P/2k \end{Bmatrix} \qquad (8.28)$$

式 (8.26) の第 2 式より，R_2 は次のようになる．

$$R_2 = 0 \cdot u_1 + 2k \cdot 0 - 2k \cdot u_3 = P \qquad (8.29)$$

この例題は図 **8.3** の荷重を逆向きにしただけであるので，式 (8.18)，(8.19) の結果と符号が異なるだけである．

8.3 棒材のマトリックス構造解析

8.3.1 棒材の剛性とバネ定数の関係

軸方向の荷重を受けて伸び縮みする棒材は，力学的にはバネと同じである．つまり，図 **8.4** (a) に示すように，棒材の長さ L，ヤング率 E，断面積 A を用いてバネ定数 k を表すことができる．

バネおよび棒材の軸方向に作用する力（軸力）を F，バネの伸縮を δ とすると，バネに関するフックの法則は次式で表される．

$$F = k\delta \qquad (8.30)$$

棒材に生じる応力 σ，ひずみ ε は次のように表される．

$$\sigma = \frac{F}{A}, \quad \varepsilon = \frac{\delta}{L} \qquad (8.31)$$

この 2 式をフックの法則 $\sigma = E\varepsilon$ に代入すると，次のようになる．

$$\frac{F}{A} = E\frac{\delta}{L} \quad \rightarrow \quad F = \frac{EA}{L}\delta \qquad (8.32)$$

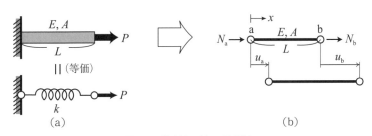

図 **8.4** 棒材とバネの等価性

上式と式 (8.30) を比べると，バネ定数 k は次式で表すことができる[7]．

$$k = \frac{EA}{L} \tag{8.33}$$

8.3.2 要素剛性行列

棒材を表す要素はバネでも構わないが，後述するトラス部材への応用も考慮して図 8.4 (b) のように線状で表記する．軸方向の荷重を受ける棒材はバネと力学的に同じであるので，棒材のマトリックス構造解析はバネのマトリックス構造解析と同様の形式となる．すなわち，バネの要素剛性方程式 (8.5) におけるバネ定数 k を上で求めた式 (8.33) で置き換えるだけでよい．よって，棒材の要素剛性方程式は次式で表される．

$$\begin{Bmatrix} N_a \\ N_b \end{Bmatrix} = \begin{bmatrix} \frac{EA}{L} & -\frac{EA}{L} \\ -\frac{EA}{L} & \frac{EA}{L} \end{bmatrix} \begin{Bmatrix} u_a \\ u_b \end{Bmatrix} \tag{8.34}$$

8.3.3 アセンブリングの例

全体剛性方程式を導出するためのアセンブリングは，前節で示したバネのマトリックス構造解析と同じように行えばよい．たとえば，図 8.5 (a) に示すような 2 要素モデルにおいて，要素 (1) と要素 (2) の剛性行列を全体系で表すと次式となる．

$$\begin{bmatrix} K_{(1)} \end{bmatrix} = \begin{bmatrix} \frac{EA}{L} & -\frac{EA}{L} & 0 \\ -\frac{EA}{L} & \frac{EA}{L} & 0 \\ 0 & 0 & 0 \end{bmatrix}, \quad \begin{bmatrix} K_{(2)} \end{bmatrix} = \begin{bmatrix} 0 & 0 & 0 \\ 0 & \frac{EA}{L} & -\frac{EA}{L} \\ 0 & -\frac{EA}{L} & \frac{EA}{L} \end{bmatrix} \tag{8.35}$$

これらを足し合わせて境界条件を考慮すると，全体剛性方程式は次式となる．

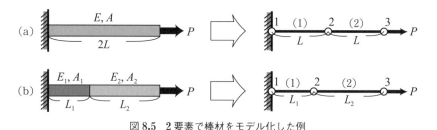

図 8.5 2 要素で棒材をモデル化した例

---

[7] 7 章の式 (7.81)〜(7.84) でも同様の関係式を導出している．

$$\begin{bmatrix} \dfrac{EA}{L} & -\dfrac{EA}{L} & 0 \\ -\dfrac{EA}{L} & \dfrac{2EA}{L} & -\dfrac{EA}{L} \\ 0 & -\dfrac{EA}{L} & \dfrac{EA}{L} \end{bmatrix} \begin{Bmatrix} 0 \\ u_2 \\ u_3 \end{Bmatrix} = \begin{Bmatrix} R_1 \\ 0 \\ P \end{Bmatrix} \quad (8.36)$$

図 8.5 (b) に示すように，要素によって長さや剛性が異なる場合は，次のように要素の剛性行列においてその違いを考慮すればよい．

$$[K_{(1)}] = \begin{bmatrix} \dfrac{E_1 A_1}{L_1} & -\dfrac{E_1 A_1}{L_1} & 0 \\ -\dfrac{E_1 A_1}{L_1} & \dfrac{E_1 A_1}{L_1} & 0 \\ 0 & 0 & 0 \end{bmatrix}, \quad [K_{(2)}] = \begin{bmatrix} 0 & 0 & 0 \\ 0 & \dfrac{E_2 A_2}{L_2} & -\dfrac{E_2 A_2}{L_2} \\ 0 & -\dfrac{E_2 A_2}{L_2} & \dfrac{E_2 A_2}{L_2} \end{bmatrix} \quad (8.37)$$

これらを足し合わせて境界条件を考慮すると，全体剛性方程式は次式となる．

$$\begin{bmatrix} \dfrac{E_1 A_1}{L_1} & -\dfrac{E_1 A_1}{L_1} & 0 \\ -\dfrac{E_1 A_1}{L_1} & \dfrac{E_1 A_1}{L_1} + \dfrac{E_2 A_2}{L_2} & -\dfrac{E_2 A_2}{L_2} \\ 0 & -\dfrac{E_2 A_2}{L_2} & \dfrac{E_2 A_2}{L_2} \end{bmatrix} \begin{Bmatrix} 0 \\ u_2 \\ u_3 \end{Bmatrix} = \begin{Bmatrix} R_1 \\ 0 \\ P \end{Bmatrix} \quad (8.38)$$

8.3.4 軸力の計算

軸力は部材（要素）ごとの内力（断面力）であるので，節点変位をすべて求めた後，各要素の a 端と b 端の変位に戻す．そして式 (8.2) より，引張を正とする軸力を計算することができる．

$$N = k\delta = \dfrac{EA}{L}(u_\mathrm{b} - u_\mathrm{a}) \quad (8.39)$$

または $N_\mathrm{b} = N$ なので[8]，式 (8.34) より材端力 N_b を計算してもよい．

例題 8.2 引張荷重を受ける異種棒材のマトリックス構造解析

断面積が同じで長さとヤング率の異なる棒材 (1) と (2) を直列につなぎ，左端を固定し，右端に引張荷重 P を与えた．棒材 1 と 2 の長さをそれぞれ L, $2L$，ヤング率を $2E$, E，断面積はともに A とする．点 B と点 C の変位を求めよ．

---

[8] 断面力としての軸力 N と符合が一致するのは，b 端の材端力 N_b である．

198   第8章 マトリックス構造解析

解答・解説

例題図のように2要素でモデル化する．要素 (1) と要素 (2) で長さとヤング率が異なることに注意して，式 (8.37), (8.38) のように全体剛性方程式を作成する．まず，要素 (1) と要素 (2) の剛性行列を全体系で表すと次式となる．

$$[K_{(1)}] = \begin{bmatrix} \frac{2EA}{L} & -\frac{2EA}{L} & 0 \\ -\frac{2EA}{L} & \frac{2EA}{L} & 0 \\ 0 & 0 & 0 \end{bmatrix}, \quad [K_{(2)}] = \begin{bmatrix} 0 & 0 & 0 \\ 0 & \frac{EA}{2L} & -\frac{EA}{2L} \\ 0 & -\frac{EA}{2L} & \frac{EA}{2L} \end{bmatrix} \quad (8.40)$$

これらを足し合わせると，全体剛性方程式は次式となる．

$$\begin{bmatrix} \frac{2EA}{L} & -\frac{2EA}{L} & 0 \\ -\frac{2EA}{L} & \frac{5EA}{2L} & -\frac{EA}{2L} \\ 0 & -\frac{EA}{2L} & \frac{EA}{2L} \end{bmatrix} \begin{Bmatrix} u_1 \\ u_2 \\ u_3 \end{Bmatrix} = \begin{Bmatrix} N_1 \\ N_2 \\ N_3 \end{Bmatrix} \quad (8.41)$$

節点1は固定されているので $u_1 = 0$, $N_1 = R_1$ であり，節点3は引張荷重 P が与えられるので $N_3 = P$ となる．これらを考慮した全体剛性方程式と，変位の境界条件を考慮して縮約した全体剛性方程式は次のようになる．

$$\frac{EA}{2L}\begin{bmatrix} 4 & -4 & 0 \\ -4 & 5 & -1 \\ 0 & -1 & 1 \end{bmatrix}\begin{Bmatrix} 0 \\ u_2 \\ u_3 \end{Bmatrix} = \begin{Bmatrix} R_1 \\ 0 \\ P \end{Bmatrix} \quad \rightarrow \quad \frac{EA}{2L}\begin{bmatrix} 5 & -1 \\ -1 & 1 \end{bmatrix}\begin{Bmatrix} u_2 \\ u_3 \end{Bmatrix} = \begin{Bmatrix} 0 \\ P \end{Bmatrix}$$
$$(8.42)$$

これより，未知変位は次のように求められる．

$$\begin{Bmatrix} u_2 \\ u_3 \end{Bmatrix} = \frac{2L}{EA}\begin{bmatrix} 5 & -1 \\ -1 & 1 \end{bmatrix}^{-1}\begin{Bmatrix} 0 \\ P \end{Bmatrix} = \frac{2L}{EA}\cdot\frac{1}{4}\begin{bmatrix} 1 & 1 \\ 1 & 5 \end{bmatrix}\begin{Bmatrix} 0 \\ P \end{Bmatrix} = \begin{Bmatrix} \frac{PL}{2EA} \\ \frac{5PL}{2EA} \end{Bmatrix} \quad (8.43)$$

よって，点Bの変位は右向きに $PL/2EA$，点Cの変位は右向きに $5PL/2EA$ となる．この例題は**例題1.4** と同じ問題である．式 (1.33) で求めた ΔL に，この問題に合わせて $E_1 = 2E$, $E_2 = E$, $L_1 = L$, $L_2 = 2L$ を代入すると，次のようになる．

$$\Delta L = \frac{PL_1}{E_1 A} + \frac{PL_2}{E_2 A} = \frac{PL}{2EA} + \frac{2PL}{EA} = \frac{5PL}{2EA} \quad (8.44)$$

ΔL は点Cの変位であり，マトリックス構造解析で求めた値と一致している．**例題1.4** では，最初に力の状態を求めた後に変位 ΔL は最後に求まっている．これに対して，マトリックス構造解析は最初に変位が求まる方法である．

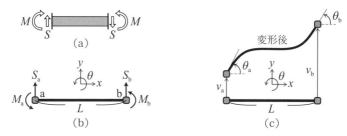

図 8.6 はりにおける材端力と変位の正の向き(定義)

8.4 はりのマトリックス構造解析

8.4.1 力と変位の正の向き

はりのマトリックス構造解析において最初に気を付けるべきは,節点での力と変位の正負の定義がこれまでと異なることである.はりの多くは軸方向の力と変形について考えなくてよいので,以下では断面力のうち,せん断力と曲げモーメントのみを対象とする.

構造力学における**断面力**の正の定義は**図 8.6** (a) であり,これまではこの定義に基づいてせん断力と曲げモーメントの分布を求めてきた.これに対して,マトリックス構造解析では,座標軸の向きを正の向きとする材端力を用いる.つまり,**図 8.6** (b), (c) のように[9],はりの左端や右端に関係なく,材端力としてのせん断力は上向き,曲げモーメントは反時計まわりが正の向きの定義となる[10].マトリックス構造解析におけるせん断力と曲げモーメントは,材端力としてのせん断力と曲げモーメントであることに注意して,以下では説明を簡単にするために単にせん断力,曲げモーメントとする.

軸方向の変位を考えない場合,はりの変位はたわみとたわみ角の 2 つで表されるので,各節点の自由度数は 2 となる.変位の正の向きについては,材端力と同様に座標軸の向きを正の向きとし,たわみは上向き,たわみ角は反時計まわりを正と定義する[11].

8.4.2 要素剛性方程式の導出(材端力のみ)

軸力について考えない場合,**図 8.6** (b), (c) に示すように,はりにおける材端力はせん断力と曲げモーメントによって表され,変位はたわみ(鉛直変位)とたわみ角(回転角)によって表される.すなわち,要素剛性方程式は次のような形式で表される.

---
[9] 節点を白丸で描画するとヒンジと区別できなくなるので,はりでは**図 8.6** (b), (c) のようにしている.
[10] 軸力を考える場合はバネや棒材と同様に,右向き(a 端 → b 端)が正の向きとなる.
[11] テキストによっては下向きを鉛直方向の正の向きにする場合もあるが,本書では x 軸を右向き,y 軸を上向き,回転を反時計まわりとする最も標準的な**右手系**の座標軸を採用している.

図 8.7 要素剛性行列を求めるために材端力を作用させた片持はり

$$\begin{Bmatrix} S_a \\ M_a \\ S_b \\ M_b \end{Bmatrix} = \begin{bmatrix} k_{11} & k_{12} & k_{13} & k_{14} \\ k_{21} & k_{22} & k_{23} & k_{24} \\ k_{31} & k_{32} & k_{33} & k_{34} \\ k_{41} & k_{42} & k_{43} & k_{44} \end{bmatrix} \begin{Bmatrix} v_a \\ \theta_a \\ v_b \\ \theta_b \end{Bmatrix} \quad (8.45)$$

上式における要素剛性行列の各成分の値を求めるために，まず $v_b = 0$，$\theta_b = 0$ としたときの v_a と θ_a を求める．すなわち，図 8.7 (a) に示すように左端に集中荷重 S_a とモーメント荷重 M_a が作用する長さ L の片持はりを考え，左端の鉛直変位 v_a とたわみ角 θ_a を求める．ここでは，カステリアノの定理（解法 1）を用いる．左端から x 軸をとると，位置 x における曲げモーメント $M(x)$ は次式で表される．

$$M(x) = S_a x - M_a \quad (8.46)$$

ひずみエネルギーは次式となる．

$$U = \int_0^L \frac{M(x)^2}{2EI} dx = \frac{S_a^2 L^3}{6EI} - \frac{S_a M_a L^2}{2EI} + \frac{M_a^2 L}{2EI} \quad (8.47)$$

カステリアノの定理（解法 1）より，v_a と θ_a は次のようになる．

$$v_a = \frac{\partial U}{\partial S_a} = \frac{S_a L^3}{3EI} - \frac{M_a L^2}{2EI}, \quad \theta_a = \frac{\partial U}{\partial M_a} = -\frac{S_a L^2}{2EI} + \frac{M_a L}{EI} \quad (8.48)$$

剛性方程式の関係に合わせて，上式を S_a と M_a について書き換える．

$$S_a = \frac{12EI}{L^3} v_a + \frac{6EI}{L^2} \theta_a, \quad M_a = \frac{6EI}{L^2} v_a + \frac{4EI}{L} \theta_a \quad (8.49)$$

また，図 8.7 (a) の片持はりにおいて，鉛直方向の力のつり合いと固定端におけるモーメントのつり合いは次式で表される．

$$S_a + S_b = 0, \quad M_a + M_b - S_a L = 0 \quad (8.50)$$

式 (8.49) と式 (8.50) より，S_b と M_b は v_a と θ_a を用いて次式で表される．

$$S_b = -\frac{12EI}{L^3} v_a - \frac{6EI}{L^2} \theta_a, \quad M_b = \frac{6EI}{L^2} v_a + \frac{2EI}{L} \theta_a \quad (8.51)$$

一方，式 (8.45) に $v_b = 0$，$\theta_b = 0$ を代入し方程式を展開すると，次のようになる．

$$
\left\{
\begin{array}{c}
S_{\mathrm{a}} \\
M_{\mathrm{a}} \\
S_{\mathrm{b}} \\
M_{\mathrm{b}}
\end{array}
\right\}
=
\left[
\begin{array}{cccc}
k_{11} & k_{12} & k_{13} & k_{14} \\
k_{21} & k_{22} & k_{23} & k_{24} \\
k_{31} & k_{32} & k_{33} & k_{34} \\
k_{41} & k_{42} & k_{43} & k_{44}
\end{array}
\right]
\left\{
\begin{array}{c}
v_{\mathrm{a}} \\
\theta_{\mathrm{a}} \\
0 \\
0
\end{array}
\right\}
\quad \rightarrow \quad
\begin{array}{l}
S_{\mathrm{a}} = k_{11} v_{\mathrm{a}} + k_{12} \theta_{\mathrm{a}} \\
M_{\mathrm{a}} = k_{21} v_{\mathrm{a}} + k_{22} \theta_{\mathrm{a}} \\
S_{\mathrm{b}} = k_{31} v_{\mathrm{a}} + k_{32} \theta_{\mathrm{a}} \\
M_{\mathrm{b}} = k_{41} v_{\mathrm{a}} + k_{42} \theta_{\mathrm{a}}
\end{array}
\tag{8.52}
$$

式 (8.49), (8.51), (8.52) より，要素剛性行列の成分が次のように求められる.

$$
\begin{aligned}
k_{11} &= \frac{12EI}{L^3}, \quad & k_{12} &= \frac{6EI}{L^2}, \quad & k_{21} &= \frac{6EI}{L^2}, \quad & k_{22} &= \frac{4EI}{L}, \\
k_{31} &= -\frac{12EI}{L^3}, \quad & k_{32} &= -\frac{6EI}{L^2}, \quad & k_{41} &= \frac{6EI}{L^2}, \quad & k_{42} &= \frac{2EI}{L}
\end{aligned}
\tag{8.53}
$$

同様に，$v_{\mathrm{a}} = 0$，$\theta_{\mathrm{a}} = 0$ としたときの v_{b} と θ_{b} を求める．すなわち，**図 8.7** (b) に示すように右端に集中荷重 S_{b} とモーメント荷重 M_{b} が作用する片持はりを考え，カステリアノの定理（解法1）を用いて右端の鉛直変位 v_{b} とたわみ角 θ_{b} を求める．右端から x 軸をとると，位置 x における曲げモーメント $M(x)$ は次式で表される．

$$
M(x) = S_{\mathrm{b}} x + M_{\mathrm{b}}
\tag{8.54}
$$

ひずみエネルギーは次式となる.

$$
U = \int_0^L \frac{M(x)^2}{2EI} dx = \frac{S_{\mathrm{b}}^2 L^3}{6EI} + \frac{S_{\mathrm{b}} M_{\mathrm{b}} L^2}{2EI} + \frac{M_{\mathrm{b}}^2 L}{2EI}
\tag{8.55}
$$

カステリアノの定理（解法1）より，v_{b} と θ_{b} は次のようになる.

$$
v_{\mathrm{b}} = \frac{\partial U}{\partial S_{\mathrm{b}}} = \frac{S_{\mathrm{b}} L^3}{3EI} + \frac{M_{\mathrm{b}} L^2}{2EI}, \quad
\theta_{\mathrm{b}} = \frac{\partial U}{\partial M_{\mathrm{b}}} = \frac{S_{\mathrm{b}} L^2}{2EI} + \frac{M_{\mathrm{b}} L}{EI}
\tag{8.56}
$$

剛性方程式の関係に合わせて，上式を S_{b} と M_{b} について書き換える.

$$
S_{\mathrm{b}} = \frac{12EI}{L^3} v_{\mathrm{b}} - \frac{6EI}{L^2} \theta_{\mathrm{b}}, \quad
M_{\mathrm{b}} = -\frac{6EI}{L^2} v_{\mathrm{b}} + \frac{4EI}{L} \theta_{\mathrm{b}}
\tag{8.57}
$$

また，**図 8.7** (b) の片持はりにおいて，鉛直方向の力のつり合いと固定端におけるモーメントのつり合いは次式で表される.

$$
S_{\mathrm{a}} + S_{\mathrm{b}} = 0, \quad M_{\mathrm{a}} + M_{\mathrm{b}} + S_{\mathrm{b}} L = 0
\tag{8.58}
$$

式 (8.57) と式 (8.58) より，S_{a} と M_{a} は v_{b} と θ_{b} を用いて次式で表される.

$$
S_{\mathrm{a}} = -\frac{12EI}{L^3} v_{\mathrm{b}} + \frac{6EI}{L^2} \theta_{\mathrm{b}}, \quad
M_{\mathrm{a}} = -\frac{6EI}{L^2} v_{\mathrm{b}} + \frac{2EI}{L} \theta_{\mathrm{b}}
\tag{8.59}
$$

一方，式 (8.45) に $v_{\mathrm{a}} = 0$，$\theta_{\mathrm{a}} = 0$ を代入し，方程式を展開すると次のようになる.

$$\begin{Bmatrix} S_a \\ M_a \\ S_b \\ M_b \end{Bmatrix} = \begin{bmatrix} k_{11} & k_{12} & k_{13} & k_{14} \\ k_{21} & k_{22} & k_{23} & k_{24} \\ k_{31} & k_{32} & k_{33} & k_{34} \\ k_{41} & k_{42} & k_{43} & k_{44} \end{bmatrix} \begin{Bmatrix} 0 \\ 0 \\ v_b \\ \theta_b \end{Bmatrix} \rightarrow \begin{matrix} S_a = k_{13}v_b + k_{14}\theta_b \\ M_a = k_{23}v_b + k_{24}\theta_b \\ S_b = k_{33}v_b + k_{34}\theta_b \\ M_b = k_{43}v_b + k_{44}\theta_b \end{matrix} \quad (8.60)$$

式 (8.57), (8.59), (8.60) より，要素剛性行列の成分が次のように求められる．

$$\begin{aligned} k_{13} &= -\frac{12EI}{L^3}, & k_{14} &= \frac{6EI}{L^2}, & k_{23} &= -\frac{6EI}{L^2}, & k_{24} &= \frac{2EI}{L}, \\ k_{33} &= \frac{12EI}{L^3}, & k_{34} &= -\frac{6EI}{L^2}, & k_{43} &= -\frac{6EI}{L^2}, & k_{44} &= \frac{4EI}{L} \end{aligned} \quad (8.61)$$

式 (8.53), (8.61) より，せん断力と曲げモーメントに関するはりの要素剛性方程式は次式で表される[12].

$$\begin{Bmatrix} S_a \\ M_a \\ S_b \\ M_b \end{Bmatrix} = \frac{EI}{L^3} \begin{bmatrix} 12 & 6L & -12 & 6L \\ 6L & 4L^2 & -6L & 2L^2 \\ -12 & -6L & 12 & -6L \\ 6L & 2L^2 & -6L & 4L^2 \end{bmatrix} \begin{Bmatrix} v_a \\ \theta_a \\ v_b \\ \theta_b \end{Bmatrix} \quad (8.62)$$

例題 8.3　集中荷重が作用する片持はりのマトリックス構造解析

先端に集中荷重 P が作用する片持はりがある．はりの曲げ剛性を EI とし，マトリックス構造解析により，支点反力と荷重点のたわみ，たわみ角を求めよ．

解答・解説

1 要素でモデル化できる問題であるので，式 (8.62) を用いて解くことができる．節点 1 は固定端であるので，$v_1 = 0$，$\theta_1 = 0$ であり，節点 2 には下向きに集中荷重 P が作用するので，$S_2 = -P$ となる．節点 1 の支点反力を V_1，M_1 とすると，式 (8.62) より，剛性方程式は次式となる．

---

[12] 式 (8.62) は 3 章で述べた弾性曲線方程式からも導くことができる．

$$\frac{EI}{L^3}\begin{bmatrix} 12 & 6L & -12 & 6L \\ 6L & 4L^2 & -6L & 2L^2 \\ -12 & -6L & 12 & -6L \\ 6L & 2L^2 & -6L & 4L^2 \end{bmatrix}\begin{Bmatrix} 0 \\ 0 \\ v_2 \\ \theta_2 \end{Bmatrix} = \begin{Bmatrix} V_1 \\ M_1 \\ -P \\ 0 \end{Bmatrix} \quad (8.63)$$

変位の境界条件を考慮して，上式を縮約すると次式となる．

$$\frac{EI}{L^3}\begin{bmatrix} 12 & -6L \\ -6L & 4L^2 \end{bmatrix}\begin{Bmatrix} v_2 \\ \theta_2 \end{Bmatrix} = \begin{Bmatrix} -P \\ 0 \end{Bmatrix} \quad (8.64)$$

逆行列を両辺に乗じることにより，節点2の変位は次のようになる．

$$\begin{Bmatrix} v_2 \\ \theta_2 \end{Bmatrix} = \frac{L^3}{EI}\begin{bmatrix} 12 & -6L \\ -6L & 4L^2 \end{bmatrix}^{-1}\begin{Bmatrix} -P \\ 0 \end{Bmatrix} = \frac{L^3}{EI}\cdot\frac{1}{12L^2}\begin{bmatrix} 4L^2 & 6L \\ 6L & 12 \end{bmatrix}\begin{Bmatrix} -P \\ 0 \end{Bmatrix}$$
$$= \begin{Bmatrix} -PL^3/3EI \\ -PL^2/2EI \end{Bmatrix} \quad (8.65)$$

式(8.63)より，節点1の支点反力は次のようになる．

$$V_1 = \frac{EI}{L^3}(-12\cdot v_2 + 6L\cdot\theta_2) = P, \quad M_1 = \frac{EI}{L^3}(-6L\cdot v_2 + 2L^2\cdot\theta_2) = PL \quad (8.66)$$

以上より，正の向きの定義に注意して，節点2のたわみは下向きに$PL^3/3EI$，たわみ角は時計まわりに$PL^2/2EI$となり，例題3.4，例題6.5，例題6.14，例題6.18の結果と一致する．節点1の支点反力は鉛直反力が上向きにP，モーメント反力が反時計まわりにPLとなり，例題2.1の結果と一致する．また，これまでの構造解析とは手順が逆で，先に変位が求まり，その後に支点反力が求まっていることがわかる[13]．

例題8.4　モーメント荷重が作用する片持はりのマトリックス構造解析

先端にモーメント荷重Mが作用する片持はりがある．はりの曲げ剛性をEIとし，マトリックス構造解析により，支点反力と荷重点のたわみ，たわみ角を求めよ．

---

[13] 断面力を手計算で求める場合は，反力を求めた後に，力のつり合いから計算することができる．コンピュータを用いる場合は，要素分割を細かくして，節点の結果を出力すればよい．

204　第8章　マトリックス構造解析

解答・解説

1要素でモデル化できる問題であるので，式 (8.62) を用いて解くことができる．節点1は固定端であるので，$v_1 = 0$，$\theta_1 = 0$ であり，節点2には時計まわりのモーメント荷重 M が作用するので，$M_2 = -M$ となる．節点1の支点反力を V_1，M_1 とすると，式 (8.62) より，剛性方程式は次式となる．

$$\frac{EI}{L^3}\begin{bmatrix} 12 & 6L & -12 & 6L \\ 6L & 4L^2 & -6L & 2L^2 \\ -12 & -6L & 12 & -6L \\ 6L & 2L^2 & -6L & 4L^2 \end{bmatrix}\begin{Bmatrix} 0 \\ 0 \\ v_2 \\ \theta_2 \end{Bmatrix} = \begin{Bmatrix} V_1 \\ M_1 \\ 0 \\ -M \end{Bmatrix} \tag{8.67}$$

変位の境界条件を考慮して，上式を縮約すると次式となる．

$$\frac{EI}{L^3}\begin{bmatrix} 12 & -6L \\ -6L & 4L^2 \end{bmatrix}\begin{Bmatrix} v_2 \\ \theta_2 \end{Bmatrix} = \begin{Bmatrix} 0 \\ -M \end{Bmatrix} \tag{8.68}$$

逆行列を両辺に乗じることにより，節点2の変位は次のようになる．

$$\begin{Bmatrix} v_2 \\ \theta_2 \end{Bmatrix} = \frac{L^3}{EI}\begin{bmatrix} 12 & -6L \\ -6L & 4L^2 \end{bmatrix}^{-1}\begin{Bmatrix} 0 \\ -M \end{Bmatrix} = \begin{Bmatrix} -ML^2/2EI \\ -ML/EI \end{Bmatrix} \tag{8.69}$$

式 (8.67) より，節点1の支点反力は次のようになる．

$$V_1 = \frac{EI}{L^3}\left(-12 \cdot v_2 + 6L \cdot \theta_2\right) = 0 ，\qquad M_1 = \frac{EI}{L^3}\left(-6L \cdot v_2 + 2L^2 \cdot \theta_2\right) = M \tag{8.70}$$

以上より，正の向きの定義に注意して，節点2のたわみは下向きに $ML^2/2EI$，たわみ角は時計まわりに ML/EI となり，**例題 3.5**，**例題 6.8**，**例題 6.17** の結果と一致する．節点1の支点反力は鉛直反力が0，モーメント反力が反時計まわりに M となり，**例題 2.2** の結果と一致する．

例題 8.5　モーメント荷重が作用する単純はりのマトリックス構造解析

長さ L の単純はりの点Bにモーメント荷重 M が作用している．はりの曲げ剛性を EI とし，マトリックス構造解析により，支点反力と支点でのたわみ角を求めよ．

8.4 はりのマトリックス構造解析 205

解答・解説

1 要素でモデル化できる問題であるので，式 (8.62) を用いて解くことができる．節点 1 はヒンジ支点，節点 2 はローラー支点であるので $v_1 = 0$，$v_2 = 0$ であり，節点 2 には反時計まわりのモーメント荷重 M が作用するので $M_2 = M$ となる．節点 1 と節点 2 の鉛直反力を V_1，V_2 とすると，式 (8.62) より，剛性方程式は次式となる．

$$\frac{EI}{L^3}\begin{bmatrix} 12 & 6L & -12 & 6L \\ 6L & 4L^2 & -6L & 2L^2 \\ -12 & -6L & 12 & -6L \\ 6L & 2L^2 & -6L & 4L^2 \end{bmatrix}\begin{Bmatrix} 0 \\ \theta_1 \\ 0 \\ \theta_2 \end{Bmatrix} = \begin{Bmatrix} V_1 \\ 0 \\ V_2 \\ M \end{Bmatrix} \tag{8.71}$$

変位の境界条件を考慮して，上式を縮約すると次式となる．

$$\frac{EI}{L^3}\begin{bmatrix} 4L^2 & 2L^2 \\ 2L^2 & 4L^2 \end{bmatrix}\begin{Bmatrix} \theta_1 \\ \theta_2 \end{Bmatrix} = \begin{Bmatrix} 0 \\ M \end{Bmatrix} \tag{8.72}$$

逆行列を両辺に乗じることにより，節点 1 と節点 2 のたわみ角は次のようになる．

$$\begin{Bmatrix} \theta_1 \\ \theta_2 \end{Bmatrix} = \frac{L^3}{EI}\begin{bmatrix} 4L^2 & 2L^2 \\ 2L^2 & 4L^2 \end{bmatrix}^{-1}\begin{Bmatrix} 0 \\ M \end{Bmatrix} = \begin{Bmatrix} -ML/6EI \\ ML/3EI \end{Bmatrix} \tag{8.73}$$

式 (8.71) より，節点 1 と節点 2 の支点反力は次のようになる．

$$V_1 = \frac{EI}{L^3}\left(6L \cdot \theta_1 + 6L \cdot \theta_2\right) = \frac{M}{L}\ , \quad V_2 = \frac{EI}{L^3}\left(-6L \cdot \theta_1 - 6L \cdot \theta_2\right) = -\frac{M}{L} \tag{8.74}$$

以上より，正の向きの定義に注意して，節点 1 のたわみ角は時計まわりに $ML/6EI$，節点 2 のたわみ角は反時計まわりに $ML/3EI$ となり，**例題 3.7**，**例題 6.9** の結果と一致する．節点 1 の鉛直反力は上向きに M/L，節点 2 の鉛直反力は下向きに M/L となり，**例題 2.6** の結果と一致する．

8.4.3 要素剛性方程式の導出 （等分布荷重）

分布荷重が作用するはりの要素剛性方程式は次のような形式で表される．

$$\begin{Bmatrix} S_a \\ M_a \\ S_b \\ M_b \end{Bmatrix} = \begin{bmatrix} k_{11} & k_{12} & k_{13} & k_{14} \\ k_{21} & k_{22} & k_{23} & k_{24} \\ k_{31} & k_{32} & k_{33} & k_{34} \\ k_{41} & k_{42} & k_{43} & k_{44} \end{bmatrix}\begin{Bmatrix} v_a \\ \theta_a \\ v_b \\ \theta_b \end{Bmatrix} + \begin{Bmatrix} f_1 \\ f_2 \\ f_3 \\ f_4 \end{Bmatrix} \tag{8.75}$$

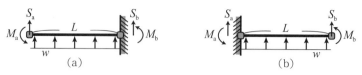

図 8.8 要素剛性行列を求めるために分布荷重を作用させた片持ちはり

ここで, f_1, f_2, f_3, f_4 は分布荷重に関する項である. 分布荷重が作用するはりのマトリックス構造解析では, 分布荷重の形状によって f_1～f_4 の値が異なる. ここでは等分布荷重が作用するはりの要素剛性方程式を示す.

図 8.8 に示すように, 両端の材端力に加えて正 (上向き) の等分布荷重 w が作用する片持ちはりを考え, 等分布荷重 w が作用するはりの要素剛性方程式を導出する. 図 8.7 との違いは等分布荷重の有無である.

8.4.2 項と同様の手順で, まず図 8.8 (a) の片持ちはりに対して, カステリアノの定理を用いて左端の鉛直変位 v_a とたわみ角 θ_a を求め, S_a と M_a について書き換える.

$$S_a = \frac{12EI}{L^3}v_a + \frac{6EI}{L^2}\theta_a - \frac{wL}{2}, \quad M_a = \frac{6EI}{L^2}v_a + \frac{4EI}{L}\theta_a - \frac{wL^2}{12} \quad (8.76)$$

また, 力とモーメントのつり合いから, S_b と M_b は次式で表される.

$$S_b = -\frac{12EI}{L^3}v_a - \frac{6EI}{L^2}\theta_a - \frac{wL}{2}, \quad M_b = \frac{6EI}{L^2}v_a + \frac{2EI}{L}\theta_a + \frac{wL^2}{12} \quad (8.77)$$

同様に, 図 8.8 (b) の片持ちはりに対して, カステリアノの定理を用いて右端の鉛直変位 v_b とたわみ角 θ_b を求め, S_b と M_b について書き換える.

$$S_b = \frac{12EI}{L^3}v_b - \frac{6EI}{L^2}\theta_b - \frac{wL}{2}, \quad M_b = -\frac{6EI}{L^2}v_b + \frac{4EI}{L}\theta_b + \frac{wL^2}{12} \quad (8.78)$$

また, 力とモーメントのつり合いから S_a と M_a は次式で表される.

$$S_a = -\frac{12EI}{L^3}v_b + \frac{6EI}{L^2}\theta_b - \frac{wL}{2}, \quad M_a = -\frac{6EI}{L^2}v_b + \frac{2EI}{L}\theta_b - \frac{wL^2}{12} \quad (8.79)$$

以上より, 等分布荷重が作用するはりの要素剛性方程式は次式で表される[14].

---

[14] ちなみに, 左端が 0, 右端が w となる直角三角形の分布荷重の場合は,
$$f_1 = -\frac{3wL}{20}, \ f_2 = -\frac{wL^2}{30}, \ f_3 = -\frac{7wL}{20}, \ f_4 = \frac{wL^2}{20}$$
となる.

$$\begin{Bmatrix} S_a \\ M_a \\ S_b \\ M_b \end{Bmatrix} = \frac{EI}{L^3} \begin{bmatrix} 12 & 6L & -12 & 6L \\ 6L & 4L^2 & -6L & 2L^2 \\ -12 & -6L & 12 & -6L \\ 6L & 2L^2 & -6L & 4L^2 \end{bmatrix} \begin{Bmatrix} v_a \\ \theta_a \\ v_b \\ \theta_b \end{Bmatrix} + \begin{Bmatrix} -\frac{wL}{2} \\ -\frac{wL^2}{12} \\ -\frac{wL}{2} \\ \frac{wL^2}{12} \end{Bmatrix} \quad (8.80)$$

例題 8.6 等分布荷重が作用する片持はりのマトリックス構造解析

長さ L の片持はりに等分布荷重 w が作用している．はりの曲げ剛性を EI とし，マトリックス構造解析により，支点反力と先端でのたわみ，たわみ角を求めよ．

解答・解説

1 要素でモデル化できる問題であるので，式 (8.80) を用いて解くことができる．節点 1 は固定支点であるので $v_1 = 0$，$\theta_1 = 0$ であり，節点 1 の支点反力を V_1，M_1 とすると，式 (8.80) より剛性方程式は次式となる．

$$\frac{EI}{L^3} \begin{bmatrix} 12 & 6L & -12 & 6L \\ 6L & 4L^2 & -6L & 2L^2 \\ -12 & -6L & 12 & -6L \\ 6L & 2L^2 & -6L & 4L^2 \end{bmatrix} \begin{Bmatrix} 0 \\ 0 \\ v_2 \\ \theta_2 \end{Bmatrix} + \begin{Bmatrix} \frac{wL}{2} \\ \frac{wL^2}{12} \\ \frac{wL}{2} \\ -\frac{wL^2}{12} \end{Bmatrix} = \begin{Bmatrix} V_1 \\ M_1 \\ 0 \\ 0 \end{Bmatrix} \quad (8.81)$$

変位の境界条件を考慮して上式を縮約すると次式となり，方程式を解くと節点 2 のたわみとたわみ角は次のようになる．

$$\frac{EI}{L^3} \begin{bmatrix} 12 & -6L \\ -6L & 4L^2 \end{bmatrix} \begin{Bmatrix} v_2 \\ \theta_2 \end{Bmatrix} + \begin{Bmatrix} \frac{wL}{2} \\ -\frac{wL^2}{12} \end{Bmatrix} = \begin{Bmatrix} 0 \\ 0 \end{Bmatrix} \quad \rightarrow \quad \begin{Bmatrix} v_2 \\ \theta_2 \end{Bmatrix} = \begin{Bmatrix} -\frac{wL^4}{8EI} \\ -\frac{wL^3}{6EI} \end{Bmatrix} \quad (8.82)$$

式 (8.81) より，節点 1 の支点反力は次のようになる．

$$V_1 = \frac{EI}{L^3}(-12 \cdot v_2 + 6L \cdot \theta_2) + \frac{wL}{2} = wL,$$
$$M_1 = \frac{EI}{L^3}(-6L \cdot v_2 - 2L^2 \cdot \theta_2) + \frac{wL^2}{12} = \frac{wL^2}{2} \quad (8.83)$$

以上より，節点 2 のたわみは下向き $wL^4/8EI$，たわみ角は時計まわりに $wL^3/6EI$ となり，**例題 3.6**，**例題 6.19** の結果と一致する．節点 1 の鉛直反力は上向きに wL，モー

メント反力は反時計まわりに $wL^2/2$ となり，**例題 2.3** の結果と一致する．

例題 8.7　等分布荷重が作用する単純はりのマトリックス構造解析

長さ L の単純はりに等分布荷重 w が作用している．はりの曲げ剛性を EI とし，マトリックス構造解析により，支点反力と点Bのたわみ角を求めよ．

解答・解説

1 要素でモデル化できる問題であるので，式 (8.80) を用いて解くことができる[15]．節点1と節点2において $v_1 = 0$，$v_2 = 0$ であり，節点1と節点2の鉛直反力を V_1，V_2 とすると，式 (8.80) より剛性方程式は次式となる．

$$\frac{EI}{L^3}\begin{bmatrix} 12 & 6L & -12 & 6L \\ 6L & 4L^2 & -6L & 2L^2 \\ -12 & -6L & 12 & -6L \\ 6L & 2L^2 & -6L & 4L^2 \end{bmatrix}\begin{Bmatrix} 0 \\ \theta_1 \\ 0 \\ \theta_2 \end{Bmatrix} + \begin{Bmatrix} \frac{wL}{2} \\ \frac{wL^2}{12} \\ \frac{wL}{2} \\ -\frac{wL^2}{12} \end{Bmatrix} = \begin{Bmatrix} V_1 \\ 0 \\ V_2 \\ 0 \end{Bmatrix} \quad (8.84)$$

変位の境界条件を考慮して上式を縮約すると次式となり，方程式を解くと節点1と節点2のたわみ角は次のようになる．

$$\frac{EI}{L^3}\begin{bmatrix} 4L^2 & 2L^2 \\ 2L^2 & 4L^2 \end{bmatrix}\begin{Bmatrix} \theta_1 \\ \theta_2 \end{Bmatrix} + \begin{Bmatrix} \frac{wL^2}{12} \\ -\frac{wL^2}{12} \end{Bmatrix} = \begin{Bmatrix} 0 \\ 0 \end{Bmatrix} \quad \rightarrow \quad \begin{Bmatrix} \theta_1 \\ \theta_2 \end{Bmatrix} = \begin{Bmatrix} -\frac{wL^3}{24EI} \\ \frac{wL^3}{24EI} \end{Bmatrix} \quad (8.85)$$

式 (8.84) より，節点1の支点反力は次のようになる．

$$V_1 = \frac{EI}{L^3}(6L\cdot\theta_1 + 6L\cdot\theta_2) + \frac{wL}{2} = \frac{wL}{2},$$
$$V_2 = \frac{EI}{L^3}(-6L\cdot\theta_1 - 6L\cdot\theta_2) + \frac{wL}{2} = \frac{wL}{2} \quad (8.86)$$

節点2のたわみ角は反時計まわりに $wL^3/24EI$ となり，**例題 3.8**，**例題 6.20** の結果と一致する．節点1と節点2の鉛直反力は上向きに $wL/2$ となり，**例題 2.7** の結果と一致する．

---

[15] はり中央のたわみを求めたい場合は，中央に節点を設けて2要素でモデル化する必要がある．

例題 8.8　等分布荷重が作用する 1 次不静定はりのマトリックス構造解析

長さ L の 1 次不静定はりに等分布荷重 w が作用している．はりの曲げ剛性を EI とし，マトリックス構造解析により，支点反力と点 B のたわみ角を求めよ．

解答・解説

1 要素でモデル化できる問題であるので，式 (8.80) を用いて解くことができる．両端の拘束条件から $v_1 = 0$, $\theta_1 = 0$, $v_2 = 0$ であり，節点 1 と節点 2 の支点反力を V_1, M_1, V_2 とすると，式 (8.80) より剛性方程式は次式となる．

$$\frac{EI}{L^3}\begin{bmatrix} 12 & 6L & -12 & 6L \\ 6L & 4L^2 & -6L & 2L^2 \\ -12 & -6L & 12 & -6L \\ 6L & 2L^2 & -6L & 4L^2 \end{bmatrix}\begin{Bmatrix} 0 \\ 0 \\ 0 \\ \theta_2 \end{Bmatrix} + \begin{Bmatrix} \frac{wL}{2} \\ \frac{wL^2}{12} \\ \frac{wL}{2} \\ -\frac{wL^2}{12} \end{Bmatrix} = \begin{Bmatrix} V_1 \\ M_1 \\ V_2 \\ 0 \end{Bmatrix} \qquad (8.87)$$

変位がゼロとなる行と列を消去すると，θ_2 に関する 1 次方程式となる．

$$\frac{EI}{L^3} \cdot 4L^2 \cdot \theta_2 - \frac{wL^2}{12} = 0 \quad \rightarrow \quad \theta_2 = \frac{wL^3}{48EI} \qquad (8.88)$$

式 (8.87) より，節点 1 と節点 2 の支点反力は次のようになる．

$$V_1 = \frac{EI}{L^3} \cdot 6L \cdot \theta_2 + \frac{wL}{2} = \frac{5wL}{8}, \qquad M_1 = \frac{EI}{L^3} \cdot 2L^2 \cdot \theta_2 + \frac{wL^2}{12} = \frac{wL^2}{8},$$

$$V_2 = \frac{EI}{L^3} \cdot (-6L) \cdot \theta_2 + \frac{wL}{2} = \frac{3wL}{8} \qquad (8.89)$$

これらの支点反力は，**例題 7.1** と**例題 7.4** の結果と一致する．また，マトリックス構造解析では静定・不静定の区別なく，同じ手順で解析できることがわかる[16]．

8.4.4　アセンブリングの例

全体剛性方程式を導出するためのアセンブリングは，これまでに示したバネや棒材のマトリックス構造解析と同じように行えばよい．ただし，バネや棒材の場合は各節点の自由度は軸方向変位のみであったが，はり要素における各節点の自由度はたわみとたわみ角の 2 つであることに注意する．たとえば，**図 8.9** (a) に示すような 2 要素モデルに

---

[16] 支点の数が多いほど剛性行列のサイズが小さくなり，剛性方程式が簡単になるので，マトリックス構造解析では不静定問題の方が簡単に解けるケースが少なくない．

210　第8章　マトリックス構造解析

(a) 図: 1 —E,I— 2 —E,I— 3, 長さ L, L

(b) 図: 1 —E_1, I_1— 2 —E_2, I_2— 3, 長さ L_1, L_2

図 8.9 はりの 2 要素モデルの例

おいて，要素 (1) と要素 (2) の剛性行列を全体系で表すと次式となる．

$$[K_{(1)}] = \frac{EI}{L^3}\begin{bmatrix} 12 & 6L & -12 & 6L & 0 & 0 \\ 6L & 4L^2 & -6L & 2L^2 & 0 & 0 \\ -12 & -6L & 12 & -6L & 0 & 0 \\ 6L & 2L^2 & -6L & 4L^2 & 0 & 0 \\ 0 & 0 & 0 & 0 & 0 & 0 \\ 0 & 0 & 0 & 0 & 0 & 0 \end{bmatrix},$$

$$[K_{(2)}] = \frac{EI}{L^3}\begin{bmatrix} 0 & 0 & 0 & 0 & 0 & 0 \\ 0 & 0 & 0 & 0 & 0 & 0 \\ 0 & 0 & 12 & 6L & -12 & 6L \\ 0 & 0 & 6L & 4L^2 & -6L & 2L^2 \\ 0 & 0 & -12 & -6L & 12 & -6L \\ 0 & 0 & 6L & 2L^2 & -6L & 4L^2 \end{bmatrix} \quad (8.90)$$

これらを足し合わせると，全体剛性方程式は次式となる[17]．

$$\frac{EI}{L^3}\begin{bmatrix} 12 & 6L & -12 & 6L & 0 & 0 \\ 6L & 4L^2 & -6L & 2L^2 & 0 & 0 \\ -12 & -6L & 24 & 0 & -12 & 6L \\ 6L & 2L^2 & 0 & 8L^2 & -6L & 2L^2 \\ 0 & 0 & -12 & -6L & 12 & -6L \\ 0 & 0 & 6L & 2L^2 & -6L & 4L^2 \end{bmatrix} \begin{Bmatrix} v_1 \\ \theta_1 \\ v_2 \\ \theta_2 \\ v_3 \\ \theta_3 \end{Bmatrix} = \begin{Bmatrix} S_1 \\ M_1 \\ S_2 \\ M_2 \\ S_3 \\ M_3 \end{Bmatrix} \quad (8.91)$$

また，はりの剛性に関する要素特性はヤング率 E，断面二次モーメント I，長さ L の 3 つである．図 8.9 (b) に示すように，これらが要素によって異なる場合は，各要素の剛性行列でその違いを考慮した後にアセンブリングを行えばよい．

例題 8.9　集中荷重が作用する 1 次不静定はりのマトリックス構造解析

長さ $2L$ の 1 次不静定はりの中央点 C に集中荷重 P が作用している．はりの曲げ剛性を EI とし，マトリックス構造解析法を用いて，点 C のたわみと支点反力を求めよ．

---

[17] 式 (8.91) は分布荷重がない場合の全体剛性方程式である．分布荷重が作用する場合は荷重ベクトルについてもアセンブリングを行う必要がある．

8.4 はりのマトリックス構造解析 211

解答・解説

例題図のように 2 要素でモデル化する. 要素 (1) と要素 (2) は同一の長さ, ヤング率, 断面二次モーメントであるので, 全体剛性方程式は式 (8.91) となる.

変位の境界条件は節点 1 において $v_1 = 0$, $\theta_1 = 0$, 節点 3 において $v_3 = 0$ であり, また節点 2 には下向きに集中荷重 P が作用する. 節点 1 の鉛直反力を V_1, モーメント反力を M_1, 節点 3 の鉛直反力を V_3 とすると, 全体剛性方程式は次のようになる.

$$
\frac{EI}{L^3}
\begin{bmatrix}
12 & 6L & -12 & 6L & 0 & 0 \\
6L & 4L^2 & -6L & 2L^2 & 0 & 0 \\
-12 & -6L & 24 & 0 & -12 & 6L \\
6L & 2L^2 & 0 & 8L^2 & -6L & 2L^2 \\
0 & 0 & -12 & -6L & 12 & -6L \\
0 & 0 & 6L & 2L^2 & -6L & 4L^2
\end{bmatrix}
\begin{Bmatrix}
0 \\
0 \\
v_2 \\
\theta_2 \\
0 \\
\theta_3
\end{Bmatrix}
=
\begin{Bmatrix}
V_1 \\
M_1 \\
-P \\
0 \\
V_3 \\
0
\end{Bmatrix}
\tag{8.92}
$$

変位が拘束されている行と列を消去すると, 全体剛性方程式は次のように縮約される.

$$
\frac{EI}{L^3}
\begin{bmatrix}
24 & 0 & 6L \\
0 & 8L^2 & 2L^2 \\
6L & 2L^2 & 4L^2
\end{bmatrix}
\begin{Bmatrix}
v_2 \\
\theta_2 \\
\theta_3
\end{Bmatrix}
=
\begin{Bmatrix}
-P \\
0 \\
0
\end{Bmatrix}
\tag{8.93}
$$

この 3 元連立方程式を解くと, 未知変位は次のようになる.

$$
v_2 = -\frac{7PL^3}{96EI}, \quad \theta_2 = -\frac{PL^2}{32EI}, \quad \theta_3 = \frac{PL^2}{8EI}
\tag{8.94}
$$

v_2 はマイナスなので, 点 C のたわみは下向きに $7PL^3/96EI$ となる. 式 (8.92) より, 節点 1 と節点 3 の支点反力は次のようになる.

$$
V_1 = \frac{EI}{L^3}(-12 \cdot v_2 + 6L \cdot \theta_2) = \frac{11}{16}P, \quad M_1 = \frac{EI}{L^3}(-6L \cdot v_2 + 2L^2 \cdot \theta_2) = \frac{3}{8}PL,
$$
$$
V_3 = \frac{EI}{L^3}(-12 \cdot v_2 - 6L \cdot \theta_2 - 6L \cdot \theta_3) = \frac{5}{16}P
\tag{8.95}
$$

この例題は, **例題 7.3** と同じ問題であり, マトリックス構造解析で求めた結果は式 (7.26) と**図 7.14** の結果と一致している. また, マトリックス構造解析では静定・不静定の区別なく同じ手順で解析できることがわかる.

例題 8.10 集中荷重が作用する両端固定はりのマトリックス構造解析 (1)

長さ $2L$ の両端固定はりの中央点 C に集中荷重 P が作用している．はりの曲げ剛性を EI とし，マトリックス構造解析法を用いて，点 C のたわみと支点反力を求めよ．

解答・解説

例題図のように 2 要素でモデル化する．要素 (1) と要素 (2) は長さも剛性も同一であるので，全体剛性方程式は式 (8.91) となる．節点 1 と節点 3 は固定支持されているので，$v_1 = 0$，$\theta_1 = 0$，$v_3 = 0$，$\theta_3 = 0$ である．節点 1 と節点 3 の鉛直反力とモーメント反力を V_1，M_1，V_3，M_3 とすると，全体剛性方程式は次のようになる．

$$\frac{EI}{L^3} \begin{bmatrix} 12 & 6L & -12 & 6L & 0 & 0 \\ 6L & 4L^2 & -6L & 2L^2 & 0 & 0 \\ -12 & -6L & 24 & 0 & -12 & 6L \\ 6L & 2L^2 & 0 & 8L^2 & -6L & 2L^2 \\ 0 & 0 & -12 & -6L & 12 & -6L \\ 0 & 0 & 6L & 2L^2 & -6L & 4L^2 \end{bmatrix} \begin{Bmatrix} 0 \\ 0 \\ v_2 \\ \theta_2 \\ 0 \\ 0 \end{Bmatrix} = \begin{Bmatrix} V_1 \\ M_1 \\ -P \\ 0 \\ V_3 \\ M_3 \end{Bmatrix} \quad (8.96)$$

変位ゼロが与えられている行と列を消去すると，全体剛性方程式は次のように縮約され，この 2 元連立方程式を解くと，節点 2 のたわみとたわみ角は次のようになる．

$$\frac{EI}{L^3} \begin{bmatrix} 24 & 0 \\ 0 & 8L^2 \end{bmatrix} \begin{Bmatrix} v_2 \\ \theta_2 \end{Bmatrix} = \begin{Bmatrix} -P \\ 0 \end{Bmatrix} \quad \rightarrow \quad v_2 = -\frac{PL^3}{24EI}, \quad \theta_2 = 0 \quad (8.97)$$

v_2 はマイナスなので，点 C のたわみは下向きに $PL^3/24EI$ となる．式 (8.96) より，節点 1 と節点 3 の支点反力は次のようになる．

$$V_1 = \frac{EI}{L^3}(-12 \cdot v_2) = \frac{1}{2}P, \quad M_1 = \frac{EI}{L^3}(-6L \cdot v_2) = \frac{1}{4}PL,$$

$$V_3 = \frac{EI}{L^3}(-12 \cdot v_2) = \frac{1}{2}P, \quad M_3 = \frac{EI}{L^3}(6L \cdot v_2) = -\frac{1}{4}PL \quad (8.98)$$

この例題は**例題 7.7** と同じ問題であり，マトリックス構造解析で求めた結果は式 (7.62) および図 **7.25** の結果と一致している．

> **例題 8.11 集中荷重が作用する両端固定はりのマトリックス構造解析 (2)**
>
> 長さ $3L$ の両端固定はりの点 C に集中荷重 P が作用している．はりの曲げ剛性を EI とし，マトリックス構造解析法を用いて，点 C のたわみと支点反力を求めよ．

解答・解説

例題図のように 2 要素でモデル化する．要素 (1) と要素 (2) で長さが異なることに注意して，全体剛性方程式を作成する．要素 (1) と要素 (2) の剛性行列を全体系で表すと次式となる．式 (8.62) は長さ L の要素剛性方程式なので，要素 (1) については式 (8.62) の L に $2L$ を代入すればよい．

$$[K_{(1)}] = \frac{EI}{2L^3}\begin{bmatrix} 3 & 3L & -3 & 3L & 0 & 0 \\ 3L & 4L^2 & -3L & 2L^2 & 0 & 0 \\ -3 & -3L & 3 & -3L & 0 & 0 \\ 3L & 2L^2 & -3L & 4L^2 & 0 & 0 \\ 0 & 0 & 0 & 0 & 0 & 0 \\ 0 & 0 & 0 & 0 & 0 & 0 \end{bmatrix},$$

$$[K_{(2)}] = \frac{EI}{L^3}\begin{bmatrix} 0 & 0 & 0 & 0 & 0 & 0 \\ 0 & 0 & 0 & 0 & 0 & 0 \\ 0 & 0 & 12 & 6L & -12 & 6L \\ 0 & 0 & 6L & 4L^2 & -6L & 2L^2 \\ 0 & 0 & -12 & -6L & 12 & -6L \\ 0 & 0 & 6L & 2L^2 & -6L & 4L^2 \end{bmatrix} \tag{8.99}$$

これらを足し合わせると，全体剛性方程式は次式となる．

$$\frac{EI}{2L^3}\begin{bmatrix} 3 & 3L & -3 & 3L & 0 & 0 \\ 3L & 4L^2 & -3L & 2L^2 & 0 & 0 \\ -3 & -3L & 27 & 9L & -24 & 12L \\ 3L & 2L^2 & 9L & 12L^2 & -12L & 4L^2 \\ 0 & 0 & -24 & -12L & 24 & -12L \\ 0 & 0 & 12L & 4L^2 & -12L & 8L^2 \end{bmatrix}\begin{Bmatrix} v_1 \\ \theta_1 \\ v_2 \\ \theta_2 \\ v_3 \\ \theta_3 \end{Bmatrix} = \begin{Bmatrix} S_1 \\ M_1 \\ S_2 \\ M_2 \\ S_3 \\ M_3 \end{Bmatrix} \tag{8.100}$$

節点 1 と節点 3 は固定支持されているので，$v_1 = 0$, $\theta_1 = 0$, $v_3 = 0$, $\theta_3 = 0$ である．節点 1 と節点 3 の鉛直反力とモーメント反力を V_1, M_1, V_3, M_3 とすると，全体剛性方程式は次のようになる．

$$\frac{EI}{2L^3}\begin{bmatrix} 3 & 3L & -3 & 3L & 0 & 0 \\ 3L & 4L^2 & -3L & 2L^2 & 0 & 0 \\ -3 & -3L & 27 & 9L & -24 & 12L \\ 3L & 2L^2 & 9L & 12L^2 & -12L & 4L^2 \\ 0 & 0 & -24 & -12L & 24 & -12L \\ 0 & 0 & 12L & 4L^2 & -12L & 8L^2 \end{bmatrix}\begin{Bmatrix} 0 \\ 0 \\ v_2 \\ \theta_2 \\ 0 \\ 0 \end{Bmatrix} = \begin{Bmatrix} V_1 \\ M_1 \\ -P \\ 0 \\ V_3 \\ M_3 \end{Bmatrix} \quad (8.101)$$

変位がゼロの行と列を消去すると，全体剛性方程式は次のように縮約され，この2元連立方程式を解くと節点2のたわみとたわみ角は次のようになる．

$$\frac{EI}{2L^3}\begin{bmatrix} 27 & 9L \\ 9L & 12L^2 \end{bmatrix}\begin{Bmatrix} v_2 \\ \theta_2 \end{Bmatrix} = \begin{Bmatrix} -P \\ 0 \end{Bmatrix} \quad \rightarrow \quad v_2 = -\frac{8PL^3}{81EI}, \quad \theta_2 = \frac{2PL^2}{27EI} \quad (8.102)$$

v_2 はマイナスなので，点Cのたわみは下向きに $8PL^3/81EI$ となる．式 (8.101) より，節点1と節点3の支点反力は次のようになる．

$$V_1 = \frac{EI}{2L^3}(-3v_2 + 3L\theta_2) = \frac{7}{27}P, \quad M_1 = \frac{EI}{2L^3}(-3Lv_2 + 2L^2\theta_2) = \frac{2}{9}PL,$$
$$V_3 = \frac{EI}{2L^3}(-24v_2 - 12L\theta_2) = \frac{20}{27}P, \quad M_3 = \frac{EI}{2L^3}(12Lv_2 + 4L^2\theta_2) = -\frac{4}{9}PL \quad (8.103)$$

この例題は**例題 7.8** と同じ問題であり，マトリックス構造解析で求めた支点反力は**図 7.29** の結果と一致している．**例題 7.8** では，高次の外的不静定問題を解くために特殊な静定基本系を定義して煩雑な計算を行う必要があったが，マトリックス構造解析では静定・不静定の区別なく同じ手順で簡単に解析できることがわかる．

例題 8.12 等分布荷重が作用する両端固定はりのマトリックス構造解析

長さ $2L$ の両端固定はりに等分布荷重 w が作用している．はりの曲げ剛性を EI とし，マトリックス構造解析法を用いて，点Cのたわみと支点反力を求めよ．

解答・解説

例題図のように2要素でモデル化する．要素 (1) と要素 (2) は長さも剛性も同一であるので，全体剛性行列は式 (8.91) と同じになる．要素 (1) と要素 (2) の分布荷重に関する荷重ベクトルを全体系で表し，足し合わせると次のようになる．

$$\{F_{(1)}\} = \left\{ \begin{array}{c} \dfrac{wL}{2} \\[4pt] \dfrac{wL^2}{12} \\[4pt] \dfrac{wL}{2} \\[4pt] -\dfrac{wL^2}{12} \\[4pt] 0 \\[4pt] 0 \end{array} \right\}, \quad \{F_{(2)}\} = \left\{ \begin{array}{c} 0 \\[4pt] 0 \\[4pt] \dfrac{wL}{2} \\[4pt] \dfrac{wL^2}{12} \\[4pt] \dfrac{wL}{2} \\[4pt] -\dfrac{wL^2}{12} \end{array} \right\}$$

$$\rightarrow \left\{ \begin{array}{c} \dfrac{wL}{2} \\[4pt] \dfrac{wL^2}{12} \\[4pt] \dfrac{wL}{2} \\[4pt] -\dfrac{wL^2}{12} \\[4pt] 0 \\[4pt] 0 \end{array} \right\} + \left\{ \begin{array}{c} 0 \\[4pt] 0 \\[4pt] \dfrac{wL}{2} \\[4pt] \dfrac{wL^2}{12} \\[4pt] \dfrac{wL}{2} \\[4pt] -\dfrac{wL^2}{12} \end{array} \right\} = \left\{ \begin{array}{c} \dfrac{wL}{2} \\[4pt] \dfrac{wL^2}{12} \\[4pt] wL \\[4pt] 0 \\[4pt] \dfrac{wL}{2} \\[4pt] -\dfrac{wL^2}{12} \end{array} \right\} \tag{8.104}$$

節点 1 と節点 3 は固定支持されているので，$v_1 = 0$，$\theta_1 = 0$，$v_3 = 0$，$\theta_3 = 0$ である．節点 1 と節点 3 の支点反力を V_1，M_1，V_3，M_3 とすると，全体剛性方程式は次のようになる．

$$\frac{EI}{L^3} \begin{bmatrix} 12 & 6L & -12 & 6L & 0 & 0 \\ 6L & 4L^2 & -6L & 2L^2 & 0 & 0 \\ -12 & -6L & 24 & 0 & -12 & 6L \\ 6L & 2L^2 & 0 & 8L^2 & -6L & 2L^2 \\ 0 & 0 & -12 & -6L & 12 & -6L \\ 0 & 0 & 6L & 2L^2 & -6L & 4L^2 \end{bmatrix} \left\{ \begin{array}{c} 0 \\ 0 \\ v_2 \\ \theta_2 \\ 0 \\ 0 \end{array} \right\} + \left\{ \begin{array}{c} \dfrac{wL}{2} \\[4pt] \dfrac{wL^2}{12} \\[4pt] wL \\[4pt] 0 \\[4pt] \dfrac{wL}{2} \\[4pt] -\dfrac{wL^2}{12} \end{array} \right\} = \left\{ \begin{array}{c} V_1 \\ M_1 \\ 0 \\ 0 \\ V_3 \\ M_3 \end{array} \right\} \tag{8.105}$$

変位がゼロとなる行と列を消去すると，全体剛性方程式は次のように縮約され，この 2 元連立方程式を解くと節点 2 のたわみとたわみ角は次のようになる．

$$\frac{EI}{L^3} \begin{bmatrix} 24 & 0 \\ 0 & 8L^2 \end{bmatrix} \left\{ \begin{array}{c} v_2 \\ \theta_2 \end{array} \right\} + \left\{ \begin{array}{c} wL \\ 0 \end{array} \right\} = \left\{ \begin{array}{c} 0 \\ 0 \end{array} \right\} \quad \rightarrow \quad v_2 = -\frac{wL^4}{24EI}, \quad \theta_2 = 0 \tag{8.106}$$

式 (8.105) より，節点 1 と節点 3 の支点反力は次のようになる．

216 第8章 マトリックス構造解析

$$V_1 = \frac{EI}{L^3}\left(-12 \cdot v_2\right) + \frac{wL}{2} = wL , \quad M_1 = \frac{EI}{L^3}\left(-6L \cdot v_2\right) + \frac{wL^2}{12} = \frac{1}{3}wL^2,$$

$$V_3 = \frac{EI}{L^3}\left(-12 \cdot v_2\right) + \frac{wL}{2} = wL , \quad M_3 = \frac{EI}{L^3}\left(6L \cdot v_2\right) - \frac{wL^2}{12} = -\frac{1}{3}wL^2$$

(8.107)

付録 B の**例題 B.1** では微分方程式を用いて，付録 C の**演習 7.1** では応力法を用いてこの問題の支点反力と変位を求めている．**図 C.14** と式 (B.18) を見ると，マトリックス構造解析で求めた結果と一致していることがわかる．

8.5 トラスのマトリックス構造解析

5.1.1 項で示したように，トラスにおける各部材は軸力しか伝えない．すなわち，トラスにおける各部材は 8.3 節で示した棒材と同じであるので，トラスの部材軸方向に関する要素剛性方程式は次式となる．

$$\begin{bmatrix} \dfrac{EA}{L} & -\dfrac{EA}{L} \\[2mm] -\dfrac{EA}{L} & \dfrac{EA}{L} \end{bmatrix} \begin{Bmatrix} u_{\mathrm{a}} \\ u_{\mathrm{b}} \end{Bmatrix} = \begin{Bmatrix} N_{\mathrm{a}} \\ N_{\mathrm{b}} \end{Bmatrix}$$

(8.108)

ただし，上式のような形式で解ける問題は，部材が一直線に並んだ構造のみである．三角形状に組み合わせた一般的なトラス構造を解くには，各部材の角度を考慮した要素剛性方程式にする必要がある．

8.5.1 部材座標系と全体座標系

2 次元（平面）のトラスを表すために，**部材座標系**（local coordinate system）[18]と**全体座標系**（global coordinate system）を導入する．**図 8.10** と**図 8.11** に示すように，部材座標系を $(\bar{x}, \bar{y})$，全体座標系を (x, y) とし，x 軸と $\bar{x}$ 軸（部材軸）のなす角を ϕ とする．ϕ は反時計まわりが正である．部材座標系で表した a 端の材端力を $\bar{N}_{\mathrm{a}}$，$\bar{S}_{\mathrm{a}}$，b 端の材端力を $\bar{N}_{\mathrm{b}}$，$\bar{S}_{\mathrm{b}}$ とし，全体座標系で表した a 端の材端力を $F_{\mathrm{a}x}$，$F_{\mathrm{a}y}$，b 端の材端力を $F_{\mathrm{b}x}$，$F_{\mathrm{b}y}$ とする[19]．変位についても同様に，部材座標系で表した a 端の変位を $\bar{u}_{\mathrm{a}}$，$\bar{v}_{\mathrm{a}}$，b 端の変位を $\bar{u}_{\mathrm{b}}$，$\bar{v}_{\mathrm{b}}$ とし，全体座標系で表した a 端の変位を u_{a}，v_{a}，b 端の変位を u_{b}，v_{b} とする．トラス要素の変位は，u と v の 2 つで表さ

---

[18] 部材座標系のことを一般に**局所座標系**という．
[19] 全体座標系の材端力に対しても N と S の変数名を使用したいところであるが，部材軸方向に作用する力にはならないので，x 軸方向の力，y 軸方向の力という意味で F_x と F_y を用いている．

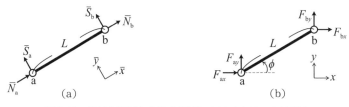

図 8.10 部材座標系と全体座標系におけるトラスの材端力

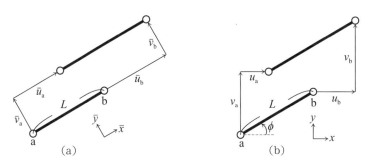

図 8.11 部材座標系と全体座標系におけるトラスの変位

れるので，各節点の自由度数は 2 となる．

図 8.10 と図 8.11 に示すように，全体座標系から反時計まわりに ϕ だけ傾いたトラス部材について考える．任意の角度のトラス部材を統一して表すには，部材座標系ではなく角度 ϕ を用いて全体座標系で要素剛性方程式を表せばよい．全体座標でトラス部材の変位を表すには a 端と b 端のそれぞれで x 方向と y 方向の変位が必要なので，1 つのトラス要素（トラス部材）における変位ベクトルは 4 成分となる．材端力についても同様に 4 成分となる．以上より，任意の角度 ϕ のトラス部材を統一して表すには，全体座標系を用いて，次式のような形式の要素剛性方程式を導出すればよいことになる．

$$\begin{Bmatrix} F_{ax} \\ F_{ay} \\ F_{bx} \\ F_{by} \end{Bmatrix} = \begin{bmatrix} & & & \\ & k(E, A, L, \phi) & & \\ & & & \end{bmatrix} \begin{Bmatrix} u_a \\ v_a \\ u_b \\ v_b \end{Bmatrix} \quad (8.109)$$

8.5.2 部材座標系における要素剛性方程式

部材軸方向の要素剛性方程式は式 (8.108) で表される．表記を簡単にするため，$k = EA/L$ とし，図 8.10 (a) と図 8.11 (a) の変数名を用いて書き換えると次式とな

218 第8章 マトリックス構造解析

る.

$$
\left\{ \begin{array}{c} N_{\mathrm{a}} \\ N_{\mathrm{b}} \end{array} \right\} = \left[\begin{array}{cc} \dfrac{EA}{L} & -\dfrac{EA}{L} \\ -\dfrac{EA}{L} & \dfrac{EA}{L} \end{array} \right] \left\{ \begin{array}{c} u_{\mathrm{a}} \\ u_{\mathrm{b}} \end{array} \right\} \quad \rightarrow \quad \left\{ \begin{array}{c} \bar{N}_{\mathrm{a}} \\ \bar{N}_{\mathrm{b}} \end{array} \right\} = \left[\begin{array}{cc} k & -k \\ -k & k \end{array} \right] \left\{ \begin{array}{c} \bar{u}_{\mathrm{a}} \\ \bar{u}_{\mathrm{b}} \end{array} \right\}
$$
(8.110)

さらに，$\bar{y}$ に関する成分も加えて 4 成分で表すと，次のようになる.

$$
\left\{ \begin{array}{c} \bar{N}_{\mathrm{a}} \\ \bar{S}_{\mathrm{a}} \\ \bar{N}_{\mathrm{b}} \\ \bar{S}_{\mathrm{b}} \end{array} \right\} = \left[\begin{array}{cccc} k & 0 & -k & 0 \\ 0 & 0 & 0 & 0 \\ -k & 0 & k & 0 \\ 0 & 0 & 0 & 0 \end{array} \right] \left\{ \begin{array}{c} \bar{u}_{\mathrm{a}} \\ \bar{v}_{\mathrm{a}} \\ \bar{u}_{\mathrm{b}} \\ \bar{v}_{\mathrm{b}} \end{array} \right\}
$$
(8.111)

8.5.3 全体座標系における要素剛性方程式

部材座標系での要素剛性方程式 (8.111) を全体座標系で書き換えるには，座標変換により部材座標と全体座標を関係付ける式が必要である．各座標系における a 端および b 端の変位ベクトルは，**座標変換行列**（coordinate transform matrix）を用いて，それぞれ次のように関係付けられる.

$$
\left\{ \begin{array}{c} \bar{u}_{\mathrm{a}} \\ \bar{v}_{\mathrm{a}} \end{array} \right\} = \left[\begin{array}{cc} \cos\phi & \sin\phi \\ -\sin\phi & \cos\phi \end{array} \right] \left\{ \begin{array}{c} u_{\mathrm{a}} \\ v_{\mathrm{a}} \end{array} \right\} , \quad \left\{ \begin{array}{c} \bar{u}_{\mathrm{b}} \\ \bar{v}_{\mathrm{b}} \end{array} \right\} = \left[\begin{array}{cc} \cos\phi & \sin\phi \\ -\sin\phi & \cos\phi \end{array} \right] \left\{ \begin{array}{c} u_{\mathrm{b}} \\ v_{\mathrm{b}} \end{array} \right\}
$$
(8.112)

材端力についても，同様に次式で関係付けられる.

$$
\left\{ \begin{array}{c} \bar{N}_{\mathrm{a}} \\ \bar{S}_{\mathrm{a}} \end{array} \right\} = \left[\begin{array}{cc} \cos\phi & \sin\phi \\ -\sin\phi & \cos\phi \end{array} \right] \left\{ \begin{array}{c} F_{\mathrm{a}x} \\ F_{\mathrm{a}y} \end{array} \right\} , \quad \left\{ \begin{array}{c} \bar{N}_{\mathrm{b}} \\ \bar{S}_{\mathrm{b}} \end{array} \right\} = \left[\begin{array}{cc} \cos\phi & \sin\phi \\ -\sin\phi & \cos\phi \end{array} \right] \left\{ \begin{array}{c} F_{\mathrm{b}x} \\ F_{\mathrm{b}y} \end{array} \right\}
$$
(8.113)

$c = \cos\phi$, $s = \sin\phi$ とし，これらを 4 成分にして同時に表すと，次のようになる.

$$
\left\{ \begin{array}{c} \bar{u}_{\mathrm{a}} \\ \bar{v}_{\mathrm{a}} \\ \bar{u}_{\mathrm{b}} \\ \bar{v}_{\mathrm{b}} \end{array} \right\} = \left[\begin{array}{cccc} c & s & 0 & 0 \\ -s & c & 0 & 0 \\ 0 & 0 & c & s \\ 0 & 0 & -s & c \end{array} \right] \left\{ \begin{array}{c} u_{\mathrm{a}} \\ v_{\mathrm{a}} \\ u_{\mathrm{b}} \\ v_{\mathrm{b}} \end{array} \right\} , \quad \left\{ \begin{array}{c} \bar{N}_{\mathrm{a}} \\ \bar{S}_{\mathrm{a}} \\ \bar{N}_{\mathrm{b}} \\ \bar{S}_{\mathrm{b}} \end{array} \right\} = \left[\begin{array}{cccc} c & s & 0 & 0 \\ -s & c & 0 & 0 \\ 0 & 0 & c & s \\ 0 & 0 & -s & c \end{array} \right] \left\{ \begin{array}{c} F_{\mathrm{a}x} \\ F_{\mathrm{a}y} \\ F_{\mathrm{b}x} \\ F_{\mathrm{b}y} \end{array} \right\}
$$
(8.114)

これを部材座標系の要素剛性方程式 (8.111) に代入すると，次のようになる.

$$
\begin{bmatrix}
c & s & 0 & 0 \\
-s & c & 0 & 0 \\
0 & 0 & c & s \\
0 & 0 & -s & c
\end{bmatrix}
\begin{Bmatrix}
F_{ax} \\
F_{ay} \\
F_{bx} \\
F_{by}
\end{Bmatrix}
=
\begin{bmatrix}
k & 0 & -k & 0 \\
0 & 0 & 0 & 0 \\
-k & 0 & k & 0 \\
0 & 0 & 0 & 0
\end{bmatrix}
\begin{bmatrix}
c & s & 0 & 0 \\
-s & c & 0 & 0 \\
0 & 0 & c & s \\
0 & 0 & -s & c
\end{bmatrix}
\begin{Bmatrix}
u_a \\
v_a \\
u_b \\
v_b
\end{Bmatrix}
\tag{8.115}
$$

上式を簡易表記すると $[T]\{F\} = [\bar{k}][T]\{u\}$ となる．ここで，座標変換行列 $[T]$ は**直交行列**（orthogonal matrix）であり，$[T]^{-1} = [T]^\mathrm{T}$ となるので，次のように式展開できる．

$$
\{F\} = [T]^{-1}[\bar{k}][T]\{u\} = [T]^\mathrm{T}[\bar{k}][T]\{u\} = [k]\{u\}
\tag{8.116}
$$

すなわち，$[k] = [T]^\mathrm{T}[\bar{k}][T]$ より，式 (8.115) は次式となる．

$$
\begin{Bmatrix}
F_{ax} \\
F_{ay} \\
F_{bx} \\
F_{by}
\end{Bmatrix}
=
\begin{bmatrix}
c & s & 0 & 0 \\
-s & c & 0 & 0 \\
0 & 0 & c & s \\
0 & 0 & -s & c
\end{bmatrix}^\mathrm{T}
\begin{bmatrix}
k & 0 & -k & 0 \\
0 & 0 & 0 & 0 \\
-k & 0 & k & 0 \\
0 & 0 & 0 & 0
\end{bmatrix}
\begin{bmatrix}
c & s & 0 & 0 \\
-s & c & 0 & 0 \\
0 & 0 & c & s \\
0 & 0 & -s & c
\end{bmatrix}
\begin{Bmatrix}
u_a \\
v_a \\
u_b \\
v_b
\end{Bmatrix}
\tag{8.117}
$$

右辺の行列の掛け算を行い，k を元に戻すと，最終的に次式が得られる．

$$
\begin{Bmatrix}
F_{ax} \\
F_{ay} \\
F_{bx} \\
F_{by}
\end{Bmatrix}
=
\frac{EA}{L}
\begin{bmatrix}
c^2 & cs & -c^2 & -cs \\
cs & s^2 & -cs & -s^2 \\
-c^2 & -cs & c^2 & cs \\
-cs & -s^2 & cs & s^2
\end{bmatrix}
\begin{Bmatrix}
u_a \\
v_a \\
u_b \\
v_b
\end{Bmatrix}
\tag{8.118}
$$

上式は，両辺のベクトルが全体座標系で表されており，式 (8.109) の具体的な結果である．すなわち，上式が全体座標系で表したトラス部材の要素剛性方程式となる．

アセンブリングの方法は，これまでに示したバネや棒材のマトリックス構造解析と同様である．各部材（各要素）の ϕ，L，E，A の値と，各節点の自由度数が 2 であることに注意して，式 (8.118) の要素剛性方程式（要素剛性行列）を作成し，これを全体系で表した後，全体剛性方程式（全体剛性行列）を組み立てればよい．

8.5.4 軸力の計算

変位の境界条件を考慮して，全体剛性方程式を縮約した後，連立方程式を解けば，全体座標系における各節点の変位が求まる．各部材の軸力は**図 8.10** における材端力

$\bar{N}_{\mathrm{a}}$, $\bar{N}_{\mathrm{b}}$ で表されるため，軸力を計算するには，今度は全体座標系から部材座標系への座標変換が必要になる．具体的には，式 (8.118) を式 (8.114) に代入すると，部材座標系における材端力は次式となる．

$$\begin{Bmatrix} \bar{N}_{\mathrm{a}} \\ \bar{S}_{\mathrm{a}} \\ \bar{N}_{\mathrm{b}} \\ \bar{S}_{\mathrm{b}} \end{Bmatrix} = \frac{EA}{L} \begin{bmatrix} c & s & 0 & 0 \\ -s & c & 0 & 0 \\ 0 & 0 & c & s \\ 0 & 0 & -s & c \end{bmatrix} \begin{bmatrix} c^2 & cs & -c^2 & -cs \\ cs & s^2 & -cs & -s^2 \\ -c^2 & -cs & c^2 & cs \\ -cs & -s^2 & cs & s^2 \end{bmatrix} \begin{Bmatrix} u_{\mathrm{a}} \\ v_{\mathrm{a}} \\ u_{\mathrm{b}} \\ v_{\mathrm{b}} \end{Bmatrix} \quad (8.119)$$

行列の掛け算を行い，$\bar{N}_{\mathrm{a}}$ と $\bar{N}_{\mathrm{b}}$ の演算に関係する行と列のみ抜き出すと，全体座標系の変位ベクトルから $\bar{N}_{\mathrm{a}}$ と $\bar{N}_{\mathrm{b}}$ を計算する式が得られる．

$$\begin{Bmatrix} \bar{N}_{\mathrm{a}} \\ \bar{N}_{\mathrm{b}} \end{Bmatrix} = \frac{EA}{L} \begin{bmatrix} c^3 + cs^2 & c^2 s + s^3 & -c^3 - cs^2 & -c^2 s - s^3 \\ -c^3 - cs^2 & -c^2 s - s^3 & c^3 + cs^2 & c^2 s + s^3 \end{bmatrix} \begin{Bmatrix} u_{\mathrm{a}} \\ v_{\mathrm{a}} \\ u_{\mathrm{b}} \\ v_{\mathrm{b}} \end{Bmatrix} \quad (8.120)$$

上式は要素に関する式であることに注意する．軸力を求める際は，全体剛性方程式を解いて得られる全体変位ベクトルを要素変位ベクトルに戻してから，上式を用いて各要素の $\bar{N}_{\mathrm{a}}$ と $\bar{N}_{\mathrm{b}}$ を計算する．断面力としての軸力と値が一致するのは $\bar{N}_{\mathrm{b}}$ である．

例題 8.13　トラスのマトリックス構造解析

長さ $3L$ と $5L$ の 2 部材で構成されるトラス構造の節点 2 に下向きの集中荷重 P が作用している．部材 (1) のヤング率を $3E$，断面積を A，部材 (2) のヤング率を $5E$，断面積を A とする．以下の問に答えよ．

- マトリックス構造解析により，節点 2 の変位と各部材の軸力を求めよ．
- 節点法とエネルギー法を用いて，各部材の軸力と節点 2 の鉛直変位を求めよ．

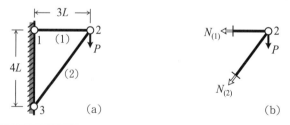

解答・解説

トラスのマトリックス構造解析に必要な要素のデータは次のようになる．

8.5 トラスのマトリックス構造解析　221

要素	a端	b端	長さ	ヤング率	断面積	$\cos\phi$	$\sin\phi$
(1)	1	2	$3L$	$3E$	A	1	0
(2)	2	3	$5L$	$5E$	A	$-3/5$	$-4/5$

これらの値と式 (8.118) を用いると，要素 (1) と要素 (2) の要素剛性行列は次のように
なる．

$$
[k_{(1)}] = \frac{EA}{L} \begin{bmatrix} 1 & 0 & -1 & 0 \\ 0 & 0 & 0 & 0 \\ -1 & 0 & 1 & 0 \\ 0 & 0 & 0 & 0 \end{bmatrix}, \quad
[k_{(2)}] = \frac{EA}{25L} \begin{bmatrix} 9 & 12 & -9 & -12 \\ 12 & 16 & -12 & -16 \\ -9 & -12 & 9 & 12 \\ -12 & -16 & 12 & 16 \end{bmatrix} \quad (8.121)
$$

要素剛性行列を全体系で書き換えると次のようになる．

$$
[K_{(1)}] = \frac{EA}{L} \begin{bmatrix} 1 & 0 & -1 & 0 & 0 & 0 \\ 0 & 0 & 0 & 0 & 0 & 0 \\ -1 & 0 & 1 & 0 & 0 & 0 \\ 0 & 0 & 0 & 0 & 0 & 0 \\ 0 & 0 & 0 & 0 & 0 & 0 \\ 0 & 0 & 0 & 0 & 0 & 0 \end{bmatrix},
$$

$$
[K_{(2)}] = \frac{EA}{25L} \begin{bmatrix} 0 & 0 & 0 & 0 & 0 & 0 \\ 0 & 0 & 0 & 0 & 0 & 0 \\ 0 & 0 & 9 & 12 & -9 & -12 \\ 0 & 0 & 12 & 16 & -12 & -16 \\ 0 & 0 & -9 & -12 & 9 & 12 \\ 0 & 0 & -12 & -16 & 12 & 16 \end{bmatrix} \quad (8.122)
$$

これらを足し合わせて全体剛性行列を作成し，節点 1 と節点 3 が拘束されていることを
考慮すると，全体剛性方程式は次式で表される．H_1，V_1，H_3，V_3 は節点 1 と節点 3
の支点反力である．

$$
\frac{EA}{25L} \begin{bmatrix} 25 & 0 & -25 & 0 & 0 & 0 \\ 0 & 0 & 0 & 0 & 0 & 0 \\ -25 & 0 & 34 & 12 & -9 & -12 \\ 0 & 0 & 12 & 16 & -12 & -16 \\ 0 & 0 & -9 & -12 & 9 & 12 \\ 0 & 0 & -12 & -16 & 12 & 16 \end{bmatrix} \begin{Bmatrix} 0 \\ 0 \\ u_2 \\ v_2 \\ 0 \\ 0 \end{Bmatrix} = \begin{Bmatrix} H_1 \\ V_1 \\ 0 \\ -P \\ H_3 \\ V_3 \end{Bmatrix} \quad (8.123)
$$

変位がゼロの行と列を削除すると，縮約された全体剛性方程式は次式となる．

$$
\frac{EA}{25L} \begin{bmatrix} 34 & 12 \\ 12 & 16 \end{bmatrix} \begin{Bmatrix} u_2 \\ v_2 \end{Bmatrix} = \begin{Bmatrix} 0 \\ -P \end{Bmatrix} \quad (8.124)
$$

これを解けば，節点 2 の変位ベクトルは次のように求められる．

222 第8章 マトリックス構造解析

$$\begin{Bmatrix} u_2 \\ v_2 \end{Bmatrix} = \frac{25L}{EA}\begin{bmatrix} 34 & 12 \\ 12 & 16 \end{bmatrix}^{-1}\begin{Bmatrix} 0 \\ -P \end{Bmatrix} = \frac{L}{16EA}\begin{bmatrix} 16 & -12 \\ -12 & 34 \end{bmatrix}\begin{Bmatrix} 0 \\ -P \end{Bmatrix}$$

$$= \begin{Bmatrix} 3PL/4EA \\ -17PL/8EA \end{Bmatrix} \tag{8.125}$$

これより，節点 2 の水平変位は右向きに $3PL/4EA$，鉛直変位は下向きに $17PL/8EA$ となる．支点反力を求める場合は，式 (8.123) に変位の値を戻して求めればよい．

求めた変位ベクトルから要素変位ベクトルを作成し，式 (8.120) を用いると，要素 (1) における軸方向の材端力は次のようになる．

$$\begin{Bmatrix} \bar{N}_1 \\ \bar{N}_2 \end{Bmatrix} = \frac{EA}{L}\begin{bmatrix} 1 & 0 & -1 & 0 \\ -1 & 0 & 1 & 0 \end{bmatrix}\begin{Bmatrix} 0 \\ 0 \\ 3PL/4EA \\ -17PL/8EA \end{Bmatrix} = \begin{Bmatrix} -3P/4 \\ 3P/4 \end{Bmatrix} \tag{8.126}$$

要素 (2) における軸方向の材端力は次のようになる．

$$\begin{Bmatrix} \bar{N}_2 \\ \bar{N}_3 \end{Bmatrix} = \frac{EA}{5L}\begin{bmatrix} -3 & -4 & 3 & 4 \\ 3 & 4 & -3 & -4 \end{bmatrix}\begin{Bmatrix} 3PL/4EA \\ -17PL/8EA \\ 0 \\ 0 \end{Bmatrix} = \begin{Bmatrix} 5P/4 \\ -5P/4 \end{Bmatrix} \tag{8.127}$$

以上より，引張を正として要素 (1) の軸力は $3P/4$，要素 (2) の軸力は $-5P/4$ となる．

次に，5.2.1 項で示した節点法を用いて各部材の軸力を計算する．例題図 (b) のように節点 2 まわりで部材を仮想的に切断し，引張を正として要素 (1) の軸力を $N_{(1)}$，要素 (2) の軸力を $N_{(2)}$ とする．切断した部材の節点における水平方向と鉛直方向の力のつり合いは，次式で表される．

$$N_{(1)} + \frac{3}{5}N_{(2)} = 0, \qquad \frac{4}{5}N_{(2)} + P = 0 \tag{8.128}$$

この 2 式より $N_{(1)}$ と $N_{(2)}$ は次のように求められ，マトリックス構造解析で求めた値と一致していることがわかる．

$$N_{(1)} = \frac{3}{4}P, \qquad N_{(2)} = -\frac{5}{4}P \tag{8.129}$$

カステリアノの定理（解法 1）を用いて節点 2 の鉛直変位を計算する．各部材のヤング率に注意して，ひずみエネルギー U は次式となる．

$$U = \int_0^{3L} \frac{N_{(1)}^2}{2 \cdot 3EA}dx + \int_0^{5L} \frac{N_{(2)}^2}{2 \cdot 5EA}dx = \frac{17P^2L}{16EA} \tag{8.130}$$

カステリアノの定理より，荷重 P 方向の変位は次のようになり，マトリックス構造解

析で求めた値と一致していることがわかる．また，軸力を求めた後に変位を求めることができ，解析の手順がマトリックス構造解析と逆であることもわかる．

$$v_2 = \frac{\partial U}{\partial P} = \frac{17PL}{8EA} \tag{8.131}$$

8.6 フレームのマトリックス構造解析

部材と部材がヒンジで接合されたトラスの各部材は軸力しか伝えない．これに対して部材と部材が剛結されたラーメンやフレーム[20]の各部材は，軸力・せん断力・曲げモーメントのすべての断面力を伝える．フレームのマトリックス構造解析を行うには，まず部材座標系において軸力・せん断力・曲げモーメントに関する要素剛性方程式を導出する必要がある．そして，トラスと同様に各部材の角度を考慮して，部材座標系で表した要素剛性方程式を全体座標系に座標変換すればよい．

8.6.1 力と変位の正の向き

図 8.12 に示すように，部材軸方向の右向き（a端 → b端）に x 軸，部材軸直角方向の上向きに y 軸をとる．部材軸方向の材端力 N_a, N_b と変位 u_a, u_b は x 軸と同じ向きを正，部材軸に直角方向の材端力 S_a, S_b と変位 v_a, v_b は y 軸と同じ向きを正とする．曲げモーメント M_a, M_b とたわみ角（回転角）θ_a, θ_b は反時計まわりを正とする．これらの正の向きの定義は図 2.17 で示した断面力の正の向きの定義とは異なることに注意する．フレームの変形は，x 方向変位，y 方向変位，たわみ角（回転角）の3つで表されるので，各節点の自由度数は3となる．

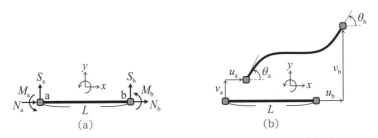

図 8.12　フレーム要素における材端力と変位の正の向き（定義）

---
[20] ラーメンとフレームはドイツ語と英語の違いであり，同じ剛結構造を意味する．

8.6.2 部材座標系における要素剛性方程式

フレームの各部材は，軸力・せん断力・曲げモーメントのすべての断面力を伝える．ここで，部材軸方向の材端力は軸方向変位 u のみに関係し，y 方向変位 v とたわみ角 θ には関係しないので，部材軸方向の力と変位の関係は独立させて考えることができる．すなわち，8.4 節で示したはりの要素剛性方程式 (8.62) が影響を受けないように，8.3 節で示した棒材の要素剛性方程式 (8.34) を付加すればよい．図 **8.13** (a) と図 **8.14** (a) の変数名を用いて，部材座標系 $(\bar{x}, \bar{y})$ におけるフレームの要素剛性方程式は次式で表される．簡単のため，ここでは分布荷重を考えないこととする．

$$\begin{Bmatrix} \bar{N}_a \\ \bar{S}_a \\ \bar{M}_a \\ \bar{N}_b \\ \bar{S}_b \\ \bar{M}_b \end{Bmatrix} = \begin{bmatrix} \frac{EA}{L} & 0 & 0 & -\frac{EA}{L} & 0 & 0 \\ 0 & \frac{12EI}{L^3} & \frac{6EI}{L^2} & 0 & -\frac{12EI}{L^3} & \frac{6EI}{L^2} \\ 0 & \frac{6EI}{L^2} & \frac{4EI}{L} & 0 & -\frac{6EI}{L^2} & \frac{2EI}{L} \\ -\frac{EA}{L} & 0 & 0 & \frac{EA}{L} & 0 & 0 \\ 0 & -\frac{12EI}{L^3} & -\frac{6EI}{L^2} & 0 & \frac{12EI}{L^3} & -\frac{6EI}{L^2} \\ 0 & \frac{6EI}{L^2} & \frac{2EI}{L} & 0 & -\frac{6EI}{L^2} & \frac{4EI}{L} \end{bmatrix} \begin{Bmatrix} \bar{u}_a \\ \bar{v}_a \\ \bar{\theta}_a \\ \bar{u}_b \\ \bar{v}_b \\ \bar{\theta}_b \end{Bmatrix}$$

(8.132)

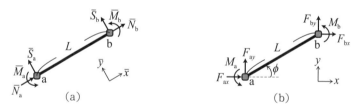

図 **8.13** 部材座標系と全体座標系におけるフレーム要素の材端力

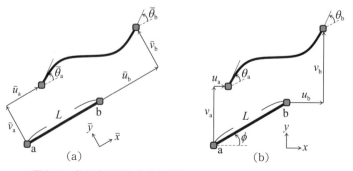

図 **8.14** 部材座標系と全体座標系におけるフレーム要素の変位

8.6.3 全体座標系における要素剛性方程式

図 **8.13** と図 **8.14** に示すように，部材座標系 $(\bar{x}, \bar{y})$ に対して全体座標系 (x, y) を定義し，全体座標系から反時計まわりに ϕ だけ傾いたフレーム要素について考える．ϕ の定義はトラスと同様に x 軸と $\bar{x}$ 軸（部材軸）のなす角であり，反時計まわりが正である．回転は座標系に依存しないので，a 端および b 端における各座標系の変位ベクトルは座標変換行列を用いてそれぞれ次のように関係付けられる．

$$
\begin{Bmatrix} \bar{u}_a \\ \bar{v}_a \\ \bar{\theta}_a \end{Bmatrix} = \begin{bmatrix} \cos\phi & \sin\phi & 0 \\ -\sin\phi & \cos\phi & 0 \\ 0 & 0 & 1 \end{bmatrix} \begin{Bmatrix} u_a \\ v_a \\ \theta_a \end{Bmatrix}, \quad \begin{Bmatrix} \bar{u}_b \\ \bar{v}_b \\ \bar{\theta}_b \end{Bmatrix} = \begin{bmatrix} \cos\phi & \sin\phi & 0 \\ -\sin\phi & \cos\phi & 0 \\ 0 & 0 & 1 \end{bmatrix} \begin{Bmatrix} u_b \\ v_b \\ \theta_b \end{Bmatrix}
$$

$$(8.133)$$

材端力についても，同様に次式で関係付けられる．

$$
\begin{Bmatrix} \bar{N}_a \\ \bar{S}_a \\ \bar{M}_a \end{Bmatrix} = \begin{bmatrix} \cos\phi & \sin\phi & 0 \\ -\sin\phi & \cos\phi & 0 \\ 0 & 0 & 1 \end{bmatrix} \begin{Bmatrix} F_{ax} \\ F_{ay} \\ M_a \end{Bmatrix}, \quad \begin{Bmatrix} \bar{N}_b \\ \bar{S}_b \\ \bar{M}_b \end{Bmatrix} = \begin{bmatrix} \cos\phi & \sin\phi & 0 \\ -\sin\phi & \cos\phi & 0 \\ 0 & 0 & 1 \end{bmatrix} \begin{Bmatrix} F_{bx} \\ F_{by} \\ M_b \end{Bmatrix}
$$

$$(8.134)$$

$c = \cos\phi$, $s = \sin\phi$ とし，これらを 6 成分にして同時に表すと，次のようになる．

$$
\begin{Bmatrix} \bar{u}_a \\ \bar{v}_a \\ \bar{\theta}_a \\ \bar{u}_b \\ \bar{v}_b \\ \bar{\theta}_b \end{Bmatrix} = \begin{bmatrix} c & s & 0 & 0 & 0 & 0 \\ -s & c & 0 & 0 & 0 & 0 \\ 0 & 0 & 1 & 0 & 0 & 0 \\ 0 & 0 & 0 & c & s & 0 \\ 0 & 0 & 0 & -s & c & 0 \\ 0 & 0 & 0 & 0 & 0 & 1 \end{bmatrix} \begin{Bmatrix} u_a \\ v_a \\ \theta_a \\ u_b \\ v_b \\ \theta_b \end{Bmatrix}, \quad \begin{Bmatrix} \bar{N}_a \\ \bar{S}_a \\ \bar{M}_a \\ \bar{N}_b \\ \bar{S}_b \\ \bar{M}_b \end{Bmatrix} = \begin{bmatrix} c & s & 0 & 0 & 0 & 0 \\ -s & c & 0 & 0 & 0 & 0 \\ 0 & 0 & 1 & 0 & 0 & 0 \\ 0 & 0 & 0 & c & s & 0 \\ 0 & 0 & 0 & -s & c & 0 \\ 0 & 0 & 0 & 0 & 0 & 1 \end{bmatrix} \begin{Bmatrix} F_{ax} \\ F_{ay} \\ M_a \\ F_{bx} \\ F_{by} \\ M_b \end{Bmatrix}
$$

$$(8.135)$$

ここで，式 (8.132) を $\{\bar{F}\} = [\bar{k}]\{\bar{u}\}$，式 (8.135) を $\{\bar{u}\} = [T]\{u\}$，$\{\bar{F}\} = [T]\{F\}$ と簡易的に表記する．式 (8.135) を式 (8.132) に代入すると，$[T]\{F\} = [\bar{k}][T]\{u\}$ となる．$[T]$ は直交行列であるので次のように式展開でき，全体座標系の式に変換することができる．

$$
[T]^{-1}[T]\{F\} = [T]^{-1}[\bar{k}][T]\{u\} \quad \rightarrow \quad \{F\} = [T]^{\mathrm{T}}[\bar{k}][T]\{u\} = [k]\{u\} \quad (8.136)
$$

$[k] = [T]^{\mathrm{T}}[\bar{k}][T]$ より，全体座標系における要素剛性行列は次式で表される．

$$[k] = \begin{bmatrix} c & s & 0 & 0 & 0 & 0 \\ -s & c & 0 & 0 & 0 & 0 \\ 0 & 0 & 1 & 0 & 0 & 0 \\ 0 & 0 & 0 & c & s & 0 \\ 0 & 0 & 0 & -s & c & 0 \\ 0 & 0 & 0 & 0 & 0 & 1 \end{bmatrix}^{\mathrm{T}} \begin{bmatrix} \frac{EA}{L} & 0 & 0 & -\frac{EA}{L} & 0 & 0 \\ 0 & \frac{12EI}{L^3} & \frac{6EI}{L^2} & 0 & -\frac{12EI}{L^3} & \frac{6EI}{L^2} \\ 0 & \frac{6EI}{L^2} & \frac{4EI}{L} & 0 & -\frac{6EI}{L^2} & \frac{2EI}{L} \\ -\frac{EA}{L} & 0 & 0 & \frac{EA}{L} & 0 & 0 \\ 0 & -\frac{12EI}{L^3} & -\frac{6EI}{L^2} & 0 & \frac{12EI}{L^3} & -\frac{6EI}{L^2} \\ 0 & \frac{6EI}{L^2} & \frac{2EI}{L} & 0 & -\frac{6EI}{L^2} & \frac{4EI}{L} \end{bmatrix} \begin{bmatrix} c & s & 0 & 0 & 0 & 0 \\ -s & c & 0 & 0 & 0 & 0 \\ 0 & 0 & 1 & 0 & 0 & 0 \\ 0 & 0 & 0 & c & s & 0 \\ 0 & 0 & 0 & -s & c & 0 \\ 0 & 0 & 0 & 0 & 0 & 1 \end{bmatrix}$$

(8.137)

全体剛性方程式を作成する際は，各要素の ϕ, L, E, A, I の値と各節点の自由度数が3であることに注意して要素剛性行列を計算し，アセンブリングを行えばよい．

例題 8.14　フレームのマトリックス構造解析

2部材で構成されるフレーム構造の接合点にモーメント荷重 M が作用している．各部材の曲げ剛性と軸剛性は等しいものとする．簡単のため，物理量の単位は無視して，$M = 32$, $L = 1$, $E = 1$, $A = 1$, $I = 1$ とする．以下の問に答えよ．

- マトリックス構造解析により，接合点の変位とたわみ角を求めよ．
- 支点反力をすべて求め，正の値になるよう結果を図示せよ．

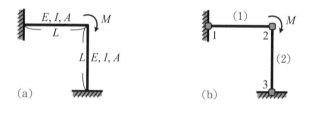

解答・解説

要素番号，節点番号は例題図 (b) のように定義する．フレームのマトリックス構造解析に必要な要素のデータは次のようになる[21]．

要素	a端	b端	L	E	A	I	$\cos\phi$	$\sin\phi$
(1)	1	2	1	1	1	1	1	0
(2)	2	3	1	1	1	1	0	-1

上の値と式 (8.137) を用いて，要素 (1) と要素 (2) の要素剛性行列は次のようになる．

---

[21] これまでは文字変数を用いて演算を行ってきたが，マトリックス構造解析はコンピュータの使用を前提にした方法であるので，具体的な数値を用いて演算するのが一般的である．

$$
\left[k_{(1)}\right] = \begin{bmatrix} 1 & 0 & 0 & -1 & 0 & 0 \\ 0 & 12 & 6 & 0 & -12 & 6 \\ 0 & 6 & 4 & 0 & -6 & 2 \\ -1 & 0 & 0 & 1 & 0 & 0 \\ 0 & -12 & -6 & 0 & 12 & -6 \\ 0 & 6 & 2 & 0 & -6 & 4 \end{bmatrix}, \quad
\left[k_{(2)}\right] = \begin{bmatrix} 12 & 0 & 6 & -12 & 0 & 6 \\ 0 & 1 & 0 & 0 & -1 & 0 \\ 6 & 0 & 4 & -6 & 0 & 2 \\ -12 & 0 & -6 & 12 & 0 & -6 \\ 0 & -1 & 0 & 0 & 1 & 0 \\ 6 & 0 & 2 & -6 & 0 & 4 \end{bmatrix} \quad (8.138)
$$

要素剛性行列を全体系で書き換えると次のようになる.

$$
\left[K_{(1)}\right] = \begin{bmatrix} 1 & 0 & 0 & -1 & 0 & 0 & 0 & 0 & 0 \\ 0 & 12 & 6 & 0 & -12 & 6 & 0 & 0 & 0 \\ 0 & 6 & 4 & 0 & -6 & 2 & 0 & 0 & 0 \\ -1 & 0 & 0 & 1 & 0 & 0 & 0 & 0 & 0 \\ 0 & -12 & -6 & 0 & 12 & -6 & 0 & 0 & 0 \\ 0 & 6 & 2 & 0 & -6 & 4 & 0 & 0 & 0 \\ 0 & 0 & 0 & 0 & 0 & 0 & 0 & 0 & 0 \\ 0 & 0 & 0 & 0 & 0 & 0 & 0 & 0 & 0 \\ 0 & 0 & 0 & 0 & 0 & 0 & 0 & 0 & 0 \end{bmatrix},
$$

$$
\left[K_{(2)}\right] = \begin{bmatrix} 0 & 0 & 0 & 0 & 0 & 0 & 0 & 0 & 0 \\ 0 & 0 & 0 & 0 & 0 & 0 & 0 & 0 & 0 \\ 0 & 0 & 0 & 0 & 0 & 0 & 0 & 0 & 0 \\ 0 & 0 & 0 & 12 & 0 & 6 & -12 & 0 & 6 \\ 0 & 0 & 0 & 0 & 1 & 0 & 0 & -1 & 0 \\ 0 & 0 & 0 & 6 & 0 & 4 & -6 & 0 & 2 \\ 0 & 0 & 0 & -12 & 0 & -6 & 12 & 0 & -6 \\ 0 & 0 & 0 & 0 & -1 & 0 & 0 & 1 & 0 \\ 0 & 0 & 0 & 6 & 0 & 2 & -6 & 0 & 4 \end{bmatrix} \quad (8.139)
$$

節点 1 と節点 3 が固定支点であることを考慮し,節点 1 と節点 3 の支点反力を H_1, V_1, M_1, H_3, V_3, M_3 とすると,全体剛性方程式は次式となる.

$$
\begin{bmatrix} 1 & 0 & 0 & -1 & 0 & 0 & 0 & 0 & 0 \\ 0 & 12 & 6 & 0 & -12 & 6 & 0 & 0 & 0 \\ 0 & 6 & 4 & 0 & -6 & 2 & 0 & 0 & 0 \\ -1 & 0 & 0 & 13 & 0 & 6 & -12 & 0 & 6 \\ 0 & -12 & -6 & 0 & 13 & -6 & 0 & -1 & 0 \\ 0 & 6 & 2 & 6 & -6 & 8 & -6 & 0 & 2 \\ 0 & 0 & 0 & -12 & 0 & -6 & 12 & 0 & -6 \\ 0 & 0 & 0 & 0 & -1 & 0 & 0 & 1 & 0 \\ 0 & 0 & 0 & 6 & 0 & 2 & -6 & 0 & 4 \end{bmatrix} \begin{Bmatrix} 0 \\ 0 \\ 0 \\ u_2 \\ v_2 \\ \theta_2 \\ 0 \\ 0 \\ 0 \end{Bmatrix} = \begin{Bmatrix} H_1 \\ V_1 \\ M_1 \\ 0 \\ 0 \\ -32 \\ H_3 \\ V_3 \\ M_3 \end{Bmatrix} \quad (8.140)
$$

変位がゼロの行と列を削除すると,縮約された全体剛性方程式は次式となり,方程式を解くと節点 2 の変位ベクトルは次のように求められる.

$$
\begin{bmatrix} 13 & 0 & 6 \\ 0 & 13 & -6 \\ 6 & -6 & 8 \end{bmatrix} \begin{Bmatrix} u_2 \\ v_2 \\ \theta_2 \end{Bmatrix} = \begin{Bmatrix} 0 \\ 0 \\ -32 \end{Bmatrix} \quad \rightarrow \quad \begin{Bmatrix} u_2 \\ v_2 \\ \theta_2 \end{Bmatrix} = \begin{Bmatrix} 6 \\ -6 \\ -13 \end{Bmatrix} \quad (8.141)
$$

これより,節点 2 の水平変位は右向きに 6,鉛直変位は下向きに 6,たわみ角は時計ま

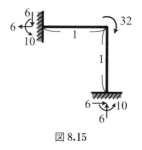

図 8.15

わりに 13 となる.節点 1 と節点 3 の支点反力は,式 (8.140) に変位の値を戻して,次のように求めることができ,結果を図示すると図 8.15 のようになる.

$$H_1 = -u_2 = -6, \quad V_1 = -12v_2 + 6\theta_2 = -6, \quad M_1 = -6v_2 + 2\theta_2 = 10,$$
$$H_3 = -12u_2 - 6\theta_2 = 6, \quad V_3 = -v_2 = 6, \quad M_3 = 6u_2 + 2\theta_2 = 10 \quad (8.142)$$

8.7 マトリックス構造解析と有限要素法

本章では,マトリックス構造解析を用いることにより,静定・不静定に関係なく同じ手順で容易に構造解析が行えることを示した.現在,コンピュータを用いて行われる構造解析のほとんどは変位法に基づくマトリックスを用いた解法であり,その代表格が**有限要素法**(Finite Element Method; **FEM**)と呼ばれる方法である.マトリックス構造解析と FEM の違いは要素剛性行列(要素剛性方程式)の導出方法のみである.テキストによっては本章で示した方法を FEM と称する場合もあるが,本書では導出方法の違いを重視し,マトリックス構造解析と FEM を区別することとした.

FEM のなかでもとりわけ連続体力学に基づく FEM は,あらゆる構造物の 3 次元解析に応用可能である.すなわち,図 1.1 に示した橋梁を 1 次元に単純化せずに,コンピュータを用いて 3 次元のまま構造解析を行うことができる.構造力学の基礎と考え方を修得した後は,3 次元の力学と FEM を学ぶことが次のステップである.ただし,コンピュータによる 3 次元構造解析の妥当性を判断するには,構造力学を通して身につけた**"1 次元に理想化して考えること"** と **"力学的センス"** が必要であることを忘れてはいけない.

付録 A

はりの影響線

A.1 影響線の描き方と利用方法

はりに外力が作用すると支点には支点反力が生じ，はりの内部には断面力が生じる．はりに生じる支点反力や断面力は外力の大きさ・位置・数によって変化する．大きさ1の単位外力を考え，単位外力が作用する位置によって支点反力や断面力がどのように変化するかを図示したものを **影響線**（influence line）という．影響線を利用すれば，外力の大きさ・位置・数の異なる複数の荷重パターンに対して容易に支点反力や断面力を求めることができる．影響線は構造物の設計において用いられることが多い．

以下では，片持はりと単純はりの例題を通して，影響線の描き方と影響線を利用した支点反力と断面力の求め方について示す[1]．

例題 A.1 片持はりの影響線

図のような長さ L の片持はりについて，以下の問に答えよ．
- 固定端 A における鉛直反力とモーメント反力の影響線を描け．
- 中央点 C のせん断力と曲げモーメントの影響線を描け．
- 描いた影響線を用いて，図 (b) と (c) の支点反力および中央点 C のせん断力と曲げモーメントを求めよ．

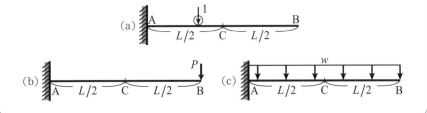

---

[1] 本書では扱わないが，トラスや不静定構造物の影響線もある．

230　付録 A　はりの影響線

解答・解説

　図 **A.1** (a) に示すように，固定端 A から ξ 離れた位置に大きさ 1 の単位外力が作用する状態を考え[2]，固定端の水平反力を $\bar{H}_\mathrm{A}$，鉛直反力を $\bar{V}_\mathrm{A}$，モーメント反力を $\bar{M}_\mathrm{A}$ とする．水平方向と鉛直方向の力のつり合い，および点 A でのモーメントのつり合いは次式となる．

$$\bar{H}_\mathrm{A} = 0 , \quad \bar{V}_\mathrm{A} - 1 = 0 , \quad \bar{M}_\mathrm{A} - 1 \cdot \xi = 0 \qquad \text{(A.1)}$$

これらの 3 式より，固定端 A から ξ 離れた位置に単位外力が作用する場合の支点反力 $\bar{V}_\mathrm{A}$ と $\bar{M}_\mathrm{A}$ は次式で表される．

$$\bar{V}_\mathrm{A}(\xi) = 1 , \quad \bar{M}_\mathrm{A}(\xi) = \xi \qquad \text{(A.2)}$$

　次に，固定端 A から ξ 離れた位置に，大きさ 1 の単位外力が作用する場合の点 C におけるせん断力 $\bar{S}_\mathrm{C}$ と曲げモーメント $\bar{M}_\mathrm{C}$ を求める．そのためには，単位外力が AC 間にある場合と BC 間にある場合とで分けて考える必要がある．単位外力が AC 間にある場合，点 C で部材を仮想的に切断すると図 **A.1** (b) のようになる．AC 間における鉛直方向の力のつり合いと点 C でのモーメントのつり合いは次のようになる．

$$\bar{V}_\mathrm{A} - 1 - \bar{S}_\mathrm{C} = 0 , \quad \bar{M}_\mathrm{C} + \bar{M}_\mathrm{A} - \bar{V}_\mathrm{A} \cdot \frac{L}{2} + 1 \cdot \left(\frac{L}{2} - \xi \right) = 0 \qquad \text{(A.3)}$$

これらの 2 式より，単位外力が AC 間にある場合の $\bar{S}_\mathrm{C}$ と $\bar{M}_\mathrm{C}$ は次式となる[3]．

$$0 \leqq \xi \leqq \frac{L}{2} : \quad \bar{S}_\mathrm{C}(\xi) = 0 , \quad \bar{M}_\mathrm{C}(\xi) = 0 \qquad \text{(A.4)}$$

一方，単位外力が BC 間にある場合，点 C で部材を仮想的に切断すると図 **A.1** (c) のようになる．BC 間における鉛直方向の力のつり合いと点 C でのモーメントのつり合いは次のようになる．

$$\bar{S}_\mathrm{C} - 1 = 0 , \quad \bar{M}_\mathrm{C} + 1 \cdot \left(\xi - \frac{L}{2} \right) = 0 \qquad \text{(A.5)}$$

これらの 2 式より，単位外力が BC 間にある場合の $\bar{S}_\mathrm{C}$ と $\bar{M}_\mathrm{C}$ は次式となる．

$$\frac{L}{2} \leqq \xi \leqq L : \quad \bar{S}_\mathrm{C} = 1 , \quad \bar{M}_\mathrm{C} = \frac{L}{2} - \xi \qquad \text{(A.6)}$$

以上より，支点 A の鉛直反力 $\bar{V}_\mathrm{A}$ とモーメント反力 $\bar{M}_\mathrm{A}$，および点 C でのせん断力 $\bar{S}_\mathrm{C}$ と曲げモーメント $\bar{M}_\mathrm{C}$ の影響線を描くと図 **A.2** のようになる．

---

[2]　一般には x を用いるが，これまで断面力を評価する位置に x を用いてきたので，これと区別するためにあえて x とは異なる変数を用いている．ギリシャ文字の ξ はクシーまたはグザイと読む．
[3]　断面力を求める際は切断面の左右どちらで考えても構わない．この場合図 **A.1** (b) の右側を見た方が簡単であり，$\bar{S}_\mathrm{C}$ と $\bar{M}_\mathrm{C}$ がゼロだとすぐにわかる．式 (A.3) はあえて難しい方を示している．

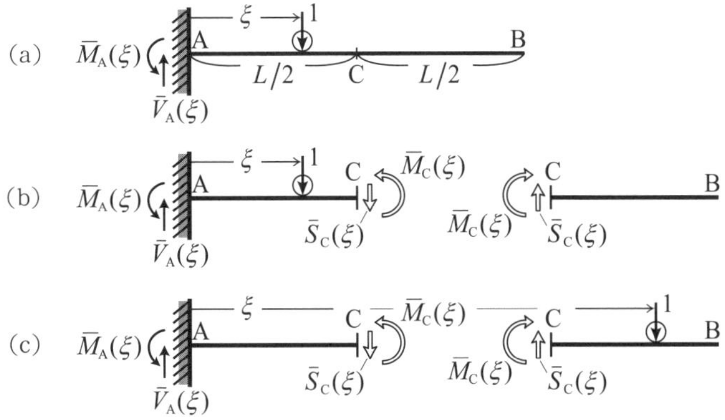

A.1 影響線の描き方と利用方法　231

図 A.1

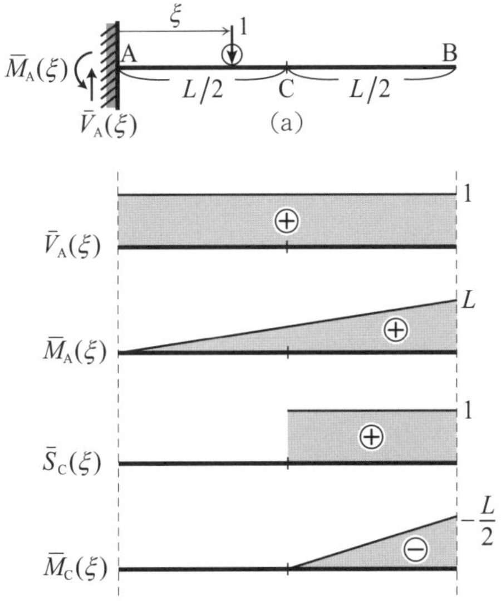

図 A.2

　次に，描いた影響線を利用して，点 B に集中荷重 P が作用する場合の V_A，M_A，S_C，M_C を求める．固定端から ξ 離れた位置に単位外力が作用したときの値をプロットした図が影響線であるので，図 A.2 において $\xi = L$ の影響線の値を読み，その値に荷重 P を掛ければよい[4]．すなわち，例題図 (b) の V_A，M_A，S_C，M_C は次のようになる．

---

[4] 問題の線形性を利用している．

$$V_A = \bar{V}_A(L)\cdot P = 1\cdot P = P, \qquad M_A = \bar{M}_A(L)\cdot P = L\cdot P = PL \qquad \text{(A.7)}$$

$$S_C = \bar{S}_C(L)\cdot P = 1\cdot P = P, \qquad M_C = \bar{M}_C(L)\cdot P = -\frac{L}{2}\cdot P = -\frac{PL}{2} \qquad \text{(A.8)}$$

例題図 (b) は**例題 2.10** と同じ問題であり，**図 2.20** を見ると，影響線を利用して求めた値と一致していることがわかる．

次に，影響線を利用して等分布荷重 w が作用する場合の V_A, M_A, S_C, M_C を求める．等分布荷重の場合は，等分布荷重の作用区間における影響線下の面積に等分布荷重の値を掛ければよい．すなわち，例題図 (c) の V_A, M_A, S_C, M_C は次のようになる．

$$V_A = (L\cdot 1)\cdot w = wL, \qquad M_A = \left(L\cdot L\cdot\frac{1}{2}\right)\cdot w = \frac{1}{2}wL^2 \qquad \text{(A.9)}$$

$$S_C = \left(\frac{L}{2}\cdot 1\right)\cdot w = \frac{wL}{2}, \qquad M_C = \left(-\frac{L}{2}\cdot\frac{L}{2}\cdot\frac{1}{2}\right)\cdot w = -\frac{1}{8}wL^2 \qquad \text{(A.10)}$$

例題図 (c) は**例題 2.12** と同じ問題であり，**図 2.23** を見ると影響線を利用して求めた値と一致していることがわかる．

例題 A.2　単純はりの影響線

図のような全長 $4L$ の単純はりについて，以下の問に答えよ．
- 支点 A と支点 B における鉛直反力の影響線を描け．
- 中央点 D のせん断力と曲げモーメントの影響線を描け．
- 描いた影響線を用いて，図 (b) と (c) の鉛直反力および中央点 D のせん断力と曲げモーメントを求めよ．

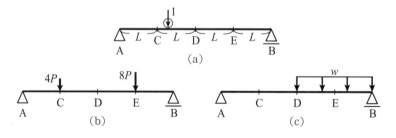

解答・解説

図 **A.3** (a) に示すように，支点 A から ξ 離れた位置に大きさ 1 の単位外力が作用する状態を考え，支点 A の水平反力を $\bar{H}_A$，鉛直反力を $\bar{V}_A$，支点 B の鉛直反力を $\bar{V}_B$ とする．水平方向と鉛直方向の力のつり合い，および点 A まわりのモーメントのつり合いは次式となる．

$$\bar{H}_A = 0, \quad \bar{V}_A + \bar{V}_B - 1 = 0, \quad 1 \cdot \xi - \bar{V}_B \cdot 4L = 0 \tag{A.11}$$

これらの3式より，支点 A から ξ 離れた位置に単位外力が作用する場合の支点反力 $\bar{V}_A$ と $\bar{V}_B$ は次式で表される．

$$\bar{V}_A(\xi) = 1 - \frac{1}{4L}\xi, \quad \bar{V}_B(\xi) = \frac{1}{4L}\xi \tag{A.12}$$

次に，支点 A から ξ 離れた位置に，大きさ 1 の単位外力が作用する場合の点 D におけるせん断力 $\bar{S}_D$ と曲げモーメント $\bar{M}_D$ を求める．$\bar{S}_D$ と $\bar{M}_D$ を求めるには，単位外力が AD 間にある場合と BD 間にある場合とで場合分けを行う必要がある．単位外力が AD 間にある場合，点 D で部材を仮想的に切断すると図 **A.3** (b) のようになる．支点 A から単位外力までの距離が ξ であることに注意して，鉛直方向の力のつり合いと点 D まわりのモーメントのつり合いは次式となる．

$$\bar{S}_D + 1 - \bar{V}_A = 0, \quad \bar{M}_D + 1 \cdot (2L - \xi) - \bar{V}_A \cdot 2L = 0 \tag{A.13}$$

これらの2式と $\bar{V}_A$ の式より，単位外力が AD 間にある場合の $\bar{S}_D$ と $\bar{M}_D$ は次式となる．

$$0 \leqq \xi \leqq 2L : \quad \bar{S}_D(\xi) = -\frac{1}{4L}\xi, \quad \bar{M}_D(\xi) = \frac{1}{2}\xi \tag{A.14}$$

一方，単位外力が BD 間にある場合，点 D で部材を仮想的に切断すると図 **A.3** (c) のようになる．BD 間を見てもよいが，AD 間を見た方が単位外力がないので式が簡単になる．AD 間において，鉛直方向の力のつり合いと点 D まわりのモーメントのつり合いは次式となる．

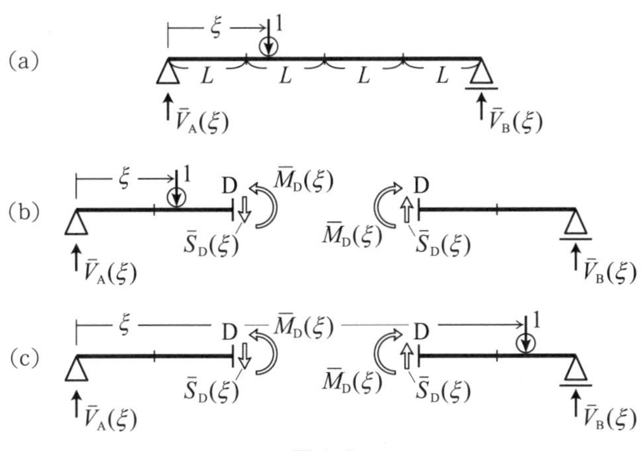

図 **A.3**

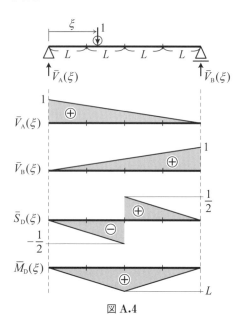

図 **A.4**

$$\bar{S}_\mathrm{D} - \bar{V}_\mathrm{A} = 0 , \quad \bar{M}_\mathrm{D} - \bar{V}_\mathrm{A} \cdot 2L = 0 \tag{A.15}$$

これらの 2 式と $\bar{V}_\mathrm{A}$ の式より，単位外力が BD 間にある場合の $\bar{S}_\mathrm{D}$ と $\bar{M}_\mathrm{D}$ は次式となる．

$$2L \leqq \xi \leqq 4L : \quad \bar{S}_\mathrm{D}(\xi) = 1 - \frac{1}{4L}\xi , \quad \bar{M}_\mathrm{D}(\xi) = 2L - \frac{1}{2}\xi \tag{A.16}$$

以上より，鉛直反力 $\bar{V}_\mathrm{A}$ と $\bar{V}_\mathrm{B}$ の影響線，および点 D でのせん断力 $\bar{S}_\mathrm{D}$ と曲げモーメント $\bar{M}_\mathrm{D}$ の影響線を描くと図 **A.4** のようになる．

次に，描いた影響線を利用して例題図 (b) の $V_\mathrm{A}, V_\mathrm{B}, S_\mathrm{D}, M_\mathrm{D}$ を求める．支点 A からξ離れた位置に単位外力が作用したときの値をプロットした図が影響線であるので，図 **A.4** において $\xi = L$ と $\xi = 3L$ の影響線の値を読み，それらの値に荷重 $4P$ と $8P$ を掛けて足し合わせればよい[5]．図 **A.5** (a) より，例題図 (b) の $V_\mathrm{A}, V_\mathrm{B}, S_\mathrm{D}, M_\mathrm{D}$ は次のようになる．

---

[5] 問題の線形性と重ね合わせの原理に基づいている．

A.1 影響線の描き方と利用方法 235

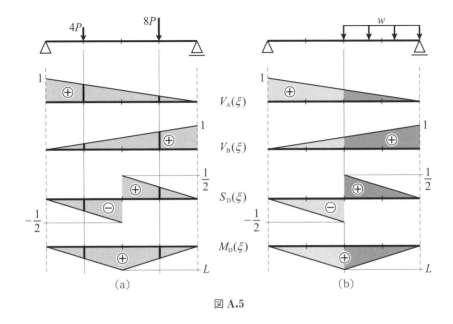

図 A.5

$$V_A = \bar{V}_A(L) \cdot 4P + \bar{V}_A(3L) \cdot 8P = \frac{3}{4} \cdot 4P + \frac{1}{4} \cdot 8P = 5P \quad (A.17)$$

$$V_B = \bar{V}_B(L) \cdot 4P + \bar{V}_B(3L) \cdot 8P = \frac{1}{4} \cdot 4P + \frac{3}{4} \cdot 8P = 7P \quad (A.18)$$

$$S_D = \bar{S}_D(L) \cdot 4P + \bar{S}_D(3L) \cdot 8P = -\frac{1}{4} \cdot 4P + \frac{1}{4} \cdot 8P = P \quad (A.19)$$

$$M_D = \bar{M}_D(L) \cdot 4P + \bar{M}_D(3L) \cdot 8P = \frac{L}{2} \cdot 4P + \frac{L}{2} \cdot 8P = 6PL \quad (A.20)$$

影響線を用いずに例題図 (b) の支点反力と断面力を求めれば，上で求めた値に一致することがわかる．

次に，影響線を利用して例題図 (c) の V_A，V_B，S_D，M_D を求める．等分布荷重の場合は，等分布荷重の作用区間における影響線下の面積に等分布荷重の値を掛ければよい．図 A.5 (b) より，例題図 (c) の V_A，V_B，S_D，M_D は次のようになる．

$$V_A = \left(2L \cdot \frac{1}{2} \cdot \frac{1}{2}\right) \cdot w = \frac{1}{2}wL, \quad V_B = \left(\left(1 + \frac{1}{2}\right) \cdot 2L \cdot \frac{1}{2}\right) \cdot w = \frac{3}{2}wL \quad (A.21)$$

$$S_D = \left(2L \cdot \frac{1}{2} \cdot \frac{1}{2}\right) \cdot w = \frac{1}{2}wL, \quad M_D = \left(2L \cdot L \cdot \frac{1}{2}\right) \cdot w = wL^2 \quad (A.22)$$

影響線を用いずに例題図 (c) の支点反力と断面力を求めれば，上で求めた値に一致することがわかる．

付録 B
弾性荷重法

B.1 微分方程式に基づく解法

3章では，はりの変形（たわみとたわみ角）を解析する方法として，弾性曲線方程式による解法を示した．この解法は積分を行って2階の微分方程式を直接的に解く方法であった．微分方程式に基づいてはりの変形を解析する方法には，**弾性荷重法（モールの定理）**と呼ばれる方法がもうひとつある．この方法は，微分方程式を直接的に解くのではなく，微分方程式を解くことと等価な力学計算を行うことで，はりの変形（たわみとたわみ角）を求める方法である．以下ではまず，はりの4階の微分方程式を導出し，弾性荷重法を用いてはりの4階の微分方程式を解く方法を説明する．

B.2 はりの4階の微分方程式

図 B.1 のように分布荷重 w が作用しているはりの微小部分を取り出す．x 軸は右向きを正，y 軸は下向きを正とし，微小部分の長さを Δx，左側の断面に生じるせん断力を $S(x)$，曲げモーメントを $M(x)$ とする．右側の断面は左側の断面から x 軸方向に Δx だけ離れているので，せん断力は $S(x + \Delta x)$，曲げモーメントは $M(x + \Delta x)$ となる．

はりの微小部分において，鉛直方向の力のつり合いは次式で表される．

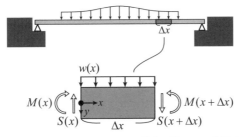

図 B.1 分布荷重が作用するはりとその微小区間 Δx に作用する断面力

238   付録 B　弾 性 荷 重 法

$$S(x + \Delta x) - S(x) + w(x + \Delta x/2)\Delta x = 0 \tag{B.1}$$

Δx で除して整理すると，次のようになる.

$$\frac{S(x + \Delta x) - S(x)}{\Delta x} + w(x + \Delta x/2) = 0 \tag{B.2}$$

$\Delta x \to 0$ の極限をとると，左辺第 1 項は $S(x)$ の微分になり，次式となる[1].

$$\frac{dS(x)}{dx} + w(x) = 0 \tag{B.3}$$

図中の ● 点におけるモーメントのつり合いは次式で表される.

$$M(x + \Delta x) - M(x) - S(x + \Delta x) \cdot \Delta x - w(x + \Delta x/2)\Delta x \cdot \frac{1}{2}\Delta x = 0 \tag{B.4}$$

Δx で除して整理すると，次のようになる.

$$\frac{M(x + \Delta x) - M(x)}{\Delta x} - S(x + \Delta x) - w(x + \Delta x/2) \cdot \frac{1}{2}\Delta x = 0 \tag{B.5}$$

$\Delta x \to 0$ の極限をとると左辺第 1 項は $M(x)$ の微分になり，第 3 項はゼロになる[2].

$$\frac{dM(x)}{dx} - S(x) = 0 \tag{B.6}$$

両辺をさらに x で微分すると次のようになる.

$$\frac{d^2M(x)}{dx^2} - \frac{dS(x)}{dx} = 0 \tag{B.7}$$

式 (B.3) より，上式は次のようになる.

$$\frac{d^2M(x)}{dx^2} + w(x) = 0 \tag{B.8}$$

さらに，式 (3.24) を上式に代入すると，**はりの 4 階の微分方程式**が得られる.

$$\frac{d^2}{dx^2}\left(EI\frac{d^2v(x)}{dx^2}\right) - w(x) = 0 \tag{B.9}$$

上式において，EI を一定とし簡略化すると，次のように書き換えられる.

$$\frac{d^4v}{dx^4} = \frac{w}{EI} \tag{B.10}$$

---

[1]　式 (B.3) はせん断力の 1 階微分は分布荷重であることを示している.
[2]　式 (B.6) は曲げモーメントの 1 階微分がせん断力であることを示している．これまでに描いた M 図と
　　S 図を見れば，M 図を微分したものが S 図になっていることがわかる.

> **例題 B.1 分布荷重が作用する両端固定はりの変形**
>
> 長さ $2L$ の両端固定はりの全域にわたって等分布荷重 w が作用している．w は単位長さあたりの荷重である．はりの曲げ剛性を EI とし，はりの 4 階の微分方程式を用いて，中央点でのたわみ v_C を求めよ．
>
>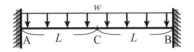

解答・解説

この例題は分布荷重がはり全域にわたって作用していることと，変位の境界条件が 4 つあることから，はりの 4 階の微分方程式 (B.10) を用いて解くことのできる特殊な問題である．式 (B.10) を 4 回積分すると，次のようになる．

$$\frac{d^3v}{dx^3} = \frac{w}{EI}x + C_1 \tag{B.11}$$

$$\frac{d^2v}{dx^2} = \frac{w}{2EI}x^2 + C_1 x + C_2 \tag{B.12}$$

$$\frac{dv}{dx} = \theta(x) = \frac{w}{6EI}x^3 + \frac{C_1}{2}x^2 + C_2 x + C_3 \tag{B.13}$$

$$v(x) = \frac{w}{24EI}x^4 + \frac{C_1}{6}x^3 + \frac{C_2}{2}x^2 + C_3 x + C_4 \tag{B.14}$$

両端が固定支持されているので，境界条件は $\theta(0)=0$, $v(0)=0$, $\theta(2L)=0$, $v(2L)=0$ である．これらを式 (B.13), (B.14) に与えて，$C_1 \sim C_4$ に関する 4 元連立方程式を解くと，積分定数は次式となる．

$$C_1 = -\frac{wL}{EI}, \quad C_2 = \frac{wL^2}{3EI}, \quad C_3 = 0, \quad C_4 = 0 \tag{B.15}$$

よって，たわみ角とたわみは次式で表される．

$$\theta(x) = \frac{w}{6EI}x^3 - \frac{wL}{2EI}x^2 + \frac{wL^2}{3EI}x \tag{B.16}$$

$$v(x) = \frac{w}{24EI}x^4 - \frac{wL}{6EI}x^3 + \frac{wL^2}{6EI}x^2 \tag{B.17}$$

点 C ($x=L$) のたわみ v_C は次のようになる[3]．

$$v_\mathrm{C} = v(L) = \frac{wL^4}{24EI} \tag{B.18}$$

---

[3] 例題 **8.12** において，マトリックス構造解析によりこの問題の支点反力と v_C を求めている．また付録 C の演習 **7.1** (b) において，この問題の支点反力を求め，断面力図を描いている．

240 付録 B 弾性荷重法

B.3 弾性荷重法（モールの定理）

式 (B.10) に示したはりの 4 階の微分方程式の解は，導出過程における次の 2 つの 2 階の微分方程式を段階的に解いても得られることになる．

$$(1)\ \frac{d^2M(x)}{dx^2} = -w(x) \qquad (2)\ \frac{d^2v(x)}{dx^2} = -\frac{M(x)}{EI}$$

上の (1) は式 (B.8), (2) は弾性曲線方程式 (3.24) である．

（1）は，分布荷重 w が作用する問題において曲げモーメント分布を求めることを意味する．この場合，(1) の微分方程式を直接的に解く必要はなく，断面力図を描く手順にしたがって部材を仮想的に切断して，力のつり合いから曲げモーメントの分布を求めればよい．

次に (2) を見ると，(1) と同じ形式の微分方程式であることがわかる．つまり M/EI を分布荷重とみなして，力のつり合いから曲げモーメント分布を求めれば，曲げモーメントがたわみ v に対応することを意味している．さらに式 (B.6) より，曲げモーメントの 1 階微分はせん断力であるので，(2) では M/EI を分布荷重とみなしてせん断力の分布を求めれば，たわみ角の分布を求めたことになる[4]．

上記のように，4 階の微分方程式を (1) と (2) の 2 段階に分けて，微分方程式を直接的に解かずに，見方を変えた力学計算によりたわみとたわみ角を求める方法を**弾性荷重法**（elastic load method）または**モールの定理**（Mohr's theorem）という．また弾性荷重法において，(2) を解く際に疑似的な分布荷重として与える M/EI を**弾性荷重**（elastic load）と呼ぶ．

弾性荷重法を適用する際には注意すべき点がある．たとえば，**図 B.2** に示す片持はりの場合，点 A でたわみがゼロ，点 B でたわみが最大になる．弾性荷重法では，まず (1) で M 図を求め，これを (2) で弾性荷重として載荷して M′ 図を描けば，たわみの分布を求めたことになる．しかし M′ 図を見ると，点 A でたわみが最大，点 B でたわみがゼロとなり，実際とは逆の関係になってしまう．

そこで，(2) では満足すべき条件に一致するような**共役はり**（conjugate beam）に変更し，共役はりに弾性荷重を作用させて曲げモーメントやせん断力を求める．片持はりの場合，自由端を固定端に，固定端を自由端にしたものが共役はりになる．したがって，**図 B.2** とするのは間違いで，**図 B.3** のようにするのが正しい方法となる．

---

[4] たわみ角はたわみの 1 階微分である．よって，この場合せん断力がたわみ角になる．

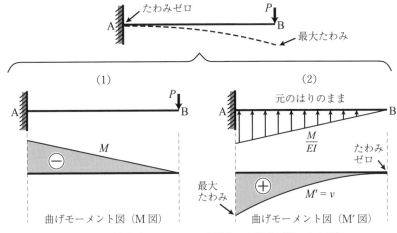

図 B.2 弾性荷重を元のはりに作用させた場合（誤った方法）

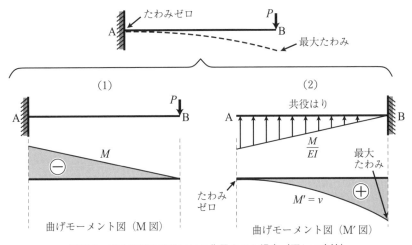

図 B.3 弾性荷重を共役はりに作用させた場合（正しい方法）

　その他の場合の共役はりをまとめると図 B.4 のようになる．上で示したように，自由端は固定端，固定端は自由端になる．

　その他のケースでは，単純支持は単純支持のままであり，中間支点は中間ヒンジに，中間ヒンジは中間支点になる．ヒンジ支点とローラー支点は，はり全体の支持条件を満たすように適宜使い分ける．

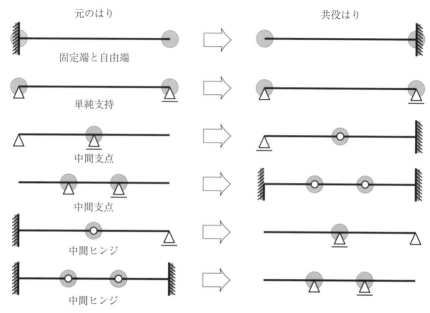

図 B.4　共役はり

例題 B.2　集中荷重が作用する片持はりの変形

長さ L の片持はりの先端 B に集中荷重 P が作用している．はりのヤング率を E，断面二次モーメントを I とし，弾性荷重法により，点 B のたわみ角とたわみを求めよ．

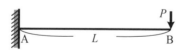

解答・解説

例題 2.1 と例題 2.10 において，既に支点反力と断面力図を求めている．

弾性荷重法の (1) において，曲げモーメント図は図 B.5 (b) となる．鉛直方向は下向きが正であり，M 図は負になるので，図 B.5 (c) に示すように (2) の弾性荷重は M 図と同形状で上向きの分布荷重となる．続いて，共役はりに弾性荷重を作用させた場合の支点反力を求める．図 B.5 (c) の合力 F は三角形の面積から次式となる．

$$F = \frac{PL}{EI} \cdot L \cdot \frac{1}{2} = \frac{PL^2}{2EI} \tag{B.19}$$

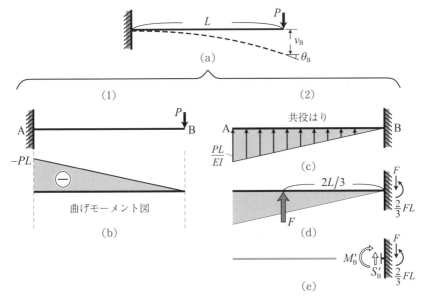

図 B.5

三角形の分布荷重の合力 F は点 B から $2L/3$ 離れた位置に作用するので[5]，共役はりの固定端での支点反力は図 B.5 (d) のようになる．

弾性荷重法では，弾性荷重を共役はりに作用させたときのせん断力がたわみ角，曲げモーメントがたわみに対応する．よって，図 B.5 (e) に示すように，点 B のせん断力を求めれば点 B のたわみ角，点 B の曲げモーメントを求めれば点 B のたわみになる．

$$\theta_B = S'_B = F = \frac{PL^2}{2EI}, \quad v_B = M'_B = \frac{2}{3}FL = \frac{PL^3}{3EI} \tag{B.20}$$

弾性荷重法で求めた θ_B と v_B は，弾性曲線方程式で求めた**例題 3.4** の式 (3.31), (3.32) と一致している．

例題 B.3　集中荷重が作用する単純はりの変形

長さ L の単純はりの中央点 C に集中荷重 P が作用している．はりの曲げ剛性を EI とし，弾性荷重法により，点 A のたわみ角と点 C のたわみを求めよ．

---

[5] 例題 2.4 を参照．

解答・解説

例題 **3.10** において，この例題の支点反力と断面力図を求めている．

弾性荷重法の (1) において，曲げモーメント図は図 **B.6** (b) となる．鉛直方向は下向きが正であり，M 図は正になるので，図 **B.6** (c) に示すように (2) の弾性荷重は M 図と同形状で下向きの分布荷重となる．

共役はりに弾性荷重を作用させた場合の支点反力を求める．図 **B.6** (d) の合力は三角形の面積から次式となる．

$$\frac{PL}{4EI} \cdot L \cdot \frac{1}{2} = \frac{PL^2}{8EI} \tag{B.21}$$

二等辺三角形の分布荷重の合力は中央に作用するので，共役はりの支点反力は図 **B.6** (d) のようになる．

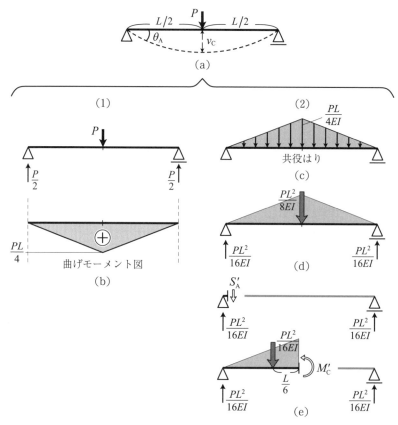

図 **B.6**

B.3 弾性荷重法（モールの定理）　245

　弾性荷重法では，弾性荷重を共役はりに作用させたときのせん断力がたわみ角，曲げ
モーメントがたわみに対応する．よって，**図 B.6** (e) に示すように，点 A のせん断力
を求めれば点 A のたわみ角，点 C の曲げモーメントを求めれば点 C のたわみになる．

$$\theta_A = S'_A = \frac{PL^2}{16EI}, \quad v_C = M'_C = \frac{PL^2}{16EI} \cdot \frac{L}{2} - \left(\frac{PL}{4EI} \cdot \frac{L}{2} \cdot \frac{1}{2} \right) \cdot \frac{L}{6} = \frac{PL^3}{48EI} \tag{B.22}$$

弾性荷重法で求めた θ_A と v_C は，弾性曲線方程式で求めた**例題 3.10** の式 (3.92), (3.93)
と一致している．

付録 C

演習問題

　以下に演習問題とその解答・解説を示す．演習問題は本書における章の順番に並んでおり，問題番号の最初の数字が章の番号を指している．たとえば**演習 7.2** は，7 章に関する演習問題の 2 問目であることを意味する．

演習 1.1　圧縮荷重を受ける棒材の内力と変形

長さ 20 cm，断面積 100 cm^2 のコンクリート供試体の先端に 150 kN の圧縮荷重が与えられている．供試体のヤング率を 30 GPa，ポアソン比を 0.2 とする．引張を正とし，以下の問に答えよ．
(i)　供試体に生じる垂直応力 σ を求めよ．
(ii)　供試体に生じる縦ひずみ ε を求めよ．
(iii)　供試体の先端での変位 ΔL を求めよ．
(iv)　供試体に生じる横ひずみ ε' を求めよ．

解答・解説

(i) 応力の単位が MPa になるように，長さの単位を mm，力の単位を N にする．

$$\sigma = \frac{N}{A} = \frac{-150 \cdot 10^3}{100 \cdot 10^2} = -15 \text{ MPa} \tag{C.1}$$

(ii) フックの法則より，供試体に生じる縦ひずみ ε は次のようになる．

$$\sigma = E\varepsilon \quad \to \quad \varepsilon = \frac{\sigma}{E} = \frac{-15}{30 \cdot 10^3} = -5 \times 10^{-4} \tag{C.2}$$

(iii) ひずみの定義式から，供試体の先端での変位 ΔL は次のようになる．

$$\varepsilon = \frac{\Delta L}{L} \quad \to \quad \Delta L = \varepsilon L = (-5 \times 10^{-4}) \cdot 200 = -0.1 \text{ mm} \tag{C.3}$$

(iv) ポアソン比の定義式から，供試体に生じる横ひずみ ε' は次のようになる．

$$\nu = -\frac{\varepsilon'}{\varepsilon} \quad \rightarrow \quad \varepsilon' = -\nu\varepsilon = -0.2 \cdot (-5 \times 10^{-4}) = 1 \times 10^{-4} \tag{C.4}$$

演習 1.2 圧縮荷重を受ける異種棒材の内力と変形

材料 1 の内部に材料 2 を充填した複合棒材の下端を固定し，上端には剛体板を取り付け，圧縮荷重 P を与えた．棒材の断面は図に示すような円形断面とする．材料 1 のヤング率を $10E$，材料 2 のヤング率を E とし，材料 1 と材料 2 に生じる垂直応力 σ_1，σ_2 を求めよ．材料 1 と材料 2 には軸力のみが生じるものとする．

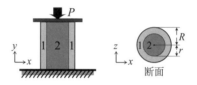

解答・解説

まず断面の図より，材料 1 の断面積 A_1 と材料 2 の断面積 A_2 を求める．

$$A_1 = \pi\left(R^2 - r^2\right), \quad A_2 = \pi r^2 \tag{C.5}$$

剛体板における力のつり合いは次式で表される．

$$P - \sigma_1 A_1 - \sigma_2 A_2 = 0 \tag{C.6}$$

材料 1 と材料 2 の変位（ひずみ）が等しいので，フックの法則より次式が成り立つ．

$$\frac{\sigma_1}{10E} = \frac{\sigma_2}{E} \tag{C.7}$$

以上より，σ_1 と σ_2 は次のようになる．

$$\sigma_1 = \frac{10P}{\pi\left(10R^2 - 9r^2\right)}, \quad \sigma_2 = \frac{P}{\pi\left(10R^2 - 9r^2\right)} \tag{C.8}$$

演習 1.3 引張荷重を受ける棒材の変形

断面の直径がそれぞれ $2r$ と $3r$ で，長さの等しい円柱状の棒材 1 と 2 の左端を壁に固定し，それぞれの右端に P と $2P$ の引張荷重を与えたところ，等しい伸びを示した．棒材 1 と 2 の弾性係数（ヤング率）E_1 と E_2 の比を求めよ．

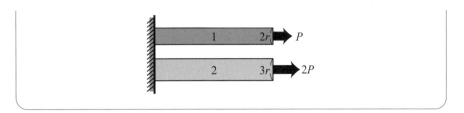

解答・解説

まず，棒材 1 と 2 の断面積 A_1 と A_2 は次のようになる．

$$A_1 = \pi r^2, \quad A_2 = \pi \frac{9}{4} r^2 = \frac{9}{4} A_1 \tag{C.9}$$

棒材 1 と 2 に生じる垂直応力 σ_1 と σ_2 は次のようになる．

$$\sigma_1 = \frac{P}{A_1}, \quad \sigma_2 = \frac{2P}{A_2} = \frac{8P}{9A_1} \tag{C.10}$$

棒材 1 と 2 に生じる垂直ひずみ ε_1 と ε_2 は次のようになる．

$$\varepsilon_1 = \frac{\sigma_1}{E_1} = \frac{P}{E_1 A_1}, \quad \varepsilon_2 = \frac{\sigma_2}{E_2} = \frac{8P}{9 E_2 A_1} \tag{C.11}$$

問題の条件より，棒材 1 と 2 の伸びが等しいので，ヤング率の比は次のようになる．

$$\varepsilon_1 = \varepsilon_2 \quad \rightarrow \quad \frac{P}{E_1 A_1} = \frac{8P}{9 E_2 A_1} \quad \rightarrow \quad \frac{E_1}{E_2} = \frac{9}{8} \tag{C.12}$$

― **演習 2.1　はりの支点反力と断面力図** ―

(a)〜(d) のはりについて，支点反力を図示し，せん断力図と曲げモーメント図を描け．w は単位長さあたりの荷重である．

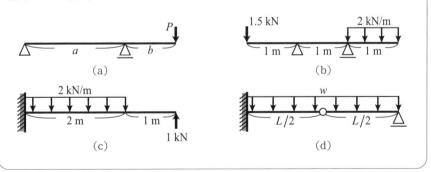

解答・解説

(a) 図 **C.1** (a) のように未知の支点反力を定義する．水平方向と鉛直方向の力のつり

250 付録C 演習問題

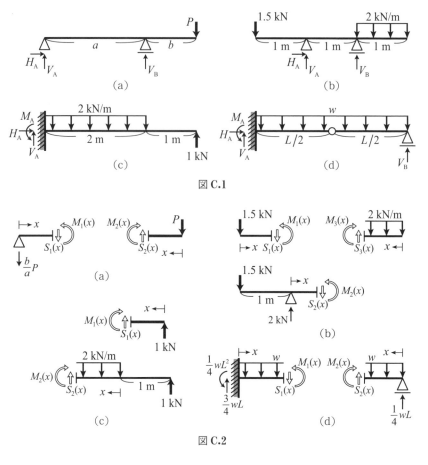

図 C.1

図 C.2

合い，およびローラー支点でのモーメントのつり合いは次式となる．

$$H_A = 0, \quad V_A + V_B - P = 0, \quad V_A \cdot a + P \cdot b = 0 \tag{C.13}$$

これらの3式より，支点反力は次のようになる．

$$H_A = 0, \quad V_A = -\frac{b}{a}P, \quad V_B = \frac{a+b}{a}P \tag{C.14}$$

正の値になるよう図示すると，図 C.3 (a) 上となる．次に，断面力図を描くために図 C.2 (a) のように部材を仮想的に切断して，x 軸と正の断面力を定義する．各区間におけるせん断力と曲げモーメントは次式で表される．

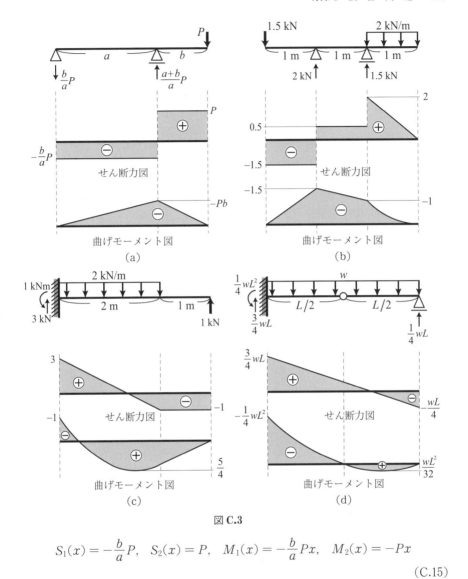

図 C.3

$$S_1(x) = -\frac{b}{a}P, \quad S_2(x) = P, \quad M_1(x) = -\frac{b}{a}Px, \quad M_2(x) = -Px \tag{C.15}$$

せん断力図と曲げモーメント図を描くと，図 C.3 (a) となる．

(b) 図 C.1 (b) のように未知の支点反力を定義する．水平方向と鉛直方向の力のつり合い，およびローラー支点でのモーメントのつり合いは次式となる．

252   付録C 演 習 問 題

$$H_A = 0 , \quad V_A + V_B - 1.5 - 2 \cdot 1 = 0 , \quad 1.5 \cdot 2 - V_A \cdot 1 - 2 \cdot 0.5 = 0$$

$$\text{(C.16)}$$

これらの3式より，支点反力は次のようになる．

$$H_A = 0 , \quad V_A = 2\,\text{kN} , \quad V_B = 1.5\,\text{kN} \tag{C.17}$$

正の値になるよう図示すると，**図 C.3** (b) 上となる．次に，断面力図を描くために**図 C.2** (b) のように部材を仮想的に切断して，x 軸と正の断面力を定義する．各区間におけるせん断力は次式で表される．

$$S_1(x) = -1.5 , \quad S_2(x) = 0.5 , \quad S_3(x) = 2x \tag{C.18}$$

各区間における曲げモーメントは次式で表される．

$$M_1(x) = -1.5x , \quad M_2(x) = 0.5x - 1.5 , \quad M_3(x) = -x^2 \tag{C.19}$$

せん断力図と曲げモーメント図を描くと，**図 C.3** (b) となる．

(c) **図 C.1** (c) のように未知の支点反力を定義する．水平方向と鉛直方向の力のつり合い，および固定端でのモーメントのつり合いは次式となる．

$$H_A = 0 , \quad V_A + 1 - 2 \cdot 2 = 0 , \quad M_A - 2 \cdot 2 \cdot 1 + 1 \cdot 3 = 0 \tag{C.20}$$

これらの3式より，支点反力は次のようになる．

$$H_A = 0 , \quad V_A = 3\,\text{kN} , \quad M_A = 1\,\text{kNm} \tag{C.21}$$

正の値になるよう図示すると，**図 C.3** (c) 上となる．次に，断面力図を描くために**図 C.2** (c) のように部材を仮想的に切断して，x 軸と正の断面力を定義する．各区間におけるせん断力と曲げモーメントは次式で表される．

$$S_1(x) = -1, \quad S_2(x) = 2x - 1, \quad M_1(x) = x, \quad M_2(x) = -x^2 + x + 1$$

$$\text{(C.22)}$$

せん断力図と曲げモーメント図を描くと，**図 C.3** (c) となる．

(d) **図 C.1** (d) に示すように未知の支点反力を定義する．水平方向と鉛直方向の力のつり合い，および固定端でのモーメントのつり合いは次式となる．

$$H_A = 0 , \quad V_A + V_B - w \cdot L = 0 , \quad M_A + V_B \cdot L - w \cdot L \cdot \frac{L}{2} = 0$$

$$\text{(C.23)}$$

さらに，中間ヒンジで部材を切断し，右半分の部材に着目する．中間ヒンジではモーメントがゼロになるので，中間ヒンジにおけるモーメントのつり合いは次式となる．

$$0 + V_\mathrm{B} \cdot \frac{L}{2} - w \cdot \frac{L}{2} \cdot \frac{L}{4} = 0 \tag{C.24}$$

これらの4式より，支点反力は次のようになる．

$$H_\mathrm{A} = 0, \quad V_\mathrm{A} = \frac{3}{4}wL, \quad V_\mathrm{B} = \frac{1}{4}wL, \quad M_\mathrm{A} = \frac{1}{4}wL^2 \tag{C.25}$$

正の値になるよう図示すると，図 **C.3** (d) 上となる．次に，断面力図を描くために図 **C.2** (d) のように部材を仮想的に切断して，x 軸と正の断面力を定義する．各区間におけるせん断力と曲げモーメントは次式で表される[1]．

$$S_1(x) = -wx + \frac{3}{4}wL, \quad M_1(x) = -\frac{1}{2}wx^2 + \frac{3}{4}wLx - \frac{1}{4}wL^2 \tag{C.26}$$

$$S_2(x) = wx - \frac{1}{4}wL, \quad M_2(x) = -\frac{1}{2}wx^2 + \frac{1}{4}wLx \tag{C.27}$$

せん断力図と曲げモーメント図を描くと，図 **C.3** (d) となる．

演習 3.1　プレストレスが作用する単純はりの応力

長さ L の単純はりに等分布荷重 w が作用している．w は単位長さあたりの荷重である．さらに，断面の中心（図心）から下に e ずれた位置に軸方向の荷重 P が与えられている．はりの断面は，幅 b，高さ h の長方形断面とし，断面二次モーメントを I とする．引張を正として，点 C の最下部（断面の下縁）に生じる応力を求めよ．

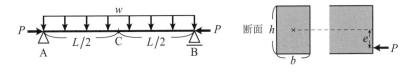

解答・解説

この単純はりには3種類の応力が軸方向に生じる．1つ目は分布荷重 w によって生じる曲げ応力，2つ目は軸方向の荷重 P によって生じる圧縮応力である．軸方向の荷重

---

[1] 解答では中間ヒンジの左右で関数を分けているが，中間ヒンジにおいて断面力分布は不連続にならないので，ローラー支点側から $S(x)$ と $M(x)$ を考えるだけでよい．

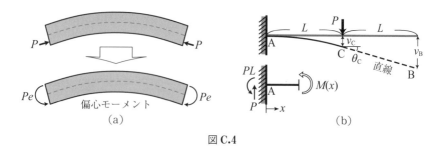

図 C.4

P が図心から e ずれて作用すると[2],図 C.4(a)に示すようにはりには偏心モーメント $-Pe$ が生じる.これによって生じる曲げ応力が 3 つ目である.点 C の最下部(断面の下縁)に生じる応力は,これらの 3 つの応力を足し合わせた値になる.

分布荷重 w によって生じる点 C の曲げモーメント M_C を求める.点 A と点 B の支点反力は $wL/2$ となる.点 C で部材を仮想的に切断し,点 C の曲げモーメント M_C を求めると,次のようになる.

$$M_C = -w \cdot \frac{L}{2} \cdot \frac{L}{4} + \frac{wL}{2} \cdot \frac{L}{2} = \frac{1}{8}wL^2 \tag{C.28}$$

これによって,点 C の最下部に生じる曲げ応力 σ_w は次のようになる[3].

$$\sigma_w = \frac{M_C}{I} \cdot \frac{h}{2} = \frac{wL^2 h}{16I} \tag{C.29}$$

軸方向の荷重 P によって生じる応力 σ_P は次のようになる.

$$\sigma_P = \frac{-P}{A} = -\frac{P}{bh} \tag{C.30}$$

さらに,偏心モーメント $-Pe$ によって,点 C の最下部に生じる曲げ応力 σ_e は次のようになる.

$$\sigma_e = \frac{-Pe}{I} \cdot \frac{h}{2} = -\frac{Peh}{2I} \tag{C.31}$$

以上より,正負に注意して,点 C の最下部(断面の下縁)に生じる応力 σ_C は次式となる[4].

$$\sigma_C = \sigma_w + \sigma_P + \sigma_e = \frac{wL^2 h}{16I} - \frac{P}{bh} - \frac{Peh}{2I} \tag{C.32}$$

---

[2] 図心からずれた位置に作用する荷重を偏心荷重という.
[3] 矩形断面の断面二次モーメントについては第 4 章を参照.
[4] プレストレストコンクリートでは,$\sigma_C < 0$(圧縮)となるようにプレストレスを作用させる.

演習 3.2　弾性曲線方程式による片持はりの構造解析

長さ $2L$ の片持はりの中央点 C に集中荷重 P が作用している．はりの曲げ剛性を EI とし，弾性曲線方程式により，点 B のたわみ角とたわみを求めよ．

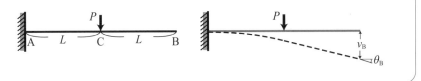

解答・解説

弾性曲線方程式を単純に適用するだけでは点 B のたわみとたわみ角を求められない．図 **C.4** (b) に示すように，荷重によって変形するのは AC 間のみであり，BC 間は傾くだけである．したがって，点 C のたわみ v_C とたわみ角 θ_C を弾性曲線方程式で求めて，θ_C に L を掛けたものを v_C に加えれば，点 B のたわみになる．また，BC 間は傾くだけなので $\theta_C = \theta_B$ である．

まず，図 **C.4** (b) のように点 A から x 軸をとり，部材を仮想的に切断して曲げモーメント分布を求め，弾性曲線方程式に代入する．

$$M(x) = Px - PL, \qquad \frac{d^2v(x)}{dx^2} = -\frac{Px - PL}{EI} \tag{C.33}$$

2 回積分すると次式となる．

$$\theta(x) = -\frac{P}{2EI}x^2 + \frac{PL}{EI}x + C_1, \qquad v(x) = -\frac{P}{6EI}x^3 + \frac{PL}{2EI}x^2 + C_1 x + C_2 \tag{C.34}$$

固定端での条件 $\theta(0) = 0$，$v(0) = 0$ より，積分定数は次のように求められる．

$$C_1 = 0, \qquad C_2 = 0 \tag{C.35}$$

よって，点 C のたわみ角 θ_C とたわみ v_C は次式となる．

$$\theta_C = \theta(L) = \frac{PL^2}{2EI}, \qquad v_C = v(L) = \frac{PL^3}{3EI} \tag{C.36}$$

θ_C と v_C を用いて，点 B のたわみ v_B とたわみ角 θ_B は次のように求められる．

$$v_B = v_C + \theta_C \cdot L = \frac{PL^3}{3EI} + \frac{PL^2}{2EI} \cdot L = \frac{5PL^3}{6EI}, \qquad \theta_B = \theta_C = \frac{PL^2}{2EI} \tag{C.37}$$

ここで求めた v_B は，例題 **6.23** の v_{1b} と一致していることがわかる．

演習 4.1 矩形断面の断面二次モーメント

弾性係数の均一な半径 r の丸太から，曲げ剛性が最大となるように，矩形断面のはり部材を切り出す．このとき，断面二次モーメントの最大値 $I_{\max}$ を求めよ．

解答・解説

曲げ剛性は EI で表され，E は一定なので I を最大にすればよい．丸太から矩形断面を切り出すと，幅は $2r\cos\theta$，高さは $2r\sin\theta$ となる．θ の取り得る値は $0 < \theta < \pi/2$ である．断面二次モーメント $I(\theta)$ は次式となり，この関数の最大値を求めればよい．

$$I(\theta) = \frac{(2r\cos\theta)\cdot(2r\sin\theta)^3}{12} = \frac{4}{3}r^4\cos\theta\sin^3\theta \tag{C.38}$$

最大値を調べるために，関数 $I(\theta)$ の微分を求める．

$$I'(\theta) = \frac{dI(\theta)}{d\theta} = \frac{4}{3}r^4\sin^2\theta\left(\sqrt{3}\cos\theta + \sin\theta\right)\left(\sqrt{3}\cos\theta - \sin\theta\right) \tag{C.39}$$

$0 < \theta < \pi/2$ より，$I'(\theta) = 0$ となる θ は次の場合である．

$$\sqrt{3}\cos\theta - \sin\theta = 0 \quad \rightarrow \quad \tan\theta = \sqrt{3} \quad \rightarrow \quad \theta = \frac{\pi}{3} \tag{C.40}$$

関数の増減を調べると，このときに $I(\theta)$ は最大となることがわかる．よって，断面二次モーメントの最大値 $I_{\max}$ は次のようになる．

$$I_{\max} = I(\pi/3) = \frac{\sqrt{3}}{4}r^4 \tag{C.41}$$

演習 4.2 図心と断面二次モーメント

断面 (a) と (b) について，図心を通る水平 X 軸の断面二次モーメントを求めよ．

付録 C 演 習 問 題　257

解答・解説

(a) 問題図のように断面を長方形 2 個に分割し，左側を 1，右側を 2 とする．各断面の断面積と最下面から図心までの距離は次のようになる．

$$A_1 = 6 \cdot 25 = 150 \ , \quad y_1 = 12.5 \ , \quad A_2 = 30 \cdot 5 = 150 \ , \quad y_2 = 2.5 \quad \text{(C.42)}$$

式 (4.10) を用いて，最下面から全体の図心までの距離 y_0 を求める．

$$y_0 = \frac{A_1 y_1 + A_2 y_2}{A_1 + A_2} = \frac{150 \cdot 12.5 + 150 \cdot 2.5}{150 + 150} = 7.5 \quad \text{(C.43)}$$

式 (4.23) を利用して，断面 1 と断面 2 の X 軸に関する断面二次モーメント I_{1X} と I_{2X} を求める．

$$I_{1X} = (7.5 - 12.5)^2 \cdot 150 + \frac{6 \cdot 25^3}{12} = 11562.5 \quad \text{(C.44)}$$

$$I_{2X} = (7.5 - 2.5)^2 \cdot 150 + \frac{30 \cdot 5^3}{12} = 4062.5 \quad \text{(C.45)}$$

L 型断面の X 軸に関する断面二次モーメント I_X は，これらの和で表される．

$$I_X = I_{1X} + I_{2X} = 11562.5 + 4062.5 = 15625 \ \text{mm}^4 \quad \text{(C.46)}$$

(b) 問題図のように断面を長方形 3 個に分割し，下から順に 1, 2, 3 とする．各断面の断面積と最下面から図心までの距離は次のようになる．

$$A_1 = 108, \quad y_1 = 1.5, \quad A_2 = 120, \quad y_2 = 18, \quad A_3 = 60, \quad y_3 = 34.5 \quad \text{(C.47)}$$

式 (4.10) を用いて，最下面から全体の図心までの距離 y_0 を求める．

$$y_0 = \frac{A_1 y_1 + A_2 y_2 + A_3 y_3}{A_1 + A_2 + A_3} = \frac{108 \cdot 1.5 + 120 \cdot 18 + 60 \cdot 34.5}{108 + 120 + 60} = 15.25$$
$$\text{(C.48)}$$

式 (4.23) を利用して，断面 1, 2, 3 の X 軸に関する断面二次モーメント I_{1X}, I_{2X}, I_{3X} を求める．

$$I_{1X} = (15.25 - 1.5)^2 \cdot 108 + \frac{36 \cdot 3^3}{12} = 20499.75 \quad \text{(C.49)}$$

$$I_{2X} = (15.25 - 18)^2 \cdot 120 + \frac{4 \cdot 30^3}{12} = 9907.5 \quad \text{(C.50)}$$

$$I_{3X} = (15.25 - 34.5)^2 \cdot 60 + \frac{20 \cdot 3^3}{12} = 22278.75 \quad \text{(C.51)}$$

I 型断面の X 軸に関する断面二次モーメント I_X は，これらの和で表される．

$$I_X = I_{1X} + I_{2X} + I_{3X} = 52686 \text{ mm}^4 \tag{C.52}$$

演習 5.1　トラスの軸力解析

(a) と (b) のトラスについて，支点反力を図示し，すべての部材に生じる軸力を求めよ．軸力は引張を正とする．

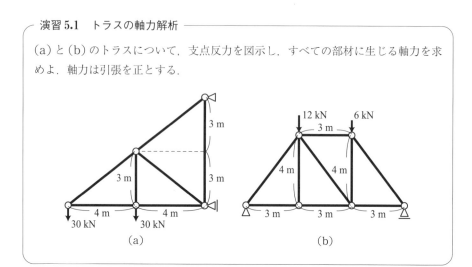

解答・解説

　支点反力を求めて正の値になるよう図示した後，節点法を適用して，部材の軸力を求めていく．未知の軸力が 2 個以下の節点まわりで部材を仮想的に切断し，水平方向と鉛直方向の力のつり合いから軸力を求めていくと，支点反力および部材に生じる軸力は，図 **C.5** のようになる．

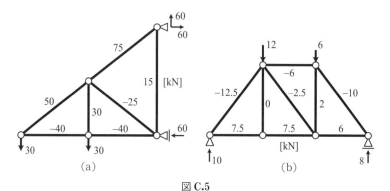

図 **C.5**

演習 5.2 ラーメンの断面力図

(a) と (b) のラーメンについて，支点反力を図示し，断面力図を描け．w は単位長さあたりの荷重である．

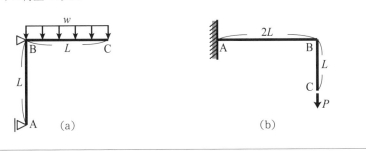

解答・解説

(a) まず，支点反力を求めて正の値になるよう結果を図示すると，図 **C.6** (a) のようになる．この問題では軸力は生じないので，せん断力図と曲げモーメント図を描く．ここでは図 **C.6** (b) に示すように，各部材の x 軸を設けてせん断力と曲げモーメントを求める．AB 間における $S(x)$ と $M(x)$ は次式となる．

$$S(x) = -\frac{wL}{2}, \quad M(x) = -\frac{wL}{2}x \tag{C.53}$$

BC 間における $S(x)$ と $M(x)$ は次式となる．

$$S(x) = wx, \quad M(x) = -\frac{1}{2}wx^2 \tag{C.54}$$

以上より，せん断力図と曲げモーメント図は図 **C.6** (c) となる．

(b) まず，支点反力を求めて正の値になるよう結果を図示すると，図 **C.7** (a) のようになる．次に断面力図を描く．ここでは図 **C.7** (b) に示すように，各部材の x 軸を定義してせん断力と曲げモーメントを求める．BC 間における $N(x)$，$S(x)$，$M(x)$ は次式となる．

$$N(x) = P, \quad S(x) = 0, \quad M(x) = 0 \tag{C.55}$$

AB 間における $N(x)$，$S(x)$，$M(x)$ は次式となる．

$$N(x) = 0, \quad S(x) = P, \quad M(x) = -Px \tag{C.56}$$

以上より，断面力図は図 **C.7** (c) となる．

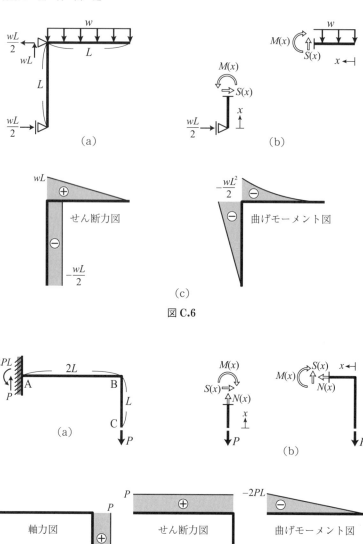

図 C.6

図 C.7

演習 6.1　エネルギー法によるはりの構造解析

(a) の片持はりについて，カステリアノの定理を用いて点 C のたわみを求めよ．
(b) の張出はりについて，単位荷重法を用いて点 C のたわみと点 A のたわみ角を求めよ．各部材の曲げ剛性は図に示す通りとする．

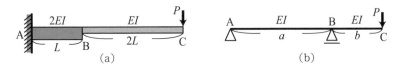

解答・解説

(a) 曲げ剛性が違っても，部材に生じる曲げモーメントは同じである．よって，先端 C から x 軸をとり部材を仮想的に切断すると，図 **C.8** (a) のようになる．積分区間と曲げ剛性に注意して，ひずみエネルギー U を求める．

$$U = \int_0^{2L} \frac{(-Px)^2}{2EI} dx + \int_{2L}^{3L} \frac{(-Px)^2}{2 \cdot 2EI} dx = \frac{35 P^2 L^3}{12 EI} \tag{C.57}$$

カステリアノの定理より，点 C のたわみ v_C は次のようになる．

$$v_C = \frac{\partial U}{\partial P} = \frac{35 P L^3}{6 EI} \tag{C.58}$$

(b) **演習 2.1** (a) で曲げモーメント分布を求めている．点 C のたわみ v_C を求めるために，点 C に単位荷重を作用させる．両端から x 軸をとり各部材を仮想的に切断すると，図 **C.8** (b) のようになる．単位荷重法を用いて，v_C は次のようになる．

$$\begin{aligned}1 \cdot v_C &= \int_0^a \frac{1}{EI}\left(-\frac{b}{a}Px\right)\left(-\frac{b}{a}x\right)dx + \int_0^b \frac{(-Px)(-x)}{EI}dx \\ &= \frac{Pb^2(a+b)}{3EI}\end{aligned} \tag{C.59}$$

点 A のたわみ角を求めるために，点 A に単位モーメント荷重を作用させる．支点反力を求めた後，各部材を仮想的に切断すると，図 **C.8** (c) のようになる．単位荷重法を用いて，点 A のたわみ角 θ_A は次のようになる．

$$\begin{aligned}1 \cdot \theta_A &= \int_0^a \frac{1}{EI}\left(-\frac{b}{a}Px\right)\left(\frac{1}{a}x - 1\right)dx + 0 \\ &= \frac{Pab}{6EI}\end{aligned} \tag{C.60}$$

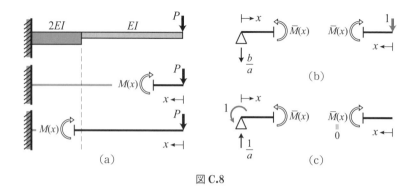

図 C.8

演習 6.2 エネルギー法によるラーメンの構造解析

(a) と (b) のラーメンについて，エネルギー法を用いて，点 C の水平変位，鉛直変位，たわみ角を求めよ．各部材の曲げ剛性と軸剛性を一定とし，曲げと軸力の影響を考慮することとする．

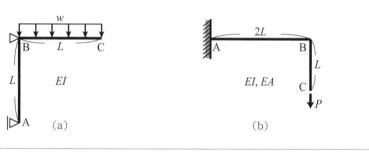

解答・解説

(a) この問題の支点反力と断面力図は，演習 5.2 (a) で求めている．点 B が変位できないので，点 C の水平変位は $u_C = 0$ となる．軸力は生じないので曲げによる影響のみを考えればよい．点 C の鉛直変位（たわみ）を求めるために，図 C.9 (a) に示すように点 C に単位荷重を作用させる．単位荷重を作用させた場合の支点反力は同図のようになる．図 C.9 (b) に示すように各部材を仮想的に切断し，点 A と点 C から x 軸を設けて $\bar{M}(x)$ を求める．$\bar{M}(x)$ と演習 5.2 (a) で求めた $M(x)$ を用いて，単位荷重法より点 C のたわみ v_C は次のようになる．

$$1 \cdot v_C = \int_0^L \frac{1}{EI}\left(-\frac{wL}{2}x\right)(-x)\,dx + \int_0^L \frac{1}{EI}\left(-\frac{w}{2}x^2\right)(-x)\,dx$$
$$= \frac{7wL^4}{24EI} \tag{C.61}$$

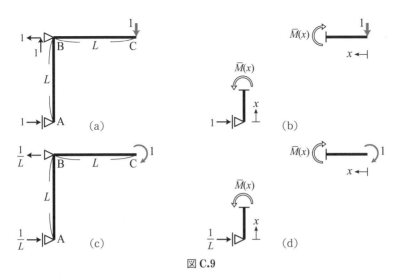

図 C.9

点 C のたわみ角を求めるために，図 C.9 (c) に示すように点 C に単位モーメント荷重を作用させる．単位モーメント荷重を作用させた場合の支点反力は同図のようになる．図 C.9 (d) に示すように各部材を仮想的に切断し，点 A と点 C から x 軸を設けて，$\bar{M}(x)$ を求める．$\bar{M}(x)$ と演習 5.2 (a) で求めた $M(x)$ を用いて，単位荷重法より点 C のたわみ角 θ_C は次のようになる．

$$1 \cdot \theta_\mathrm{C} = \int_0^L \frac{1}{EI}\left(-\frac{wL}{2}x\right)\left(-\frac{1}{L}x\right)dx + \int_0^L \frac{1}{EI}\left(-\frac{w}{2}x^2\right)(-1)\,dx$$
$$= \frac{wL^3}{3EI} \tag{C.62}$$

(b) この問題の支点反力と断面力図は演習 5.2 (b) で求めている．この問題では軸力が生じるので，曲げだけでなく軸力の影響も考える．点 C の水平変位を求めるために，図 C.10 (a) に示すように点 C に水平方向の単位荷重を作用させる．単位荷重を作用させた場合の支点反力は同図のようになる．図 C.10 (b) に示すように各部材を仮想的に切断し，点 C と点 B から x 軸を設けて $\bar{N}(x)$ と $\bar{M}(x)$ を求める．$\bar{N}(x)$ と $\bar{M}(x)$ および演習 5.2 (b) で求めた $N(x)$ と $M(x)$ を用いて，単位荷重法より，点 C の水平変位 u_C は次のようになる．

$$1 \cdot u_\mathrm{C} = \int_0^{2L} \frac{(-Px)(-L)}{EI}dx$$
$$= \frac{2PL^3}{EI} \tag{C.63}$$

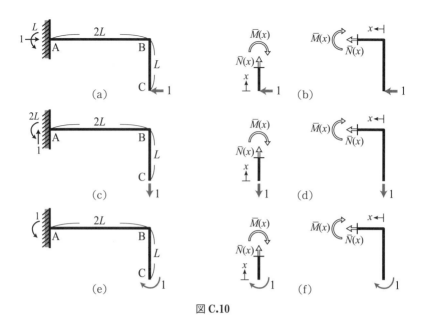

図 C.10

点 C の鉛直変位を求めるために，図 C.10 (c) に示すように点 C に鉛直方向の単位荷重を作用させる．単位荷重を作用させた場合の支点反力は同図のようになる．図 C.10 (d) に示すように各部材を仮想的に切断し，点 C と点 B から x 軸を設けて，$\bar{N}(x)$ と $\bar{M}(x)$ を求める．$\bar{N}(x)$ と $\bar{M}(x)$ および**演習 5.2** (b) で求めた $N(x)$ と $M(x)$ を用いて，単位荷重法より点 C の鉛直変位 v_C は次のようになる．

$$\begin{aligned} 1 \cdot v_\mathrm{C} &= \int_0^{2L} \frac{(-Px)(-x)}{EI} dx + \int_0^L \frac{P \cdot 1}{EA} dx \\ &= \frac{8PL^3}{3EI} + \frac{PL}{EA} \end{aligned} \tag{C.64}$$

点 C のたわみ角を求めるために，図 C.10 (e) の点 C に単位モーメント荷重を作用させる．単位モーメント荷重を作用させた場合の支点反力は同図のようになる．図 C.10 (f) に示すように各部材を仮想的に切断し，点 C と点 B から x 軸を設けて $\bar{N}(x)$ と $\bar{M}(x)$ を求める．$\bar{N}(x)$ と $\bar{M}(x)$ および**演習 5.2** (b) で求めた $N(x)$ と $M(x)$ を用いて，単位荷重法より点 C のたわみ角 θ_C は次のようになる．

$$\begin{aligned} 1 \cdot \theta_\mathrm{C} &= \int_0^{2L} \frac{(-Px)(-1)}{EI} dx \\ &= \frac{2PL^2}{EI} \end{aligned} \tag{C.65}$$

付録C 演習問題　265

演習 6.3　エネルギー法による門型ラーメンの構造解析

集中荷重 P が作用する門型ラーメンについて，エネルギー法を用いて，点 C の水平変位と点 A の水平変位を求めよ．部材のヤング率 E と断面二次モーメント I を一定とし，曲げの影響のみを考慮することとする．

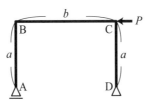

解答・解説

この問題の支点反力は**例題 5.5** で求めてあり，**図 C.11** (a) となる．**図 C.11** (b) のように各部材を仮想的に切断すると，各部材における $M(x)$ は次式で表される．

$$M_{AB}(x) = 0, \quad M_{BC}(x) = \frac{a}{b}Px, \quad M_{CD}(x) = Px \tag{C.66}$$

点 C の水平変位を求めるために，**図 C.11** (c) に示すように点 C に水平方向の単位荷重を作用させる．単位荷重を作用させた場合の支点反力は同図のようになる．**図 C.11** (d) のように各部材を仮想的に切断し，$\bar{M}(x)$ を求めると次のようになる．

$$\bar{M}_{AB}(x) = 0, \quad \bar{M}_{BC}(x) = \frac{a}{b}x, \quad \bar{M}_{CD}(x) = x \tag{C.67}$$

単位荷重法より，点 C の水平変位 u_C は次のようになる．

$$1 \cdot u_C = 0 + \int_0^b \frac{1}{EI}\left(\frac{a}{b}Px\right)\left(\frac{a}{b}x\right)dx + \int_0^a \frac{Px \cdot x}{EI}dx = \frac{Pa^2(a+b)}{3EI} \tag{C.68}$$

点 A の水平変位を求めるために，**図 C.11** (e) に示すように点 A に水平方向の単位荷重を作用させる．単位荷重を作用させた場合の支点反力は同図のようになる．**図 C.11** (f) に示すように各部材を仮想的に切断し $\bar{M}(x)$ を求めると次のようになる．

$$\bar{M}_{AB}(x) = x, \quad \bar{M}_{BC}(x) = a, \quad \bar{M}_{CD}(x) = x \tag{C.69}$$

単位荷重法より，点 A の水平変位 u_A は次のようになる．

$$1 \cdot u_A = 0 + \int_0^b \frac{1}{EI}\left(\frac{a}{b}Px\right) \cdot a\, dx + \int_0^a \frac{Px \cdot x}{EI}dx = \frac{Pa^2(2a+3b)}{6EI} \tag{C.70}$$

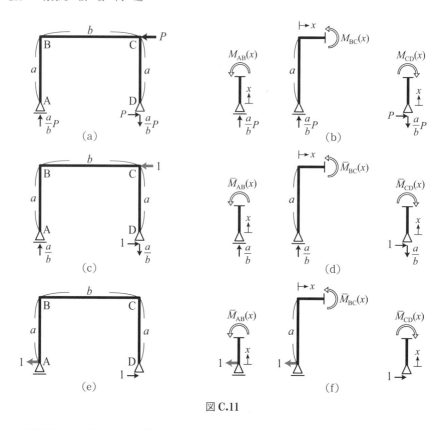

図 C.11

演習 7.1　不静定はりの構造解析

(a) と (b) の不静定はりについて，支点反力を図示し，せん断力図と曲げモーメント図を描け．w は単位長さあたりの荷重である．はりの曲げ剛性を一定とする．

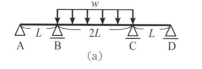
(a)

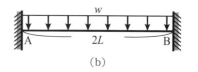
(b)

解答・解説

(a) 2 次の不静定問題であるが，左右対称な問題であるので支点反力は $V_A = V_D$，$V_B = V_C$ となる．水平方向には荷重が作用しないので，$H_A = 0$ である．図 **C.12** (a) に示すように静定基本系を定義し，点 B と点 C に不静定力 R を作用させる．適合条件は，点 B と点 C のたわみがゼロ，すなわち $v_B = v_C = 0$ となる．

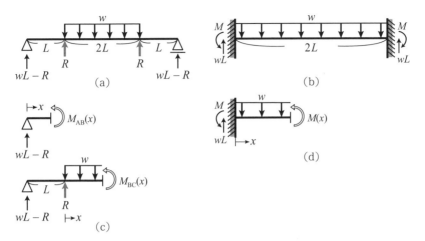

図 C.12

R を作用させた状態で支点反力を求めると，同図のようになる．ここでは，カステリアノの定理（解法 2）を用いて適合条件式を解くこととする．図 C.12 (c) に示すように部材を仮想的に切断し，曲げモーメントを求めると次のようになる．

$$M_{AB}(x) = (wL - R)x, \quad \frac{\partial M_{AB}(x)}{\partial R} = -x \tag{C.71}$$

$$M_{BC}(x) = -\frac{1}{2}wx^2 + wLx + wL^2 - RL, \quad \frac{\partial M_{BC}(x)}{\partial R} = -L \tag{C.72}$$

対称性を利用して，カステリアノの定理（解法 2）より点 B のたわみ v_B は次式となる．

$$\begin{aligned} v_B = & 2 \times \int_0^L \frac{(wL - R)x \cdot (-x)}{EI} dx \\ & + 2 \times \int_0^L \frac{1}{EI}\left(-\frac{1}{2}wx^2 + wLx + wL^2 - RL\right)(-L)\,dx \end{aligned} \tag{C.73}$$

適合条件式 $v_B = 0$ より，不静定力 R は次のようになる．

$$R = V_B = V_C = \frac{5}{4}wL \tag{C.74}$$

V_A と V_D を求めて正の値になるよう図示すると，図 C.14 (a) 上となる．

次に断面力図を描く．AB 間と BC 間で部材を仮想的に切断すると，図 C.13 (a), (b) となり，せん断力と曲げモーメントは次式で表される．

$$S_{AB}(x) = -\frac{1}{4}wL, \quad S_{BC}(x) = -wx + wL \tag{C.75}$$

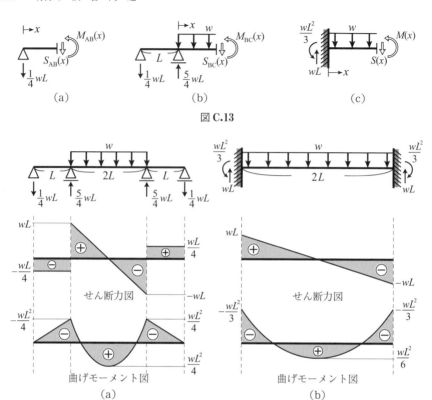

図 C.13

図 C.14

$$M_{AB}(x) = -\frac{1}{4}wLx, \quad M_{BC}(x) = -\frac{1}{2}wx^2 + wLx - \frac{1}{4}wL^2 \quad (C.76)$$

せん断力図と曲げモーメント図を描くと，図 C.14 (a) となる．

(b) 3次の不静定問題であるが，左右対称な問題であるので，支点反力は $V_A = V_B = wL$, $M_A = M_B$ となる．水平方向には荷重が作用しないので，$H_A = H_B = 0$ である．図 C.12 (b) に示すように，固定端に不静定モーメント M を作用させる．適合条件は，固定端においてたわみ角がゼロ，すなわち $\theta_A = \theta_B = 0$ となる．ここでは，カステリアノの定理（解法2）を用いて適合条件式を解くこととする．図 C.12 (d) に示すように部材を仮想的に切断し，曲げモーメントを求めると次のようになる．

$$M(x) = -\frac{1}{2}wx^2 + wLx - M, \quad \frac{\partial M(x)}{\partial M} = -1 \quad (C.77)$$

カステリアノの定理（解法2）より，点Aのたわみ角 θ_A は次式となる[5]．

$$\theta_A = \int_0^{2L} \frac{1}{EI}\left(-\frac{1}{2}wx^2 + wLx - M\right)(-1)\,dx$$
$$= -\frac{2wL^3}{3EI} + \frac{2ML}{EI} \tag{C.78}$$

適合条件式 $\theta_A = 0$ より，不静定モーメント M は次のようになる．

$$M = M_A = M_B = \frac{1}{3}wL^2 \tag{C.79}$$

正の値になるよう支点反力を図示すると，図 C.14 (b) 上となる[6]．

次に，断面力図を描く．図 C.13 (c) より，位置 x におけるせん断力と曲げモーメントは次式で表され，断面力図を描くと図 C.14 (b) となる[7]．

$$S(x) = -wx + wL, \quad M(x) = -\frac{1}{2}wx^2 + wLx - \frac{1}{3}wL^2 \tag{C.80}$$

演習 7.2　不静定ラーメンの構造解析

両方を固定支持された門型ラーメンについて，支点反力を図示し，断面力図を描け．曲げ剛性を一定とし，曲げの影響のみを考慮することとする．

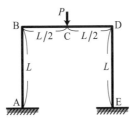

解答・解説

3次の不静定問題であるが，左右対称な問題であるので支点反力は図 C.15 (a) となる．ここで，H と M は不静定力である．不静定力を定めるための適合条件は，固定端において水平変位とたわみ角がゼロ，すなわち $u_A = u_E = 0$，$\theta_A = \theta_E = 0$ となる．ここでは，カステリアノの定理（解法2）を用いて適合条件式を解くこととする．図 C.15 (b) に示すように対称性を考慮し，構造物の左半分を解析対象とする．部材を

---

[5] AB間で曲げモーメント分布は不連続にならないので，0 から $2L$ まで積分している．0 から L まで積分して2倍しても結果は同じになる．
[6] 例題 8.12 において，マトリックス構造解析により両端の支点反力と中央点のたわみを求めている．
[7] 例題 B.1 において，はりの4階の微分方程式（付録 B.2）を用いて任意の位置 x におけるたわみとたわみ角の分布を求めている．

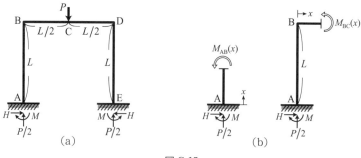

図 C.15

仮想的に切断し，曲げモーメントと不静定力による偏微分を求めると次のようになる．

$$M_{AB}(x) = M - Hx, \quad \frac{\partial M_{AB}(x)}{\partial H} = -x, \quad \frac{\partial M_{AB}(x)}{\partial M} = 1 \quad (C.81)$$

$$M_{BC}(x) = M - HL + \frac{1}{2}Px, \quad \frac{\partial M_{BC}(x)}{\partial H} = -L, \quad \frac{\partial M_{BC}(x)}{\partial M} = 1 \quad (C.82)$$

カステリアノの定理（解法 2）より，点 A の水平変位 u_A は次式となる．

$$u_A = 2 \times \int_0^L \frac{(M-Hx)(-x)}{EI} dx + 2 \times \int_0^{L/2} \frac{1}{EI}\left(M - HL + \frac{1}{2}Px\right)(-L)\,dx$$
$$= -\frac{2ML^2}{EI} + \frac{5HL^3}{3EI} - \frac{PL^3}{8EI} \quad (C.83)$$

カステリアノの定理（解法 2）より，点 A のたわみ角 θ_A は次式となる．

$$\theta_A = 2 \times \int_0^L \frac{(M-Hx)\cdot 1}{EI} dx + 2 \times \int_0^{L/2} \frac{1}{EI}\left(M - HL + \frac{1}{2}Px\right)\cdot 1\,dx$$
$$= \frac{3ML}{EI} - \frac{2HL^2}{EI} + \frac{PL^2}{8EI} \quad (C.84)$$

適合条件式 $u_A = 0$，$\theta_A = 0$ より，不静定力 H と M は次のようになる．

$$H = H_A = H_E = \frac{1}{8}P, \quad M = M_A = M_E = \frac{1}{24}PL \quad (C.85)$$

正の値になるよう支点反力を図示すると，図 C.16 (a) となる．

次に，断面力図を描く．図 C.16 (b) より，位置 x におけるせん断力と曲げモーメントは次式で表され，断面力図を描くと図 C.17 となる．

$$N_{AB}(x) = -\frac{1}{2}P, \quad S_{AB}(x) = -\frac{1}{8}P, \quad M_{AB}(x) = -\frac{1}{8}Px + \frac{1}{24}PL \quad (C.86)$$

$$N_{BC}(x) = -\frac{1}{8}P, \quad S_{BC}(x) = \frac{1}{2}P, \quad M_{BC}(x) = \frac{1}{2}Px - \frac{1}{12}PL \quad (C.87)$$

付録C 演習問題　271

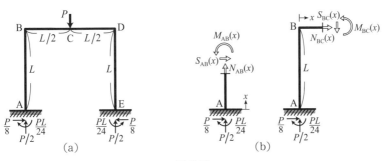

図 C.16

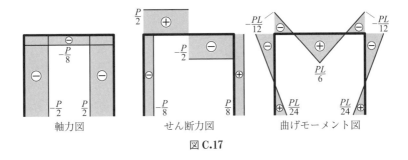

軸力図　　　　せん断力図　　　　曲げモーメント図

図 C.17

演習 7.3　はりとバネの内的不静定問題

先端をバネで支持された片持はりの中央に集中荷重 P が作用している．はりの曲げ剛性を EI，バネの剛性を k とする．以下の問に答えよ．

(i)　はりがバネから受ける反力 R を求めよ．

(ii)　点 B のたわみ v_B を求めよ．

(iii)　$L = 10\,\mathrm{m}$, $P = 800\,\mathrm{kN}$, $E = 140\,\mathrm{GPa}$, $I = 0.1\,\mathrm{m}^4$, $k = 1\,\mathrm{kN/mm}$ のとき，v_B の値を計算せよ．

(iv)　変形図の概略を描き，(iii) の値を記入せよ．

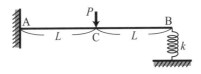

解答・解説

(i)　バネに蓄えられるひずみエネルギー U_s は次式となる．

$$U_{\mathrm{s}} = \frac{R^2}{2k} \tag{C.88}$$

図 **C.18** に示すように，部材を仮想的に切断し，曲げモーメント分布を求め，はりに蓄えられるひずみエネルギー U_{b} を計算する．

$$\begin{aligned} U_{\mathrm{b}} &= \int_0^L \frac{(Rx)^2}{2EI} dx + \int_0^L \frac{(Rx - Px + RL)^2}{2EI} dx \\ &= \frac{L^3}{6EI}(8R^2 - 5RP + P^2) \end{aligned} \tag{C.89}$$

全ひずみエネルギー U は次式となる．

$$U = U_{\mathrm{s}} + U_{\mathrm{b}} = \frac{R^2}{2k} + \frac{L^3}{6EI}(8R^2 - 5RP + P^2) \tag{C.90}$$

最小仕事の原理より，バネの反力 R は次のようになる[8]．

$$\frac{\partial U}{\partial R} = 0 \;\rightarrow\; \frac{R}{k} + \frac{L^3}{6EI}(16R - 5P) = 0 \;\rightarrow\; R = \frac{5P}{16 + 6EI/kL^3} \tag{C.91}$$

(ii) バネのフックの法則から，v_{B} を求める．

$$v_{\mathrm{B}} = \frac{R}{k} = \frac{5P}{16k + 6EI/L^3} \tag{C.92}$$

(iii) 荷重の単位を N，長さの単位を m に統一して，与えられた数値を上式に代入すると，v_{B} の値は次のようになる．

$$v_{\mathrm{B}} = \frac{5 \cdot 800 \cdot 10^3}{16 \cdot 10^6 + \dfrac{6 \cdot 140 \cdot 10^9 \cdot 0.1}{10^3}} = 0.04\,\mathrm{m} = 40\,\mathrm{mm} \tag{C.93}$$

(iv) 変形図の概略を描き，(iii) の値を記入すると図 **C.19** のようになる．

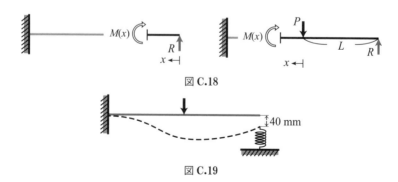

図 **C.18**

図 **C.19**

---

[8] もし仮に点 B がバネではなく支点であった場合，すなわち $k = \infty$ のとき，$R = 5P/16$ となり，**例題 7.3** の式 (7.20) の結果と一致する．

付録C 演習問題　273

演習 7.4　はりとケーブルの内的不静定問題

ケーブルで吊られた片持はりの先端に集中荷重 P が作用している．はりの曲げ剛性を EI，ケーブルの剛性（バネ定数）を k とする．ケーブルに生じる軸力を求めよ．

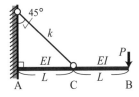

解答・解説

図 **C.20** に示すようにケーブルに生じる軸力を不静定力 R とし，最小仕事の原理を適用する．ケーブルに生じるひずみエネルギー U_c は，バネと同様に次のようになる．

$$U_c = \frac{R^2}{2k} \tag{C.94}$$

BC 間において，点 B から位置 x における曲げモーメント $M(x)$ は次式で表される．

$$M(x) = -Px \tag{C.95}$$

AC 間において，点 C から位置 x における曲げモーメント分布は次式で表される．ここで，はりに作用する不静定力 R の水平成分ははりの曲げには寄与しないので，鉛直成分のみを考慮すればよい．

$$M(x) = \frac{1}{\sqrt{2}} Rx - P(x+L) \tag{C.96}$$

はりに生じるひずみエネルギー U_b は次のようになる．

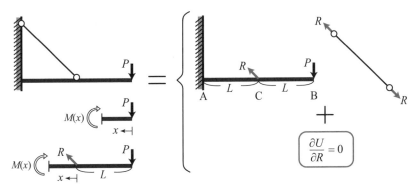

図 **C.20**

$$U_{\text{b}} = \int_0^L \frac{(-Px)^2}{2EI} dx + \int_0^L \frac{1}{2EI} \left(\frac{1}{\sqrt{2}} Rx - Px - PL\right)^2 dx$$
$$= \frac{L^3}{EI} \left(\frac{4}{3} P^2 - \frac{5}{6\sqrt{2}} PR + \frac{1}{12} R^2\right) \tag{C.97}$$

最小仕事の原理を適用すると，次の関係が得られる[9]．

$$\frac{\partial U}{\partial R} = \frac{\partial (U_{\text{c}} + U_{\text{b}})}{\partial R} = \frac{R}{k} + \frac{L^3}{EI} \left(\frac{1}{6} R - \frac{5}{6\sqrt{2}} P\right) = 0 \tag{C.98}$$

上式より不静定力 R は次式となり，これがケーブルに生じる軸力になる．

$$R = \frac{5\sqrt{2} P}{2 + 12EI/kL^3} \tag{C.99}$$

演習 7.5　トラスの内的不静定問題

図のトラス構造に関して，引張を正として各部材に生じる軸力をすべて求めよ．

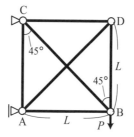

解答・解説

まず，このトラス構造は単純支持されているので，点 A と点 C の支点反力は容易に求めることができ，図 **C.21** (a) のようになる．しかし，各部材の軸力を求めようとすると，部材の数が多いため力のつり合いから軸力を求めることができない．

そこで，図 **C.21** (a) に示すように部材 BC を切り離し，部材 BC に生じる軸力を不静定力 R とし，節点 B と C に作用させる．そして，最小仕事の原理を適用して不静定力 R を求めれば，不静定力 R が部材 BC の軸力となり，残りの部材の軸力は力のつり合いから求めることができる．

---
[9] カステリアノの定理（解法 2）を用いると，次のように計算量を減らすことができる．
$$\frac{\partial (U_{\text{c}} + U_{\text{b}})}{\partial R} = \frac{R}{k} + \int_L \frac{M(x)}{EI} \frac{\partial M(x)}{\partial R} dx$$
$$= \frac{R}{k} + 0 + \int_0^L \frac{1}{EI} \left(\frac{1}{\sqrt{2}} Rx - Px - PL\right)\left(\frac{1}{\sqrt{2}} x\right) dx = 0$$

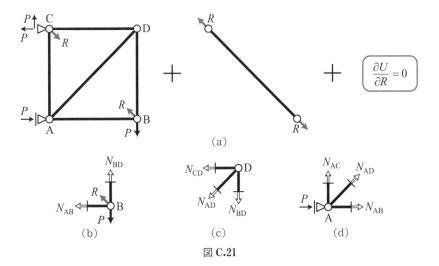

図 **C.21**

図 **C.21** (b)〜(d) のように各節点まわりで部材を切断して，節点における力のつり合いから各部材の軸力を計算する．節点 B まわりで部材を仮想的に切断すると，節点 B における水平方向と鉛直方向の力のつり合いは次式で表される．

$$N_{AB} + \frac{1}{\sqrt{2}}R = 0, \quad N_{BD} + \frac{1}{\sqrt{2}}R - P = 0 \tag{C.100}$$

上式より，N_{AB} と N_{BD} は不静定力 R を用いて次式で表される．

$$N_{AB} = -\frac{1}{\sqrt{2}}R, \quad N_{BD} = P - \frac{1}{\sqrt{2}}R \tag{C.101}$$

節点 D まわりで部材を仮想的に切断すると，節点 D における水平方向と鉛直方向の力のつり合いは次のようになる．

$$N_{CD} + \frac{1}{\sqrt{2}}N_{AD} = 0, \quad \frac{1}{\sqrt{2}}N_{AD} + P - \frac{1}{\sqrt{2}}R = 0 \tag{C.102}$$

上式より，N_{AD} と N_{CD} は不静定力 R を用いて次式で表される．

$$N_{AD} = R - \sqrt{2}P, \quad N_{CD} = P - \frac{1}{\sqrt{2}}R \tag{C.103}$$

節点 A まわりで部材を仮想的に切断すると，節点 A における鉛直方向の力のつり合いより，N_{AC} は不静定力 R を用いて次式で表される．

$$N_{AC} + \frac{1}{\sqrt{2}}N_{AD} = 0 \quad \rightarrow \quad N_{AC} = P - \frac{1}{\sqrt{2}}R \tag{C.104}$$

カステリアノの定理（解法 2）を用いて最小仕事の原理を適用すると，次のようになる．

$$\frac{\partial U}{\partial R} = \int_L \frac{N}{EA}\frac{\partial N}{\partial R}dx = \frac{L}{EA}\left(2R + 2\sqrt{2}R - 2P - \frac{3}{\sqrt{2}}P\right) = 0 \qquad \text{(C.105)}$$

上式より不静定力 R は次式となり，これが部材 BC に生じる軸力になる．

$$R = \frac{3+2\sqrt{2}}{4+2\sqrt{2}}P = N_{\text{BC}} \qquad \text{(C.106)}$$

不静定力 R が求まったので，残りの部材の軸力は次のようになる．

$$N_{\text{AB}} = -\frac{3+2\sqrt{2}}{4+4\sqrt{2}}P, \quad N_{\text{AD}} = -\frac{1+2\sqrt{2}}{4+2\sqrt{2}}P, \quad N_{\text{BD}} = N_{\text{CD}} = N_{\text{AC}} = \frac{1+2\sqrt{2}}{4+4\sqrt{2}}P \qquad \text{(C.107)}$$

演習 8.1 集中荷重と分布荷重が作用する不静定はりのマトリックス構造解析

不静定はりに集中荷重 P と等分布荷重 w が作用している．曲げ剛性を EI とし，マトリックス構造解析により，点 B のたわみとたわみ角，点 C のたわみ角を求めよ．簡単のため，物理量の単位を無視して，$L = 2$, $E = 2$, $I = 1$, $P = 3$, $w = 6$ とする．

解答・解説

要素 (1) と要素 (2) の要素剛性行列は次のようになる．

$$[k_{(1)}] = \frac{1}{4}\begin{bmatrix} 12 & 12 & -12 & 12 \\ 12 & 16 & -12 & 8 \\ -12 & -12 & 12 & -12 \\ 12 & 8 & -12 & 16 \end{bmatrix}, \quad [k_{(2)}] = \frac{1}{4}\begin{bmatrix} 12 & 12 & -12 & 12 \\ 12 & 16 & -12 & 8 \\ -12 & -12 & 12 & -12 \\ 12 & 8 & -12 & 16 \end{bmatrix} \qquad \text{(C.108)}$$

要素剛性行列を全体系で書き換えると次のようになる．

$$[K_{(1)}] = \begin{bmatrix} 3 & 3 & -3 & 3 & 0 & 0 \\ 3 & 4 & -3 & 2 & 0 & 0 \\ -3 & -3 & 3 & -3 & 0 & 0 \\ 3 & 2 & -3 & 4 & 0 & 0 \\ 0 & 0 & 0 & 0 & 0 & 0 \\ 0 & 0 & 0 & 0 & 0 & 0 \end{bmatrix}, \quad [K_{(2)}] = \begin{bmatrix} 0 & 0 & 0 & 0 & 0 & 0 \\ 0 & 0 & 0 & 0 & 0 & 0 \\ 0 & 0 & 3 & 3 & -3 & 3 \\ 0 & 0 & 3 & 4 & -3 & 2 \\ 0 & 0 & -3 & -3 & 3 & -3 \\ 0 & 0 & 3 & 2 & -3 & 4 \end{bmatrix} \qquad \text{(C.109)}$$

同様に，分布荷重に関する荷重ベクトルを全体系で表すと次のようになる．

$$\{f_{(1)}\} = \begin{Bmatrix} 6 \\ 2 \\ 6 \\ -2 \end{Bmatrix}, \quad \{f_{(2)}\} = \begin{Bmatrix} 0 \\ 0 \\ 0 \\ 0 \end{Bmatrix} \quad \rightarrow \quad \{F_{(1)}\} = \begin{Bmatrix} 6 \\ 2 \\ 6 \\ -2 \\ 0 \\ 0 \end{Bmatrix}, \quad \{F_{(2)}\} = \begin{Bmatrix} 0 \\ 0 \\ 0 \\ 0 \\ 0 \\ 0 \end{Bmatrix} \quad \text{(C.110)}$$

これらを足し合わせて全体剛性行列と全体荷重ベクトルを作成し，節点1と節点2が支点であることを考慮すると，全体剛性方程式は次式で表される．

$$\begin{bmatrix} 3 & 3 & -3 & 3 & 0 & 0 \\ 3 & 4 & -3 & 2 & 0 & 0 \\ -3 & -3 & 6 & 0 & -3 & 3 \\ 3 & 2 & 0 & 8 & -3 & 2 \\ 0 & 0 & -3 & -3 & 3 & -3 \\ 0 & 0 & 3 & 2 & -3 & 4 \end{bmatrix} \begin{Bmatrix} 0 \\ 0 \\ 0 \\ \theta_2 \\ v_3 \\ \theta_3 \end{Bmatrix} + \begin{Bmatrix} 6 \\ 2 \\ 6 \\ -2 \\ 0 \\ 0 \end{Bmatrix} = \begin{Bmatrix} V_1 \\ M_1 \\ V_2 \\ 0 \\ -3 \\ 0 \end{Bmatrix} \quad \text{(C.111)}$$

変位がゼロの行と列を削除すると縮約された全体剛性方程式は次式となり，連立方程式を解くと未知変位は次のように求められる．

$$\begin{bmatrix} 8 & -3 & 2 \\ -3 & 3 & -3 \\ 2 & -3 & 4 \end{bmatrix} \begin{Bmatrix} \theta_2 \\ v_3 \\ \theta_3 \end{Bmatrix} + \begin{Bmatrix} -2 \\ 0 \\ 0 \end{Bmatrix} = \begin{Bmatrix} 0 \\ -3 \\ 0 \end{Bmatrix} \quad \rightarrow \quad \begin{Bmatrix} \theta_2 \\ v_3 \\ \theta_3 \end{Bmatrix} = \begin{Bmatrix} -1 \\ -6 \\ -4 \end{Bmatrix} \quad \text{(C.112)}$$

よって，点Cのたわみ角は時計まわりに1，点Bのたわみは下向きに6，たわみ角は時計まわりに4となる．

演習 8.2 静定トラスのマトリックス構造解析

3部材で構成されるトラスに右向きの集中荷重 P が作用している．簡単のため，物理量の単位を無視して，$L = 1$，$E = 5$，$A = 1$，$P = 20$ とする．マトリックス構造解析法を用いることとし，要素番号と節点番号は図の通りとする．以下の問に答えよ．

(i) 節点2と節点3の変位ベクトルを求めよ．
(ii) 引張を正として，各部材に生じる応力を求めよ．
(iii) 節点法を用いて，各部材に生じる軸力を求めよ．

278 付録C 演 習 問 題

解答・解説

(i) トラスのマトリックス構造解析に必要な要素のデータは次のようになる.

要素	a端	b端	長さ	ヤング率	断面積	$\cos\theta$	$\sin\theta$
(1)	1	2	4	5	2	1	0
(2)	1	3	3	5	1	0	1
(3)	2	3	5	5	1	$-4/5$	$3/5$

これらの値と式 (8.118) を用いて,各部材の要素剛性行列は次のようになる.

$$[k_{(1)}] = \frac{5}{2}\begin{bmatrix} 1 & 0 & -1 & 0 \\ 0 & 0 & 0 & 0 \\ -1 & 0 & 1 & 0 \\ 0 & 0 & 0 & 0 \end{bmatrix}, \quad [k_{(2)}] = \frac{5}{3}\begin{bmatrix} 0 & 0 & 0 & 0 \\ 0 & 1 & 0 & -1 \\ 0 & 0 & 0 & 0 \\ 0 & -1 & 0 & 1 \end{bmatrix},$$

$$[k_{(3)}] = \frac{1}{25}\begin{bmatrix} 16 & -12 & -16 & 12 \\ -12 & 9 & 12 & -9 \\ -16 & 12 & 16 & -12 \\ 12 & -9 & -12 & 9 \end{bmatrix} \tag{C.113}$$

要素剛性行列を全体系で書き換えると次のようになる.

$$[K_{(1)}] = \frac{5}{2}\begin{bmatrix} 1 & 0 & -1 & 0 & 0 & 0 \\ 0 & 0 & 0 & 0 & 0 & 0 \\ -1 & 0 & 1 & 0 & 0 & 0 \\ 0 & 0 & 0 & 0 & 0 & 0 \\ 0 & 0 & 0 & 0 & 0 & 0 \\ 0 & 0 & 0 & 0 & 0 & 0 \end{bmatrix}, \quad [K_{(2)}] = \frac{5}{3}\begin{bmatrix} 0 & 0 & 0 & 0 & 0 & 0 \\ 0 & 1 & 0 & 0 & 0 & -1 \\ 0 & 0 & 0 & 0 & 0 & 0 \\ 0 & 0 & 0 & 0 & 0 & 0 \\ 0 & 0 & 0 & 0 & 0 & 0 \\ 0 & -1 & 0 & 0 & 0 & 1 \end{bmatrix},$$

$$[K_{(3)}] = \frac{1}{25}\begin{bmatrix} 0 & 0 & 0 & 0 & 0 & 0 \\ 0 & 0 & 0 & 0 & 0 & 0 \\ 0 & 0 & 16 & -12 & -16 & 12 \\ 0 & 0 & -12 & 9 & 12 & -9 \\ 0 & 0 & -16 & 12 & 16 & -12 \\ 0 & 0 & 12 & -9 & -12 & 9 \end{bmatrix} \tag{C.114}$$

これらを足し合わせて全体剛性行列を作成し,節点1と節点2が支点であることを考慮すると,全体剛性方程式は次式で表される.

$$\begin{bmatrix} \frac{5}{2} & 0 & -\frac{5}{2} & 0 & 0 & 0 \\ 0 & \frac{5}{3} & 0 & 0 & 0 & -\frac{5}{3} \\ -\frac{5}{2} & 0 & \frac{157}{50} & -\frac{12}{25} & -\frac{16}{25} & \frac{12}{25} \\ 0 & 0 & -\frac{12}{25} & \frac{9}{25} & \frac{12}{25} & -\frac{9}{25} \\ 0 & 0 & -\frac{16}{25} & \frac{12}{25} & \frac{16}{25} & -\frac{12}{25} \\ 0 & -\frac{5}{3} & \frac{12}{25} & -\frac{9}{25} & -\frac{12}{25} & \frac{152}{75} \end{bmatrix}\begin{Bmatrix} 0 \\ 0 \\ u_2 \\ 0 \\ u_3 \\ v_3 \end{Bmatrix} = \begin{Bmatrix} H_1 \\ V_1 \\ 0 \\ V_2 \\ 20 \\ 0 \end{Bmatrix} \tag{C.115}$$

付録C 演 習 問 題 279

変位がゼロの行と列を削除すると縮約された全体剛性方程式は次式となり，連立方程式を解くと未知変位は次のように求められる．

$$\begin{bmatrix} \dfrac{157}{50} & -\dfrac{16}{25} & \dfrac{12}{25} \\[2mm] -\dfrac{16}{25} & \dfrac{16}{25} & -\dfrac{12}{25} \\[2mm] \dfrac{12}{25} & -\dfrac{12}{25} & \dfrac{152}{75} \end{bmatrix} \begin{Bmatrix} u_2 \\ u_3 \\ v_3 \end{Bmatrix} = \begin{Bmatrix} 0 \\ 20 \\ 0 \end{Bmatrix} \quad \rightarrow \quad \begin{Bmatrix} u_2 \\ u_3 \\ v_3 \end{Bmatrix} = \begin{Bmatrix} 8 \\ 46 \\ 9 \end{Bmatrix} \tag{C.116}$$

よって，節点 2 と節点 3 の変位ベクトルは次のようになる．

$$\begin{Bmatrix} u_2 \\ v_2 \end{Bmatrix} = \begin{Bmatrix} 8 \\ 0 \end{Bmatrix}, \quad \begin{Bmatrix} u_3 \\ v_3 \end{Bmatrix} = \begin{Bmatrix} 46 \\ 9 \end{Bmatrix} \tag{C.117}$$

(ii) 求めた変位ベクトルから要素変位ベクトルを作成し，式 (8.120) を用いると，要素 (1) における軸方向の材端力は次のようになる．

$$\begin{Bmatrix} \bar{N}_1 \\ \bar{N}_2 \end{Bmatrix} = \frac{5}{2} \begin{bmatrix} 1 & 0 & -1 & 0 \\ -1 & 0 & 1 & 0 \end{bmatrix} \begin{Bmatrix} 0 \\ 0 \\ 8 \\ 0 \end{Bmatrix} = \begin{Bmatrix} -20 \\ 20 \end{Bmatrix} \tag{C.118}$$

要素 (2) における軸方向の材端力は次のようになる．

$$\begin{Bmatrix} \bar{N}_1 \\ \bar{N}_3 \end{Bmatrix} = \frac{5}{3} \begin{bmatrix} 0 & 1 & 0 & -1 \\ 0 & -1 & 0 & 1 \end{bmatrix} \begin{Bmatrix} 0 \\ 0 \\ 46 \\ 9 \end{Bmatrix} = \begin{Bmatrix} -15 \\ 15 \end{Bmatrix} \tag{C.119}$$

要素 (3) における軸方向の材端力は次のようになる．

$$\begin{Bmatrix} \bar{N}_2 \\ \bar{N}_3 \end{Bmatrix} = \frac{1}{125} \begin{bmatrix} -100 & 75 & 100 & -75 \\ 100 & -75 & -100 & 75 \end{bmatrix} \begin{Bmatrix} 8 \\ 0 \\ 46 \\ 9 \end{Bmatrix} = \begin{Bmatrix} 25 \\ -25 \end{Bmatrix} \tag{C.120}$$

それぞれ b 端の材端力が断面力としての軸力に対応する．軸力を断面積で除すことで応力を求めることができる．要素 (1) には 10，要素 (2) には 15，要素 (3) には -25 の応力が生じる．

(iii) 支点反力を求めて正の値になるよう図示すると，図 C.22 (a) となる．図 C.22 (b) に示すように，節点 3 と節点 2 まわりで部材を切断して軸力を求める．節点 3 における水平方向と鉛直方向の力のつり合いより，$N_{(2)}$ と $N_{(3)}$ は次のように求められる．

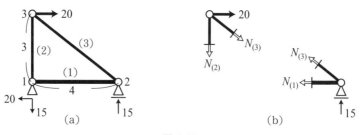

図 C.22

$$\frac{4}{5}N_{(3)} + 20 = 0, \quad N_{(2)} + \frac{3}{5}N_{(3)} = 0 \quad \rightarrow \quad N_{(2)} = 15, \quad N_{(3)} = -25 \tag{C.121}$$

節点 2 における水平方向と鉛直方向の力のつり合いより，$N_{(1)}$ は次のように求められる．

$$N_{(1)} + \frac{4}{5}N_{(3)} = 0, \quad \frac{3}{5}N_{(3)} + 15 = 0 \quad \rightarrow \quad N_{(1)} = 20 \tag{C.122}$$

これらの値は，マトリックス構造解析で求めた (ii) の値と一致していることがわかる．

演習 8.3　不静定トラスのマトリックス構造解析

3 部材で構成されるトラスに下向きの集中荷重 P が作用している．各部材のヤング率を E，断面積を A とし，要素番号と節点番号は図の通りとする．マトリックス構造解析により，節点 1 の鉛直変位と部材 (2) の軸力を求めよ．

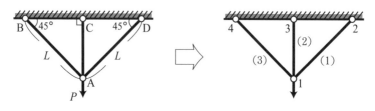

解答・解説

トラスのマトリックス構造解析に必要な要素のデータは次のようになる．

付録C 演習問題　281

要素	a端	b端	長さ	ヤング率	断面積	$\cos\theta$	$\sin\theta$
(1)	1	2	L	E	A	$1/\sqrt{2}$	$1/\sqrt{2}$
(2)	1	3	$L/\sqrt{2}$	E	A	0	1
(3)	1	4	L	E	A	$-1/\sqrt{2}$	$1/\sqrt{2}$

これらの値と式 (8.118) を用いて，各要素の要素剛性行列は次のようになる．

$$
\left[k_{(1)}\right] = \frac{EA}{L}\begin{bmatrix} 1/2 & 1/2 & -1/2 & -1/2 \\ 1/2 & 1/2 & -1/2 & -1/2 \\ -1/2 & -1/2 & 1/2 & 1/2 \\ -1/2 & -1/2 & 1/2 & 1/2 \end{bmatrix}, \quad
\left[k_{(2)}\right] = \frac{EA}{L}\begin{bmatrix} 0 & 0 & 0 & 0 \\ 0 & \sqrt{2} & 0 & -\sqrt{2} \\ 0 & 0 & 0 & 0 \\ 0 & -\sqrt{2} & 0 & \sqrt{2} \end{bmatrix},
$$

$$
\left[k_{(3)}\right] = \frac{EA}{L}\begin{bmatrix} 1/2 & -1/2 & -1/2 & 1/2 \\ -1/2 & 1/2 & 1/2 & -1/2 \\ -1/2 & 1/2 & 1/2 & -1/2 \\ 1/2 & -1/2 & -1/2 & 1/2 \end{bmatrix} \tag{C.123}
$$

要素剛性行列を全体系で書き換えた後，それらを足し合わせて全体剛性行列を作成する．節点 2, 3, 4 が固定されていることを考慮すると，全体剛性方程式は次式で表される．

$$
\frac{EA}{L}\begin{bmatrix} 1 & 0 & -1/2 & -1/2 & 0 & 0 & -1/2 & 1/2 \\ 0 & 1+\sqrt{2} & -1/2 & -1/2 & 0 & -\sqrt{2} & 1/2 & -1/2 \\ -1/2 & -1/2 & 1/2 & 1/2 & 0 & 0 & 0 & 0 \\ -1/2 & -1/2 & 1/2 & 1/2 & 0 & 0 & 0 & 0 \\ 0 & 0 & 0 & 0 & 0 & 0 & 0 & 0 \\ 0 & -\sqrt{2} & 0 & 0 & 0 & \sqrt{2} & 0 & 0 \\ -1/2 & 1/2 & 0 & 0 & 0 & 0 & 1/2 & -1/2 \\ 1/2 & -1/2 & 0 & 0 & 0 & 0 & -1/2 & 1/2 \end{bmatrix}\begin{Bmatrix} u_1 \\ v_1 \\ 0 \\ 0 \\ 0 \\ 0 \\ 0 \\ 0 \end{Bmatrix} = \begin{Bmatrix} 0 \\ -P \\ H_2 \\ V_2 \\ H_3 \\ V_3 \\ H_4 \\ V_4 \end{Bmatrix}
$$
$$\tag{C.124}$$

変位がゼロの行と列を削除すると，縮約された全体剛性方程式は次式となり，連立方程式を解くと未知変位（点 A の変位）は次のように求められる．

$$
\frac{EA}{L}\begin{bmatrix} 1 & 0 \\ 0 & 1+\sqrt{2} \end{bmatrix}\begin{Bmatrix} u_1 \\ v_1 \end{Bmatrix} = \begin{Bmatrix} 0 \\ -P \end{Bmatrix} \quad \rightarrow \quad \begin{Bmatrix} u_1 \\ v_1 \end{Bmatrix} = \begin{Bmatrix} 0 \\ -\dfrac{PL}{(1+\sqrt{2})EA} \end{Bmatrix} \tag{C.125}
$$

変位が求まったので，ひずみから部材 (2) の軸力は容易に求められる．

$$
\varepsilon_{(2)} = \frac{0-v_1}{L/\sqrt{2}} = \frac{\sqrt{2}P}{(1+\sqrt{2})EA} \quad \rightarrow \quad N_{(2)} = \sigma_{(2)}A = E\varepsilon_{(2)}A = \frac{\sqrt{2}}{1+\sqrt{2}}P \tag{C.126}
$$

この問題は例題 7.15 と同じであり，v_1 と $N_{(2)}$ の値はエネルギー原理に基づく解法（応力法）で求めた結果と一致していることがわかる．この問題で示したように，マトリックス構造解析は静定・不静定に関係なく，さらに外的・内的の不静定の区別もなく，同じ手順で解析できる方法であることがわかる．

演習 8.4 フレームのマトリックス構造解析

断面の異なる2部材で構成されるフレーム構造があり，接合点に下向きの集中荷重 P が作用している．簡単のため，物理量の単位を無視して，$L=1$, $E=1$, $A=3$, $I=1$, $P=126$ とする．以下の問に答えよ．

- マトリックス構造解析により，接合点の変位とたわみ角を求めよ．
- 支点反力をすべて求め，正の値になるよう結果を図示せよ．

解答・解説

フレームのマトリックス構造解析に必要な要素のデータは次のようになる．

要素	a端	b端	L	E	A	I	$\cos\theta$	$\sin\theta$
(1)	1	2	1	1	3	1	1	0
(2)	1	3	1	1	6	2	0	1

これらの値と式 (8.137) を用いて要素 (1) と要素 (2) の要素剛性行列は次のようになる．

$$[k_{(1)}] = \begin{bmatrix} 3 & 0 & 0 & -3 & 0 & 0 \\ 0 & 12 & 6 & 0 & -12 & 6 \\ 0 & 6 & 4 & 0 & -6 & 2 \\ -3 & 0 & 0 & 3 & 0 & 0 \\ 0 & -12 & -6 & 0 & 12 & -6 \\ 0 & 6 & 2 & 0 & -6 & 4 \end{bmatrix},$$

$$[k_{(2)}] = \begin{bmatrix} 24 & 0 & -12 & -24 & 0 & -12 \\ 0 & 6 & 0 & 0 & -6 & 0 \\ -12 & 0 & 8 & 12 & 0 & 4 \\ -24 & 0 & 12 & 24 & 0 & 12 \\ 0 & -6 & 0 & 0 & 6 & 0 \\ -12 & 0 & 4 & 12 & 0 & 8 \end{bmatrix} \quad (C.127)$$

要素剛性行列を全体系で書き換えると次のようになる．

$$
\left[K_{(1)}\right] =
\begin{bmatrix}
3 & 0 & 0 & -3 & 0 & 0 & 0 & 0 & 0 \\
0 & 12 & 6 & 0 & -12 & 6 & 0 & 0 & 0 \\
0 & 6 & 4 & 0 & -6 & 2 & 0 & 0 & 0 \\
-3 & 0 & 0 & 3 & 0 & 0 & 0 & 0 & 0 \\
0 & -12 & -6 & 0 & 12 & -6 & 0 & 0 & 0 \\
0 & 6 & 2 & 0 & -6 & 4 & 0 & 0 & 0 \\
0 & 0 & 0 & 0 & 0 & 0 & 0 & 0 & 0 \\
0 & 0 & 0 & 0 & 0 & 0 & 0 & 0 & 0 \\
0 & 0 & 0 & 0 & 0 & 0 & 0 & 0 & 0
\end{bmatrix},
$$

$$
\left[K_{(2)}\right] =
\begin{bmatrix}
24 & 0 & -12 & 0 & 0 & 0 & -24 & 0 & -12 \\
0 & 6 & 0 & 0 & 0 & 0 & 0 & -6 & 0 \\
-12 & 0 & 8 & 0 & 0 & 0 & 12 & 0 & 4 \\
0 & 0 & 0 & 0 & 0 & 0 & 0 & 0 & 0 \\
0 & 0 & 0 & 0 & 0 & 0 & 0 & 0 & 0 \\
0 & 0 & 0 & 0 & 0 & 0 & 0 & 0 & 0 \\
-24 & 0 & 12 & 0 & 0 & 0 & 24 & 0 & 12 \\
0 & -6 & 0 & 0 & 0 & 0 & 0 & 6 & 0 \\
-12 & 0 & 4 & 0 & 0 & 0 & 12 & 0 & 8
\end{bmatrix}
\tag{C.128}
$$

これらを足し合わせて全体剛性行列を作成し，節点 2 と節点 3 が拘束されていることを考慮すると，全体剛性方程式は次式で表される．

$$
\begin{bmatrix}
27 & 0 & -12 & -3 & 0 & 0 & -24 & 0 & -12 \\
0 & 18 & 6 & 0 & -12 & 6 & 0 & -6 & 0 \\
-12 & 6 & 12 & 0 & -6 & 2 & 12 & 0 & 4 \\
-3 & 0 & 0 & 3 & 0 & 0 & 0 & 0 & 0 \\
0 & -12 & -6 & 0 & 12 & -6 & 0 & 0 & 0 \\
0 & 6 & 2 & 0 & -6 & 4 & 0 & 0 & 0 \\
-24 & 0 & 12 & 0 & 0 & 0 & 24 & 0 & 12 \\
0 & -6 & 0 & 0 & 0 & 0 & 0 & 6 & 0 \\
-12 & 0 & 4 & 0 & 0 & 0 & 12 & 0 & 8
\end{bmatrix}
\begin{Bmatrix}
u_1 \\ v_1 \\ \theta_1 \\ 0 \\ 0 \\ 0 \\ 0 \\ 0 \\ 0
\end{Bmatrix}
=
\begin{Bmatrix}
0 \\ -126 \\ 0 \\ H_2 \\ V_2 \\ M_2 \\ H_3 \\ V_3 \\ M_3
\end{Bmatrix}
\tag{C.129}
$$

変位がゼロの行と列を削除すると，縮約された全体剛性方程式は次式となり，これを解くと節点 1 の変位ベクトルは次のように求められる．

$$
\begin{bmatrix}
27 & 0 & -12 \\
0 & 18 & 6 \\
-12 & 6 & 12
\end{bmatrix}
\begin{Bmatrix}
u_1 \\ v_1 \\ \theta_1
\end{Bmatrix}
=
\begin{Bmatrix}
0 \\ -126 \\ 0
\end{Bmatrix}
\quad \rightarrow \quad
\begin{Bmatrix}
u_1 \\ v_1 \\ \theta_1
\end{Bmatrix}
=
\begin{Bmatrix}
4 \\ -10 \\ 9
\end{Bmatrix}
\tag{C.130}
$$

これより，節点 1 の水平変位は右向きに 4，鉛直変位は下向きに 10，たわみ角は反時計まわりに 9 となる．節点 2 と節点 3 の支点反力は全体剛性方程式に節点 1 の変位の値を戻して次のように求めることができ，結果を図示すると図 **C.23** のようになる．

$$
H_2 = -3u_1 = -12, \quad V_2 = -12v_1 - 6\theta_1 = 66, \quad M_2 = 6v_1 + 2\theta_1 = -42
\tag{C.131}
$$

$$
H_3 = -24u_1 + 12\theta_1 = 12, \quad V_3 = -6v_1 = 60, \quad M_3 = -12u_1 + 4\theta_1 = -12
\tag{C.132}
$$

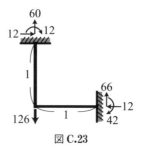

図 C.23

索　引

あ　行

I 型断面　84
アセンブリング　191

移動支点　20

ウェブ　75

影響線　229
エネルギー法　71, 101
円形断面　82

応力　8
応力—ひずみ曲線　12
応力—ひずみ線図　12
応力法　187

か　行

外的不静定構造　144
外的不静定問題　144
回転角　49
回転支点　21
格点　87
重ね合わせの原理　15
重ね合わせの原理に基づく解法　147
荷重　2
カステリアノの定理　112, 156
仮想仕事の原理　123
仮想切断面　3
片持はり　22
可動支点　20

共役はり　240
曲率　59

矩形断面　80

ゲルバーはり　22, 24, 144

鋼材　14
高次の不静定問題　164
剛性方程式　187
固定支点　21

さ　行

最小仕事の原理　156, 176
最大せん断応力　54
材端力　189, 199
座標変換行列　218, 225
作用反作用の法則　3, 5
三角形断面　81

軸方向ひずみ　10
軸力　8, 33, 102
軸力図　34
仕事　101
支承　20
支点　20
支点反力　20, 23
斜張橋　184
自由体図　7
集中荷重　21
自由度　188

垂直応力　8
垂直ひずみ　10
図心　73, 74

静定基本系　146
静定問題　18, 143
節点　87, 188
節点法　88-90
線形　12, 15

286　索　　　引

線形弾性　13
全体剛性行列　191
全体剛性方程式　191
全体座標系　216
せん断応力　9, 104
せん断弾性係数　13, 104
せん断ひずみ　11, 104
せん断力　9, 33
せん断力図　34

相反定理　138
塑性　13
塑性ひずみ　13

た　行
縦ひずみ　10
たわみ　49
たわみ角　49
たわみ曲線　49
単位荷重法　125
単純支持　22
単純はり　22
弾性　12
弾性荷重　240
弾性荷重法　240
弾性曲線　59
弾性曲線方程式　59
弾性係数　13
弾性支承　20, 173
断面一次モーメント　74
断面係数　54
断面二次モーメント　53, 77, 84, 103
断面の諸量　73
断面法　88, 92, 93
断面力　33
断面力図　34

力　2
中間ヒンジ　23
中立軸　51
中立面　51
直交行列　219

つり合い　4, 20, 23

T 型断面　77, 85
適合条件式　18, 147, 175

トラス　87, 216

な　行
内的静定構造　88
内的不安定構造　88
内的不静定構造　145
内的不静定問題　145
内力　3, 8, 33

は　行
箱型断面　82, 83
柱　20
バネ　173, 187, 195
バネ定数　173, 189, 195
はり　19
張出はり　22
はりとバネの不静定構造　174
はりの 4 階の微分方程式　238, 269
反力　20

ひずみ　10
ひずみエネルギー　101, 156
非線形　13
引張試験　12
ヒンジ　23, 87
ヒンジ支点　21
ピン支点　21

不安定構造　23, 146
部材　2
部材剛性行列　189
部材剛性方程式　189
部材座標系　216
不静定次数　145
不静定トラス　175
不静定問題　18, 143, 175
不静定ラーメン　169
不静定力　146
フックの法則　13
フランジ　75
フレーム　87, 223
プレストレス　56, 253
分布荷重　21

ベッティの相反定理　139
変位法　187
変形条件式　189

索　　　引　　287

ポアソン効果　11
ポアソン比　11
骨組構造　87

ま　行

マクスウェルの相反定理　140
曲げ応力　53, 103
曲げ剛性　59
曲げひずみ　53, 103
曲げモーメント　33
曲げモーメント図　34
マトリックス構造解析　187

モーメント　2
モーメント荷重　21
モールの定理　240

や　行

ヤング率　13

有限要素法　228

要素　188
要素剛性行列　189
要素剛性方程式　189
横ひずみ　10

ら　行

ラーメン　87, 96, 223

両端固定はり　165, 239

連続はり　22

ローラー支点　20

著者略歴

車谷麻緒（くるまたに・まお）
茨城大学工学部都市システム工学科准教授．東北大学工学部土木工学科
卒業，同大大学院博士後期課程修了．東北大学大学院工学研究科助教，
茨城大学工学部助教，同大講師を経て 2014 年より現職．博士（工学）．

樫山和男（かしやま・かずお）
中央大学理工学部都市環境学科教授．中央大学理工学部土木工学科卒
業，同大大学院博士課程修了．広島工業大学工学部助手，同大専任講
師，中央大学理工学部専任講師，同大助教授を経て 1999 年より現職．
工学博士．

例題で身につける構造力学

	平成 29 年 10 月 30 日　発　　　　行
	令和 6 年 1 月 10 日　第 4 刷発行

著作者	車　谷　麻　緒
	樫　山　和　男

発行者　　池　田　和　博

発行所　**丸善出版株式会社**

〒101-0051 東京都千代田区神田神保町二丁目 17 番
編集：電話（03）3512-3266／FAX（03）3512-3272
営業：電話（03）3512-3256／FAX（03）3512-3270
https://www.maruzen-publishing.co.jp

© Mao Kurumatani, Kazuo Kashiyama, 2017

組版印刷・大日本法令印刷株式会社／製本・株式会社 松岳社

ISBN 978-4-621-30210-1 C 3051　　　　Printed in Japan

JCOPY 〈（一社）出版者著作権管理機構　委託出版物〉
本書の無断複写は著作権法上での例外を除き禁じられています．複写
される場合は，そのつど事前に，（一社）出版者著作権管理機構（電話
03-5244-5088, FAX 03-5244-5089, e-mail：info@jcopy.or.jp）の許諾
を得てください．